建筑施工方案优选与后评价
——航站楼·体育中心·会展中心

高秋利　主编

中国建筑工业出版社

图书在版编目（CIP）数据

建筑施工方案优选与后评价——航站楼·体育中心·会展中心/高秋利主编. —北京：中国建筑工业出版社，2014.8

ISBN 978-7-112-16528-5

Ⅰ.①建… Ⅱ.①高… Ⅲ.①航站楼-工程施工②体育中心-工程施工③展览中心-工程施工 Ⅳ.①TU24

中国版本图书馆 CIP 数据核字（2014）第 045135 号

本书结合航站楼、体育中心、会展中心工程的建筑、结构、功能特征，分析了三类工程施工技术难点，给出了有特色、有难度的分项工程方案的优化与创新，并对分项工程施工进行了技术、质量、安全、环境、经济、目标指标、综合项目管理后评价。书中的工程案例均为河北建设集团有限公司已施工完成的三十多项机场航站楼、体育场馆、会议展览中心工程，对其特有的复杂分项工程施工方案进行了对比优选，系统论述了方案论证、分析、选择、评价过程以及如何做到技术先进、经济合理，如何确保施工质量安全和相关风险的有效控制等内容。本书另一个重点是施工后评价，虽然已经完成的项目施工方案是经过多方论证、优选的，但经过实践的检验还会显现出不足与缺憾，如遇同样工程仍有改进空间。本书通过总结、分析、提炼、评价已施工工程，系统地提出了改进建议，使方案更优、项目成本更低，以利于今后施工同类工程时少走弯路；同时，还结合预控目标、过程目标和最终目标进行了综合评价，分析得失、汲取教训，慎重提出了项目未来管理所需采取的措施。

本书共 13 章，分别从“拱脚”大体积混凝土、劲性混凝土、超长现浇看台混凝土、现浇预应力混凝土、大跨度空间钢结构、金属屋面工程、幕墙工程、大面积楼地面、大空间曲面吊顶工程、测量工程、支撑架体、建筑设备与电气工程等分项进行了剖析和论述。书中大部分内容均为作者的工程实践经验，内容翔实、专业性和实用性较强，并具有很高的创新意识，可供从事技术管理、质量管理、施工管理、监理、质量监督等工程技术人员参考使用。

责任编辑：何玮珂
责任设计：李志立
责任校对：李美娜　关　健

建筑施工方案优选与后评价
——航站楼·体育中心·会展中心
高秋利　主编
*
中国建筑工业出版社出版、发行（北京西郊百万庄）
各地新华书店、建筑书店经销
北京红光制版公司制版
北京同文印刷有限责任公司印刷

开本：787×1092 毫米　1/16　印张：16½　字数：415 千字
2014 年 6 月第一版　　2014 年 6 月第一次印刷
定价：**39.00** 元
ISBN 978-7-112-16528-5
(25409)

本书编委会

策　　划　李宝元　曹清社　李宝忠　高秋利　刘永建

主　　编　高秋利

副 主 编　史东库　卢欣杰　李　浩　张玉兰　杨　冰　王福才
康俊峰　李双宝　王旭辉　赵　才　黄　毅　邢　晖

编　　委　杨永春　丁增会　张书会　张利云　刘　青　杨　达
陈宗学　高建周　刘永奇　王朝阳　陈俊茹

参编人员　薛军强　宋喜艳　燕　燕　边　涛　赵士成　俞发财
吕　博　崔柳越　李彬彬　程　刚　冷　平　颜雅娟
刘江涛　王彦强　宋胜东　牛　迅　赵　亮　刘雪萍
杨少卿　于永素　王根怀　郑彦平　周　冲　李　彬
李亚洲　史建峰　孙倩倩　赵荣书　焦殿卿　杨　佳
杨　波　孙建新　刘卫明　杨文龙　陈晓红　王　煦
杨月坤　王金龙　张文忠　洪治平　刘继超　李秀平
侯亚芹　刘乔利

序

改革开放35年来，我国建筑业得到了快速发展，特别是进入21世纪以来，为筹办奥运会、世博会、亚运会，北京、上海、广东等地先后建成了一大批结构复杂、技术含量高、施工难度大的工程项目，包括各类体育场馆工程在各地兴起建设；集学术、文化、艺术融为一体规模庞大的会议展览中心建设；便捷安全出行的交通工具机场候机楼也在超常规扩建。这几类工程的共同特征是有一个大的活动空间、结构复杂、造型新颖、富于变化。建造如此规模大、技术复杂的工程，需要有一个好的施工组织设计，先进的施工方案和现代化管理手段，方能够给工程建设带来最佳的收益。

高秋利总工程师主编的《建筑施工方案优选与后评价——航站楼、体育中心、会展中心》一书结合工程实践，选择了几个有特色、难度大的分项工程施工案例进行了分析、优选和评价。该书结合航站楼、体育馆场、会展中心工程的建筑、结构、功能特征，不但分析了工程施工技术要点，而且对分项工程施工质量、安全、环境、成本、目标、各项经济技术指标及项目管理进行后评价，特别是重点论述了专项方案的优选过程与相关因素控制及分项工程后评价。工程案例大部分是作者的亲身实践经验，内容丰富，专业性和实用性很强，具有超前的创新意识，对从事技术管理、质量管理、施工管理人员有一定学习借鉴作用，对监理、业主、监督等有关人员也有一定参考价值。希望这些经验能够与我国建筑业界同仁分享，以便相互交流学习，共同促进提高。

中国建筑业协会副会长兼秘书长

2013年12月30日

前　言

科技的进步和人们生活水平的日益提高，现代体育设施、交通设施、展厅会馆有了长足发展，如雨后春笋般地出现。这些建筑即满足人们休闲娱乐、物质文化交流、交通出行等使用功能的同时，还提供了动静态美的观赏、展示、保存价值。有的建筑成为当地标志性建筑，既凝结了工程技术人员的智慧，又展现了现代建筑科技水平，既蕴含了民族特色，又体现了时代经济发展信息。三类工程共同的特点难点是技术含量高、造价高、管理要求高；空间、体型、跨度、面积、集中荷载大；建筑造型独特、结构复杂；采用的新技术及节能环保超前。

根据河北建设集团有限公司已施工完成的三十多项机场航站楼、体育场馆、会议展览中心工程，对其特有复杂分项工程的施工方案进行了对比优选，详述了方案论证、分析、选择、评价过程及如何做到技术先进，经济合理，确保施工质量安全，确保相关风险的有效控制。另一个重点是施工后评价，虽然已经完成的项目施工方案是经过多方论证优选的，但经过实践的检验还会显现诸多不足与缺憾，如遇同样工程还有很多改进机会。总结、分析、提炼、评价已施工工程，提出改进建议以利于今后施工同类工程少走弯路，使方案更优、项目成本更低，并结合预控目标、过程目标和最终目标进行综合评价，分析得失、汲取教训，慎重提出项目未来管理所需采取的措施。

本书在编写过程中，参阅了国内外许多专家学者的论著和文献，书中也凝聚了他们的真知灼见。中国建筑业协会副会长兼秘书长吴涛同志在百忙中为本书作了序。专家在审稿过程中提出了建设性意见，河北建设集团的工程技术人员、领导给予了大力支持，在此一并表示衷心的感谢。由于时间仓促，工程实践受限，书中或有不足，希望同行专家给予批评指正。

编者

2013 年 12 月

目　录

第1章　绪　　论

1.1　航站楼、体育中心、会展中心工程特征

在21世纪回眸人类发展历史，可发现其中一个显著的特点，就是其活动空间的不断改善与扩充。远古伊始，人类或挖洞穴居或构木为巢，仅是为争取一个生存空间，随着科学技术的发展，人们懂得运用各种材料建造出更牢固、更舒适的空间。从古罗马的圣彼得大教堂到当今英国兴建的“千年穹顶”，其直径由42m扩大到320m。

当今人们已不再闭关自守，而是不断扩大国与国、洲与洲以至全世界范围的交流，这种需求必然会影响人类建设的格局。在各种交流活动中，体育比赛无异是一种最激动人心的方式，因此奥林匹克体育竞赛馆、世界杯足球比赛场在世界各地兴起。学术、文化、艺术与商业上的交流促使一些大城市建成了规模庞大的会议展览中心。此外，各种临时性与永久性的博览会，也要求提供上万平方米的面积。为了进行交流，人们要更多地乘坐飞机旅行，因而大规模的候机大厅与飞机库就诞生了。这些建筑都毫无例外地要求一个大的活动空间，因而跨度大、自重轻、造型富于变化就成为这些建筑的共同特征。展望未来，随着交流的进一步扩大，必将建设更多的机场、体育中心、会展中心。

未来建筑设计希望是：①灵活可延伸的设计；②让使用者感到亲切和友善；③强调设计中的保安；④考虑建筑材料和大楼服务的功能、环境影响；⑤体现管理和价值的建筑质量；⑥装饰和材料的标准化，实现成本效率。

1.1.1　工程建筑特征

机场航站楼是空中运输系统的关键部分，是空中与地面的连接点，它的建筑功能和形式不仅反映了这一快速发展着的行业的魅力、规模和技术威力，同时也反映最新建筑思潮和最新建筑动向。

航站楼建筑反映了国际化的空中运输的趋势，很多国家希望通过国家机场来反映出现代化的气息，航站楼更是具体的表现形式。世界各地的飞机基本是相同的，但航站楼却保持了当地的文化风格。

航站楼寻求一种建筑上的完美，而各个组成部分和谐连接的清晰成为其主要表现形式，是空间和技术的共存成果体现。作为城市国家门户标志的建筑风格与造型，强调地方及民族特性建筑设计包含在整个建筑设计中，将地方性、民族性与现代建筑形式有机结合，表现在建筑外观上的现代性和内部环境中的地方民族传统化。无论如何，把航站楼的建筑与科技新材料、艺术与传统模式结合起来，才是新一代机场的发展方向。

建筑注重生态、环境，以人为本，体现人、建筑、环境的统一，体现超高的建筑技术，特别是在推动墙面、墙体和屋面的通透方面，采用严实的结构来增强室内动态感和方

向感，巧妙采用建筑分组设计，航站楼里面既标明路线，又反映建筑工艺和符合防火防害的要求。

体育中心作为一个国家、一个城市精神、文化的象征，往往要求能集中其文化、教育、历史、地理及娱乐于一体，能结合育与乐、融合力与美，展现出一个区域文化与艺术的内涵、创新的观念、宏观的视野。

建筑形式的本质是抵抗重力，重力是不变的，回应重力的方式是多种多样的，所以体育建筑原创性较强，造型新颖，与结构结合更完美，体现地域特色和体育精神，富有时代气质和绿色环保节能特性。在所有体育建筑中，体育场可说是最大的，也最富有特色。最早的体育场不过是一片没有遮蔽的露天场地周围设置了一些看台，以后部分看台上加了挑篷，其悬挑的跨度不过十来米。随着需求的增长和技术进步，不但悬挑跨度越来越大，覆盖的范围也发展到了全部看台，仅留了中央一部分露天比赛场。然而，体育场的发展并未到此结束，中间部分还能做到晴天开敞、雨天遮蔽的开启结构。由于体育场的开启屋盖建筑设计具备保证比赛不受光线天气影响、满足全天候使用、人与自然的和谐统一、减少照明与通风设备、节能环保绿色运营等优点，正逐步推广应用。当然开合屋盖是建筑、结构、机械、控制技术的集成，技术比较复杂，造价相对较高。

会展中心的建筑设计，考虑如何将观众安全地引导出展示现场，如何设计出简明易读的展示文件，互动活动设计、设计中影像的结合使用，以及展台搭设的具体事项。

1.1.2　工程结构特征

技术多元创新首先突出表现为创新结构技术。每一次技术突破都会引起建筑空间和形态巨变，但从空间结构的发展历史看，这种创新在当代已经非常艰难，因此结构创新不再仅仅意味着新结构的创新，更多是对已有结构形式进行重组，即对结构的形成方式进行探索。另外，材料技术的发展对几种建筑的创作影响巨大，ETFE与聚碳酸酯等轻质材料、纳米材料、绿色环保材料的不断出新，为几类建筑的创作引入了新的生机。伴随着全球可持续发展与技术，智能技术、被动节能技术、移动技术的日臻成熟，多元技术有机结合的发展态势已然形成。

当代工程技术的发展，将结构体系还原为整体性受力的趋势，在当今几类建筑设计中越来越受到重视。建筑形态的整体化趋势追随一种总体的综合性途径，探索基于内部空间动力学的形态建构规划来寻找控制全局的内在逻辑。

大跨度混合结构分刚性混合结构和刚柔混合结构。刚性混合结构含拱（壳）单元＋梁（板）单元、拱（壳）单元＋杆系单元、梁（板）单元＋杆系单元；刚柔混合结构是利用柔性的结构抗拉性能和刚性结构抗压、抗弯性能共同协作提高结构整体性。根据索（膜）单元的不同作用，将刚柔混合结构又可分为混合吊挂体系、混合张拉体系、混合加劲体系和半刚性悬挂体系4种形式。

建筑技术的升华带来了玻璃与钢的建筑、大规模的无柱空间、单元式结构和大跨度屋顶的航站楼的室内空间发展趋势。大型航站楼作为现代交通方式的载体，其结构形式理所当然有新的突破。随着高峰小时乘客流量的增加，每个高峰的人流程序越来越大，更加高大开敞的无柱空间帮助乘客更加一目了然自己所处的位置，迅速建立空间秩序感成为大型航站楼的必然要求。

为了便于以最快速的方式建构和后期工程的扩建，航站楼的空间构成通常采用单元式，其内部的各个功能空间则表现在一个由结构单元模块构成的大屋顶下的不同小空间，屋顶结构的新材料、新技术的运用使建筑看上去更加轻盈，对自然光线的利用既节约能源又使乘客的感觉焕然一新。

钢板厚度越来越厚，大跨度空间钢结构采用了大量高强度级别钢材，如：Q390C、Q420C、Q460E 等高强度厚钢板，板厚有的甚至超过了 100mm。

现在预应力技术大量应用，涌现了索穹顶、张拉整体结构和索膜结构等新型结构形式。

1.1.3　工程功能特征

近年来，世界各国在机场、体育场馆、会议展览中心等大规模建筑中采用了不少引人注目的功能要求，集中反映了当今世界潮流。

航站楼基本机构可分成乘客和行李运动的两个平衡的功能形式，离开和抵达两者形成航站楼设计平面和各区域的轮廓。航站楼由两个公共空间组成：即离境大厅和抵达大厅，每一个都是主要的空间组成，并需要单独区分开。其最主要的四项功能为：①推进运输模式的变化（从火车到飞机，从汽车到飞机等）；②接待乘客处理相关手续（登机、海关申报等）；③提供乘客各项服务（购物、盥洗、餐饮、会面、商务等）；④对乘客进行有组织的分流，便于他们登机启程。

体育建筑的内涵拓展从狭义走向广义，体育建筑同样能够体现一个国家、地区的经济实力和设计、建造水平，与其经济发展、人民生活密切相关。

已从竞技体育到全民健身、从体育建筑到体育综合体，从建筑走向城市：国际上体育建筑设计研究已从单体拓展到城市范畴，体育场馆作为城市的公共空间的重要组成部分，在城市功能和城市生活中扮演着重要的角色。

随着当代中国高速的城市开放与更新，体育场馆已突破了建筑本身的单纯含义，大型体育中心因其复合的功能、巨大体量和独特形象往往成为城市空间和景观的重要节点。在城市中形成集聚中心，甚至地标、城市发展的“大事件”。大型体育赛事会对主办城市的发展产生深远的影响，体育场馆作为承载这类“大事件”的物质载体，其建设本身就是一个大事件。以举办大型赛事为契机的场馆建设在城市招商引资、解决就业、改善环境等方面有巨大的推动作用，能增强城市的综合实力，推动城市发展，即复合功能拓展：从单一走向多元，从孤立走向系统，从静态封闭走向动态开放。

会展中心的主要功能是展示作用，它是人类与生俱来的行为。同样市场上的商人和店家也会使用他们认为最好的方式来陈列展示商品，店家会使用最理想的陈列方式来吸引顾客的注意力并营造一个能引起情感共鸣的环境。无论是出于商业目的，还是向大众开放的博物馆，人们渴望看到的东西越来越多，会展中心越来越受人们青睐，大部分已经成为一个城市的标志。这种能够举办吸引外来观众的顶级展示的能力已经成为一种带来自信的荣誉象征，同时某种程度上也是切实的经济利益。

1.2　航站楼、体育中心、会展中心工程施工技术难点

几类工程共同的特点难点是：“高、大、难、新、特”。

高，即：技术含量高、造价高、质量标准高、管理要求高；

大，即：空间大、体型大、跨度大、面积大、人群集中荷载大；

难，即：结构形式独特，施工技术管理难，众多专业同时施工协调难；

新，即：新技术、新工艺、新材料、新设备采用多；

特，即：造型迥异、独特，往往是政府的特别工程、重点工程、民众工程。

1.2.1 大跨度复杂钢结构制作安装施工技术难度

1. 制作难点

现代空间钢结构跨度大，多采用仿生态建筑，为了满足建筑造型采用了各种各样的节点形式，如铸钢节点、锻钢节点、球铰节点等，构件数量和截面类型越来越多，深化设计难度越来越大。一般而言，这类大型工程都由几万个构件、甚至更多个构件组成，并且这些构件的截面形式尺寸和高度均不相同，这样给施工放样带来极大困难，对于有些弯扭构件，还需要进行专门的试验研究才能完成。

此类工程一般质量要求较高，大量焊缝要求一级焊缝，给施工带来极大难度。现场的焊接工作量大，施工技术难度高，为保证施工精度，构件工厂制作到现场后还要进行预拼装。焊接的关键技术，一是焊接变形的控制，其次是自动埋弧焊的焊接参数的确定，第三是构件变形的校正及几何尺寸的控制。

2. 安装控制难点

首先是定位测量控制。建筑造型迥异，几何组成基本上是曲线、弧线，不论是平面定位，还是空间定位均为关键的技术难点。

第二是结构的稳定。钢结构在安装过程中，基本上是单件或单元，在高空进行组合拼装，即便是整体提升、滑移等安装方案，结构的边界条件、约束与结构受力不同，未形成结构之前，有的可以称之为机构，极易变形、扭转。

第三是不同结构、不同安装方法的关键技术。

1）双向张弦钢屋盖累计滑移安装技术难点包括：双向张弦桁架拼装技术；复杂节点设计与安装技术；双向桁架累计滑移；超高滑移胎架的研究应用；多种支撑体系的综合应用；仿真模拟计算在钢屋盖施工过程中的研究应用；支座就位和卸架技术的研究应用；张拉应力控制技术；施工全过程的应力和位移的测试。

2）钢结构分条分批施工安装技术难点包括：分块分段单元划分方式及单元段的刚度；结构的拼装顺序与控制方法；临时支撑的设置及拆除方法；施工过程温度变化的影响分析；仿真模拟计算及施工过程内力分析。

3）钢结构整体提升、顶升安装技术难点包括：整体提升、顶升点的计算确定，整体提升、顶升位移的同步控制；支撑结构及待安装的结构进行提升阶段验算；结构体系边界条件变化。

4）大跨度悬挑钢结构无支撑安装技术难点包括：钢结构的加工变形预调值及安装变形预调值；悬挂定位控制；安装过程分析；安全控制。

1.2.2 特种混凝土结构的施工技术难点

特种混凝土结构主要包括大体积混凝土、超长混凝土、劲性混凝土及预应力混凝土等通用的施工难点。即：混凝土裂缝控制技术、劲性混凝土核心节点的质量保证控制技术、预应力施工控制技术等。

工程结构裂缝控制是一项高度综合的系统工程。首先从设计方面应当重视“构造设计”，其中科学地选择混凝土强度，水平构件以中低强度为主，垂直构件可采用高强混凝土，“细而密”的构造钢筋，降低约束度的技术措施；施工方面特别加强保温保湿养护，严格控制坍落度、控制最高入模温度及内外温差，并重点控制降温速率不超过（1.5～2)℃/d；材料方面重点考虑变形效应，从降低收缩、降低水化热、提高抗拉性能方面优选混凝土配合比、掺合料及外加剂，环境管理方面加强细节约束。

劲性混凝土核心节点混凝土的质量保证是难点。一方面节点型钢结构密集，混凝土不易浇筑，另一方面钢管混凝土结构中如何保证混凝土与型钢管的紧密接触以达到组合受力是另一技术难点，第三是保证在型钢、钢筋密集的节点处各自位置的准确，模板支设如何保证几何尺寸的技术措施。

预应力混凝土施工难点包括：孔道的留设；预应力的安装精度；预应力的张拉控制；缓粘结预应力的保护膜控制。

1.2.3 金属屋面、幕墙施工技术难点

1. 金属屋面施工技术难点

金属屋面具有保温性能好、自重轻、防水性能好、屋面形式丰富多彩的特点，金属屋面系统技术的应用越来越广泛，它赋予建筑物以全新的外观。施工技术难点包括：大面积多曲面屋面多系统交接处节点构造与防渗漏技术；各部位、各种型号金属屋面板安装平整度、接缝直线度、接缝高低差及外檐口线条的流畅性等各项技术质量达到高质量标准要求；大面积异形空间曲面三维空间定位放线技术。

2. 幕墙工程施工难点

玻璃幕墙满足强度、水密、气密、平面变形、热物理、防火、隔音的功能作用，并能充分展示建筑艺术效果。它活像一面立体的镜子，能将周围的景物随四季变化、早晚的变化、天空的阴晴、光线的明暗、街上活动的景物不断变化复新。这种独特的艺术效果与周围环境的有机结合，避免了大型体量建筑的那种深沉压抑感，它还使建筑雄伟豪华、典雅大方，而人们在建筑物里面工作、生活更有视野宽广、内外景色融为一体之感。另外采用与石材幕墙、金属幕墙等组合设计，使得建筑物立面更加丰富多彩，采用幕墙设计使建筑结构本身由于温度变化而产生的附加应力减少：由于建筑物垂直及水平方向幕墙采用了伸缩性很大的硅硐酸柔性连接，再是幕墙比其他材料本身柔性大，而能大大减小由于温度变化对结构产生的温度应力。再者，由于幕墙轻而地表力大大减少，由于它之间的连接、它与主体结构的连接均为柔性连接，它使主体结构有阻尼作用而减少地表力的作用，反过来地表力在主体结构上作用，由于柔性联结关系减少了幕墙本身的变形。

幕墙一般折点多，玻璃造型复杂，要求测量放线精度高；幕墙单块超高、超宽，运输安装困难；涉及土建精装、排水、通风、空调、消防等专业交叉配合，协调工作量大且难。整体造型流畅平顺，不同材质交界清晰、自然是施工技术的难点，功能试验满足要求。

1.2.4 大面积楼地面、异形曲面吊顶施工技术难点

1. 大面积楼地面施工难点

1）体育场馆看台、楼面均超长大面积，而体育场使用的特殊性还要求看台既要满足屋面的防水性能要求，同时又要满足公共场所对地面的使用要求，即看台面层要达到"不起壳、不裂、不渗、耐磨、不起砂、尺寸准确、表现平整美观"。由于看台地面为环向阶梯状，长度长，阴阳角的处理工作量大，地面平整度、各台阶高差、裂缝等控制难度较大。

2）对于铺装地面，由于铺装面积大，若干个区域同时施工易出现错缝、高低差、地面颜色不一致等现象，控制达到高质量标准是施工技术难点之一。

3）大面积地下室停车场地面必须具有防滑、耐寒、易清洗的功能，需采取特殊施工技术措施。另外要达到不空不裂、美观清晰也是施工技术难点之一。

2. 异形曲面吊顶施工技术难点

1）球形网架钢结构屋面存在结构跨度大、结构之间位置存在施工误差，空间结构复杂，吊顶装饰工程测量、吊点定位困难。

2）吊顶板面安装的整体平滑度是另一难点。

3）吊顶面积庞大，异形居多，既要防止在重力作用下的变形开裂，还要防负风压作用的变形破坏。

1.2.5 机电安装工程施工技术难点

1）工程弱电、智能化综合管理系统，系统的集成。

2）工程制冷系统技术含量高，施工难度大，工艺复杂。

3）矿物绝缘电缆的施工。

4）不燃型无机玻璃和钢风管制作与安装。

5）综合布线安装与调试。

1.2.6 支撑架体搭设施工技术难点

1）钢结构胎架、支撑架的安装与拆除。

2）异形钢筋混凝土结构支撑架体的设计与施工。

3）采用顶升、提升工艺施工钢结构屋盖保证支撑架稳定的分析计算。

4）采用滑移施工时架体的稳定计算。

5）钢结构支撑塔架的卸载技术，卸载点多，统一协调管理难度大，卸载跨度大、面积大，工艺分析计算复杂。

1.3 航站楼、体育中心、会展中心工程分项方案的优化创新

在作业前，对作业采取的各种方法、方案进行比较，在充分论证的基础上，从中选择最佳的方法或方案，这种过程叫方案的优化。方案优化是在对项目实施条件及施工条件进行深入了解的基础上进行的，优化方案应切实可行，一切从实际出发，目的是要保证工

期、安全、质量、环境，降低施工成本。现代施工技术进步、组织管理经验积累，每个工程都可以用多种不同的方法完成，存在着多种可能方案，所以在决定方案时，应多方分析比较，全面权衡，选择出可能最好的方案。并应坚持技术分析与经济分析相结合，定量分析与定性分析相结合，动态分析与静态分析相结合。

1.3.1 钢结构安装方案优化与创新

典型的三类工程钢结构跨度相对都较大，在讨论优化安装方案时，应根据结构受力和构造特点（包括结构形式、刚度分布、支承形式等），在满足质量、安全、进度及经济效益的前提下，结合现场施工条件和设备机具等资源落实情况等因素综合确定安装方案。常用的安装方法主要有：高空原位单元安装法、整体提升法、滑移安装法、大悬挑钢结构无支承安装法。随着钢结构工程日趋大型化、复杂化，单一的安装方法已不再适应工程的需要，一个工程中往往采用多种不同的安装技术。安装方法向集成化的方向发展。

深圳某体育中心采用了高空原位单元安装法及整体提升法，鄂尔多斯机场航站楼采用了高空原位单元安装法及累积滑移法。鄂尔多斯游泳馆屋盖钢结构安装，根据工程结构特点和施工难点，综合考虑场地条件和施工经验，比较了高空累积滑移法和跨外吊装法两种方案，最后选择跨外吊装法方案顺利完成吊装施工。某体育馆环向张弦钢屋架施工，综合分析对高空散装方案、整体提升方案、高空滑移方案进行了分析甄选，确定高空滑移方案是最佳方案。某国际会展中心Ⅱ期钢网壳结构方案比较，有四种方案，即：水平滑移方案、满堂脚手架散装方案、分段吊装空中对接方案、主结构整体吊装方案，通过四种方案的剖析、推理比较，再将图纸深化设计时间与材料采购时间尽量重合，工厂内构件制作与吊装施工时间衔接好，尽量加长重合工期，比较得出，能满足工程工期要求又能保证构件制作精度的最佳方案应该是主体结构整体吊装方案。

1.3.2 特种混凝土结构方案优化与创新

三类工程除去大跨钢结构特点外，特种钢筋混凝土结构占有主导地位，用于工程结构的混凝土，不仅应具有足够的龄期强度，而且对早强、缓凝、抗渗、体积变化以及泵送、自密实等性能还会有不同的要求，按照工程使用部位和施工要求，设计和配制特定性能的混凝土，以满足大跨度、大体积、超长、超厚结构等特种结构性能，优选方案过程控制，达到结构安全可靠、地基稳定的要求。

某体育场拱脚大体积混凝土 10000m^3，混凝土施工设计要求一次完成，根据综合分析、优化，采用了分层浇筑方案，顺利完成施工。

某游泳馆工程、某机场航站楼工程在型钢、钢筋密集的节点采用的免振捣自密实混凝土施工方案收到了较好的效果。

武汉某体育中心工程环向 830m 钢筋混凝土有约束结构采用无缝施工技术方案，采用微膨胀混凝土，配制温度筋、留设后浇带，采用无粘结预应力筋，表面采用钢绞线混凝土等措施，解决了无缝施工的裂缝问题。

大体积混凝土施工方案采用整体一次浇筑或分层分段浇筑方案，劲性钢管混凝土可采用反向顶升法及高抛自密实法，超长混凝土结构或以一次性浇筑或采用跳仓施工法。预应力混凝土包括无粘结、有粘结、缓粘结预应力。最近几年，由于缓粘结预应力吸收了无粘结、有粘结法的各自优点，工程应用量在扩大。

1.3.3 金属屋面、幕墙方案的优化创新

金属屋面、幕墙的施工方案优化原则，第一要保证不渗不漏，第二是美观、实用、耐久、保温、节能、防火。同时对结构保护、功能的完善、对内外环境起到协调作用。安全控制在优化方案中应该是第一位的。幕墙工程同时还要满足四性试验的要求。

屋面的几种创新作法：①夹芯板：是指上下两层彩色涂层钢板中间复合聚苯乙烯泡沫塑料（EPS板）、聚氨酯或岩棉保温材料的夹芯板；②现场复合板作法：是指面板采用铝合金直立缝压型板，保温材料为玻璃棉等，底板采用彩色涂层压型钢板、穿孔钢板或钢网丝现场复合的屋面，还有膜结构、聚碳环脂板（PC板）等。

幕墙工程首先作好深化设计工作，并征得原设计单位的同意，玻璃幕墙宜采用隐框、安全玻璃，石材幕墙采用背栓式安装方案，满足抗震安全要求。

1.3.4 大面积楼地面、异形曲面装饰吊顶施工方案优化创新

工程体量大、造型独特，楼地面满足平整、清晰、不空裂、无色差是技术方案重点优化控制内容。地面的回填土及基层的做法规范，面层细石混凝土可随打随抹一次成活，合理分缝，养护到位。地板砖要求离缝铺贴、套方检查、坐浆饱满、留缝清晰。石材地面首先从底料选起，给其充分应力释放的时间，六面涂施防浸涂料，严禁铺完打磨，合理设置胀缝。当功能与美观发生矛盾时，以功能为先。为防止混凝土整体地面裂缝，从结构、构造上可以采取加筋、加纤维、加膨胀剂、离缝等措施。

吊顶工程面材一般有纸面石膏板、矿棉吸声板、金属格栅吊顶及铝塑造板吊顶。纸面石膏板吊顶大面尽量留有规律缝，四周与墙面脱离，龙骨可加强，并有防止负压向上变形的措施。格栅吊顶一般为曲线弧线，满足线条流畅，间距、接缝、吊点等规范。吊顶上的末端设备设施优化深化达到对称、居中、有序、美观。

1.3.5 机电安装工程方案优化与创新

机电安装中的管线综合布置技术。采用建筑信息模型（BIM）技术，检查管线的碰撞，压缩结构的空间，使管线走向更捷径，排布更合理、美观，便于维修。应遵照：小管让大管，越大越优先；有压管让无压管；一般性管道让动力管道；强、弱电分开设置；电气避让热水及蒸汽管道；同等情况下造价低的让造价高的。通风空调工程风管制作、安装的新技术优先采用金属风管薄钢板法兰连接技术。另有非金属复合板风管施工技术含机制玻镁复合板风管施工技术，聚氨酯复合板风管及酚醛复合板风管施工技术，玻纤复合板风管施工技术。

在给水管道中，取代镀锌钢管和塑料管道的薄壁金属管道的应用已越来越广泛。以薄壁不锈钢和薄壁钢管为代表，连接方式也越来越多，除焊接和粘结以外，机械密封式连接的种类最多，含卡套连接、卡压连接、卡凸式连接、环压式连接等形式。另外大力推行管道工厂化预制技术，减少现场加工工作量，并确保精度质量、提高工效、环保安全。

1.3.6 支撑架搭设的优化与创新

钢筋混凝土结构成型施工及钢结构安装都离不开支撑的搭设，支撑作为临时性结构，应进行结构分析计算，确保其刚度、强度、稳定。结构安装成功与否，很大程度上取决于支撑的科学、合理、可靠。

临时支撑按结构形式可分为：实腹式、格构式、组合式支撑；按支撑材料可分为：型钢支撑、钢脚手架支撑、贝雷架支撑、网架支撑等；按支撑的作用方向可分为竖向支撑、水平支撑和斜撑等。

临时支撑体系由基础连接、主体结构和支撑构造三部分构成，临时支撑体系的选型和布置需要综合考虑安装方案、需支撑的结构形式、下部结构、施工现场环境等技术条件，还需分析以下方面：临时支撑的自身强度、变形及稳定性，下部混凝土结构的承载安全，临时支撑装拆的方便性，临时支撑的经济性等。

1.4 航站楼、体育中心、会展中心工程后评价管理

工程项目后评价是建设项目竣工验收后，对项目技术方案、实施过程和运行各阶段工作及其变化的原因和影响，通过全面系统的调查和客观的分析对比，结合预控目标、过程目标和最终目标总结并进行综合评价。

工程项目后评价要形成评价报告，高度概括并归纳项目在技术、经济、管理等多方面的主要成功经验及值得重视和汲取的教训，在分析总结讨论的基础上，慎重提出项目未来技术管理所需采取的措施和建议。

1.4.1 技术创新工作后评价

1）首先是工程项目技术方案的选择确定原因分析，即施工前确定讨论的几套方案，进行了哪些技术上的分析，综合考虑了哪些因素而确定的；其次方案实施过程中根据现场环境因素及条件有哪些更改、补充、完善，以便更具指导性；再次就是方案实施完成后，反思确定实施方案过程中还有哪些值得在今后再遇到相同相近的工程时借鉴和改进的地方，提出更科学合理可行的方案，分享给同行。

2）施工新技术、新工艺评价，分析项目所采用技术对行业乃至国民经济发展有无影响，是否值得并可能进行推广等。

3）施工完成后形成的工法、专利、QC、科技成果等评价，形成的成果是否全面、真实、可推广应用，质量、安全、环保、经济等各方面相互关系。

1.4.2 经济目标指标后评价

任何一个好的施工方案首先是技术上先进可行、合理，经济上力争以最小的投入换回最大的回报，一个好的方案可能在数十个方案中优选确定，目的在于此。

从经济方面评价，一方面是制定过程中，综合质量、安全、环境、工期、资金、技术等方面，最低要求是满足国家规范、政策、法规、业主合同，再综合分析考虑，如何以最低的成本圆满完成工程施工。另一方面可以先确定一个可以接受的成本价，反推在各方面

满足要求。项目施工完成，特别是从管理上可以控制的方面、机械化、装配化与手工现场湿作业的比较、技术分析与经济分析比较等。要评价创建优质工程与经济投入的关系，从经济方面考虑相关激励政策的合理性。

1.4.3 综合项目管理后评价

一个好的施工方案，要从质量、技术、安全、进度、环境、文明施工、经济效益诸多方面都有好的结果，所以对方案的综合评价应该从以上几个方面全方位进行。

可形成一个评价报告，内容可以包括：项目方案的名称概况、评价时间、方式，主要指标完成情况，评价依据的标准等。

1）评价结论：应综合概述报告的内容，从过程评价、经济技术评价、目标和可持续性评价、安全环保、质量水平评价几个方面进行分析，得出评价的主要结论；

2）经验与教训：应高度概括并归纳施工方案在技术、经济、综合管理等诸多方面的主要成功经验和值得重视和汲取的教训；

3）遗留问题措施与建议。

在前述无法评价的基础上，经过工程模拟等认真分析讨论，特别应在原方案编制机关人员的参与下，慎重提出以后措施同类工程的措施和建议，使方案更具可操作性及指导性。

第2章 “拱脚”大体积混凝土施工方案优选与后评价

2.1 “拱脚”及其结构特性

“拱脚”基础是相对“拱形结构”而言，“拱”的两个端部。从结构力学来讲，拱结构杆件将空间“竖向力”全部转化为“杆件内力——轴向压力”传递至“拱端支座”，即拱脚基础。一般说来多用在大型体育场工程、航站楼工程、大剧院工程、桥梁工程、火车站候车楼等大跨度大空间结构工程。

大跨度空间拱结构的拱脚所传递的水平推力很大，因此拱脚基础一般为大体积混凝土结构，并且采用在拱脚内设置预应力索来解决结构水平推力，同时可以增加结构的整体承载能力和变形能力。因此，混凝土与拱梁钢结构共同协作、混凝土拱脚施工周围的支护、拱脚混凝土压力灌浆施工技术、锚栓的定位及连接板的安装、拱脚施工顺序及大体积混凝土的浇筑综合技术应用是拱脚类工程施工的特点和施工人员重点关注的内容。

拱脚大体积混凝土归结下来有如下特点：

（1）结构厚、体形大、钢筋密、混凝土数量多，工程条件复杂和施工技术要求高。

（2）结构受力复杂，设计要求高，施工连续性强，难控制。

（3）模板支设难度大，单侧支模高，多种截面尺寸，三维钢筋布设模板支撑体系不易控制。

（4）水平截面尺寸大，竖向尺度高，混凝土一次浇筑量大，水化热高，温度裂缝难以控制。

（5）外观质量要求高，一般要求达到清水混凝土标准。

2.2 施工控制的难点

由于“拱脚”大体积混凝土结构的上述特点，本节着重介绍在拱脚混凝土施工过程中的重点和难点。

2.2.1 “拱脚”大体积混凝土施工难点

“拱脚”大体积混凝土虽然属于大体积混凝土，但又不同于平板式大体积混凝土，有其自身特点，如厚度可高达十多米甚至二十几米，在施工中会遇到两大类最具难点的问题：

1）温度裂缝

拱脚大体积混凝土因其纵向截面尺寸远大于横向截面尺寸，水泥在发生水化作用时释放出的大量热量无法及时散发。且混凝土内外温差大于25℃时，温度应力会导致拱脚混凝土产生裂缝。因此有效控制裂缝也就成为施工方案选择时的一个非常重要的标准。工程技术人员在施工前做好热工计算，作为方案选择时的依据，以有效控制温度裂缝。

2）施工安全

拱脚混凝土的特点是截面尺寸厚大，高度可达十米甚至更高，并且拱脚基础有一定的斜度。这种结构模板支撑体系自重本身很大，再加上钢筋重量、混凝土自重及混凝土振捣产生的压力等使得模板的支撑体系存在一定的安全隐患，需要严密的计算并按照计算进行加固。

2.2.2 “拱脚”大体积混凝土施工重点

大体积混凝土开裂后，其性能与原状混凝土性能相差很大，尤其是对耐久性（渗透性）的影响更大，而混凝土渗透反过来又会加速和促使混凝土的进一步恶化，严重影响结构的长期安全性和耐久性。因此，探讨温度裂缝产生的原因和防止裂缝的出现不仅是拱脚大体积混凝土施工的难点问题，也是重点问题。

一般防止裂缝产生，从以下几个方面入手：

1）设计方面

（1）合理布置分布钢筋，尽量采用小直径、密间距；变截面处加强分布筋。

（2）避免用高强混凝土，尽可能选用中低强度混凝土；采用60d或90d强度。

（3）合理的平面和立面设计，避免截面的突变，从而减小约束应力。

2）优选原材料和控制配合比

（1）选用水化热低、水化速度较慢的水泥。混凝土温度的升高不仅与水泥用量有关，还与水泥品种有关。水泥用量越多，水泥浆的量相对越大，收缩量也越大，容易开裂；水泥强度等级越高，水泥细度越小，比表面积越大，则水化热多，收缩大，所以容易开裂；水泥活性越强，其水化热越大，冷凝过程中收缩加大，容易开裂。所以在水泥用量相同的条件下选用水化热低、凝结时间长的水泥，能够有效降低水化热。普通硅酸盐水泥水化热较大，不宜采用，矿渣硅酸盐水泥与火山灰水泥水化反应慢，水化热低，后期强度高，大体积混凝土中广泛采用矿渣硅酸盐水泥。

（2）控制砂的细度模数、含泥量和泥块含量；骨料级配较差时，宜采用粒径不同的骨料优化配合，选择最佳级配；选择空隙率较小，级配良好的粗骨料（石子）。

（3）掺加粉煤灰。水泥用量大的混凝土产生的水化热也大，特别对于高强度混凝土，相应单方水泥用量较多，水化热引起的混凝土内部温升较普通混凝土要大。所以在不影响混凝土强度和坍落度等使用性能的前提下，在混凝土中掺入粉煤灰，来取代部分水泥，可达到降低水化热的目的。试验表明，分别掺入30%、60%粉煤灰可使水泥7d水化热分别降低约10%、50%。

（4）加入缓凝剂。为了减少水化热，降低混凝土温度，往往希望混凝土缓凝，即延长混凝土初凝时间。试验表明，加入缓凝剂后，水泥的初凝时间可分别延长1～4h不等，从而推迟混凝土放热峰值出现的时间。由于混凝土的强度会随龄期的增长而增大，所以等放热峰值出现时，混凝土强度也增大了，从而减小温度裂缝出现的几率。

总之，混凝土材料本身的性能对于控制裂缝起决定性的作用。因此，从原材料选择到配合比设计，必须经反复试验校核，逐渐调整至合理的程度。由于混凝土是地方性材料，各地原材料和施工工艺差别较大，因此不宜做统一规定，而应通过反复试验进行优化。直接套用通用性的规范、标准，盲目相信传统经验和做法，甚至轻信夸大其词的广告宣传，都可能造成混凝土材料的先天性缺陷而导致裂缝。

3）施工控制措施

施工质量对混凝土结构裂缝的形成比较直观，并且在施工过程中就往往显露出来。大体积混凝土内部的温度是一个随时间和位置而变化的瞬态温度场，它的初期变化近似于抛物线分布，随龄期增加逐渐趋于平缓，最后与外界气温趋于平衡。影响其变化的因素较多也较复杂。实际的温度控制中，一般考虑混凝土内部的温度峰值与内外温差变化情况。混凝土内部的温度峰值主要受混凝土用料及配合比、散热边界条件、外部环境等影响，可以分为浇筑温度、水泥水化热温升和混凝土散热温度三部分组成，相应的温度控制方法也主要针对这几个部分。

2.3 施工方案优选

拱脚混凝土施工在方法选择上根据设计对拱脚结构的整体性要求、结构尺寸大小、钢筋疏密程度、现场混凝土供应等具体情况，以及对工期、安全、经济效益等多方面的考虑，从原材料选择、浇筑顺序及养护方法方面进行全面权衡分析，从而选择其中的一种或两种浇筑方法相结合进行施工，以达到预期施工目标。

2.3.1 施工方法分类

大体积混凝土施工，一般采取的方法有（图 2.3.1）：

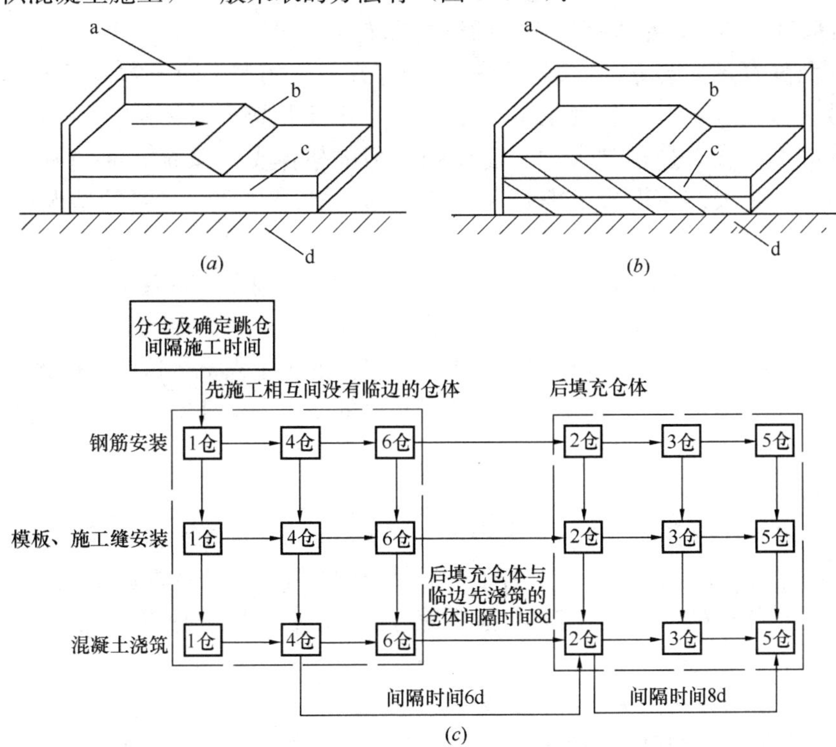

图 2.3.1 大体积混凝土竖向分层浇筑方法

（*a*）竖向分层水平单向整体推进浇筑；（*b*）竖向分层水平分段多向围浇施工；

（*c*）竖向分层水平分区分段跳仓浇筑施工

a—模板；b—新浇筑混凝土；c—已浇筑混凝土；d—垫层混凝土

（1）竖向分层水平单向整体推进浇筑；

（2）竖向分层水平分段多向围浇施工；

（3）竖向分层水平分区分段跳仓浇筑施工。

2.3.2 混凝土浇筑施工方案优选

1）竖向分层水平单向整体推进浇筑

竖向分层水平单向整体浇筑成形的施工方法，是将拱脚各层钢筋绑扎完毕后模板一次支设成型，混凝土一次浇筑到设计要求尺寸及标高。整体浇筑施工不会产生施工缝，整体性强。模板拆除后由于没有留置施工缝，外观质量上可以达到清水混凝土效果。

拱脚大体积混凝土采用整体浇筑混凝土的施工方法，虽然有以上优点。但由于拱脚结构的纵向厚大，且有一定斜度，施工有一定的难度。拱脚内钢筋分为若干层，钢筋绑扎时工人需要搭设操作马道，还要有大量防护架体及支撑架体。模板支设过程中一旦有杂物落入绑好的钢筋网内，极难清理。而且由于结构厚大，混凝土浇筑时易发生混凝土离析、振捣不到位情况，施工前应做好应对措施。

从裂缝角度来说，一次浇筑混凝土时产生的水化热极大，但由于拱脚结构固有的特点，结构核心内的蓄积的热量无法及时散发，产生的温度应力差越大，裂缝产生的几率也就越大，不易控制。施工前应进行热工计算，求出各温升峰值，计算结果可作为温度应力计算和抗裂验算的依据，据以采用适当的温控措施。

从安全角度看，一次浇筑成型施工过程中存在一定的安全隐患。由于钢筋及模板整体支设，数量多，自重大；混凝土本身重量大，并且混凝土振捣施工也会产生极大的侧压力。这些力的合力是非常大的，需要强有力的架体支撑系统。如稍有偏差可能会造成难以弥补的损失。在模板支撑体系施工前做好精密计算，必要的情况下应进行专家论证。

另外，整体浇筑的施工方法需要大量架管等周转工具用在支撑系统上，以确保施工质量和安全，这部分周转工具的租赁或采购需占用大量资金。另外在人员配备上，由于单体工程量大、质量要求高，各工种也需要集中技术精湛的施工人员。这两方面无疑需要大量资金的集中投入，并且由于整体浇筑需要耗费更多的精力来保证安全和质量，因此也对工期是一个考验，需要严密安排。

2）竖向分层水平分段多向围浇施工

竖向分层水平分段多向围浇筑施工是指对于体量非常大的超大体积混凝土，鉴于综合考虑将整体的超大体积混凝土分割成若干个混凝土体积相对小一些的施工段进行浇筑。采用分层的混凝土浇筑方法，将拱脚基础从高度方向分成若干层进行施工，同时又将每层拱脚再划分成若干流水段进行施工。

这种施工方法可以化大为小，化整为零，顺序浇筑。尽管每层混凝土都可称为大体积混凝土，但由于厚度方向已经小了很多，在施工组织上相对要易于组织，而且每层浇筑混凝土的用量少，所产生的温度应力相对小，对于温度裂缝的产生的几率相对整体浇筑也要小得多。

分层施工时所采用的模板及支撑数量只要准备一层多一点的数量，可在上面几层施工时周转使用。这样在支撑系统上占用的资金数量相对会少很多。而且由于已经在高度上分几段施工，每层等前一层混凝土施工完毕后再进行该层钢筋绑扎及模板支设的工作，高度小操作较容易。混凝土外观质量有保证且安全系数较高。由于分成若干施工层进行施工，每层施工速度较快，工期有保证。基于这些优点，在很多大体积混凝土施工过程这种方法最为常用，拱脚大体积混凝土的浇筑亦可以优先考虑这种方法。

这种施工方法也有其不可避免的弊端。分层分段施工必然会产生过多的施工缝，当设计对构件的整体性及外观要求较高时，采用该方法是很难满足的，因此应着重控制层间的剪力和施工缝处的处理。对于较大面积的水平施工缝的处理，目前采用较多的大致有以下三种方法：

(1) 传统方法

传统的处理方法有人工剔凿、风镐打毛、风砂枪和高压水冲毛。在多年的施工中我们发现这些方法普遍存在着劳动条件差、强度大、功效低、进度慢和混凝土损失大的缺点。且机械打毛容易造成深层混凝土的松动和裂缝，降低混凝土的整体性，与毛面处理的初衷相悖。

(2)“缓凝剂”法

针对传统方法的种种缺点，也可采用柠檬酸、糖蜜、木钙及其他缓凝减水剂等水溶性物质，来处理混凝土水平施工缝。大致方法是将上述物质配置成一定浓度的溶液，将此溶液涂刷在新浇筑的混凝土表面上使之形成缓凝层。经10～20h后，待缓凝层以内或以下的混凝土硬化到一定的强度，用水冲刷形成毛面。但这种方法根据实际使用经验，也存在以下缺点：

① 此类溶液对混凝土表面吸附性差，实际应用中极难做到涂均匀，导致层面呈“花脸状”，还需二次处理。

② 由于不能做到均匀涂刷，使得局部掺量难以控制。众所周知，混凝土中缓凝剂的掺量有比较严格的限制，若超过限量，则对混凝土的后期强度有负面影响。

③ 冲毛时间难以适应实际施工的需要。实际施工立面拆模时间不可能均保证在缓凝剂有效期以内。因为影响拆模时间的因素较多，如结构受力的影响、工序的影响等。

(3) 补插筋法

为加强结构整体性，可在施工缝处补插钢筋，直径宜为12～16mm，长度可为300mm，钢筋数量视施工缝表面积和结构重要性确定，但每处不得少于两根；也可在前层混凝土面层涂敷一层环氧树脂胶粘剂，但这种胶粘剂应采用受水分影响较小的固化剂(如600号聚酰胺)，并应在胶粘剂固化之前开始浇筑混凝土；对地下水位以下的混凝土施工缝，则必须做防水处理。

3) 竖向分层水平分区分段跳仓浇筑施工

跳仓法是充分利用了混凝土在5到10天期间性能尚未稳定和没有彻底凝固前容易将内应力释放出来的“抗与放”特性原理，它是将建筑物地基或大面积混凝土平面划分成若干个区域，按照“分块规划、隔块施工、分层浇筑、整体成型”的原则施工，即“隔一段浇一段，以避免混凝土施工初期部分激烈温差及干燥作用”，部分置换后浇带。

(1) 仓块划分

施工前技术人员应进行裂缝长度计算以确定跳仓块的长度［L］。其计算公式如下：

$$[L]=1.5\sqrt{\frac{HE}{C_z}}\operatorname{arcosh}\left(\frac{\alpha T}{|\alpha T|-\varepsilon_p}\right)$$

式中 E——混凝土早期弹性模量；

H——混凝土的厚度；

C_z——下层结构的水平阻力系数；

α——混凝土的线膨胀系数；

T——混凝土综合温差（水化热温差、收缩当量温差、环境温差的代数和）；

ε_p——混凝土的极限拉伸。

由计算可知，跳仓块的长度在 [L] 范围内时，混凝土就不会产生裂缝。依据以往施工经验，综合考虑超长大体积混凝土的收缩变形、结构尺寸、荷载分布和施工环境条件的复杂性；以及结构受力部位在施工中可能出现的不确定因素、各仓块之间的相互协调关系。施工时，跳仓块长度宜依据具体工程情况及混凝土供应情况按 30～40m 确定。

总之仓块划分应以利于应力释放及易于流水作业为原则，每个仓块宜小不宜大，最大分块尺寸不宜大于 40m。

（2）竖向分层水平分区分段跳仓浇筑施工优缺点

水平方向分区分段跳仓浇筑混凝土施工的方法可不再设置后浇带或伸缩缝，可避免后浇带混凝土浇筑前清理用工，及后浇带侧面凿毛。仓间混凝土浇筑间歇时间短，施工缝清理简便易行，有利于新老混凝土浇筑面的接合，结构整体性好，从而提高了接缝处的抗渗漏性能，避免因留置伸缩缝、后浇带给结构带来的不利影响。并且施工方便快速，工期缩短，效率高，也节省了人工管理费。

跳仓法施工更适合于在直线方向长的混凝土构件，超长混凝土构件等。对于拱脚混凝土来说，拱脚混凝土竖向分层后，每层混凝土直线方向一般较短，分仓浇筑不太适应。

2.3.3 拱脚大体积混凝土裂缝防治

无论采用哪种施工方法，裂缝的出现还是很难避免的，因此在施工过程中还要有各种措施来弥补施工方法本身的缺点，达到减少裂缝产生保证工程质量的目标。

1）材料控制

注重原材料选择，降低水泥水化热

① 混凝土的热量主要来自水泥水化热，因而选用低水化热的矿渣硅酸盐水泥配制混凝土较好；

② 精心设计混凝土配合比或者采用掺加粉煤灰和减水剂的“双掺”技术，减少每立方米混凝土中的水泥用量，以达到降低水化热的目的；

③ 选用适宜的骨料，施工中根据现场条件尽量选用粒径较大、级配良好的粗骨料，选用中粗砂，改善混凝土的和易性，并充分利用混凝土的后期强度，减少用水量；

④ 严格控制混凝土的坍落度。在现场设专人进行坍落度的测量，将混凝土的坍落度始终控制在设计范围内，一般以 7～9cm 为最佳；

⑤ 夏季施工时，在混凝土内部预埋冷却水管，通循环冷却水，强制降低混凝土水化热温度。冬季施工时，采用保温措施进行养护；

⑥ 如技术条件允许，可在混凝土结构中掺加 10%～15%的大石块，减少混凝土的用

量，以达到节省水泥和降低水化热的目的。

2）温度控制

（1）降低混凝土入模温度

① 浇筑拱脚大体积混凝土时应选择较适宜的气温，尽量避开炎热天气浇筑。夏季可采用温度较低的地下水搅拌混凝土，或在混凝土拌和水中加入冰块，同时对骨料进行遮阳、洒水降温，在运输及浇筑过程中也采用遮阳保护、洒水降温等措施，以降低混凝土拌合物的入模温度。

② 掺加相应的缓凝型减水剂；在混凝土入模时，还可以采取强制通风措施，加速模板内热量的散发。

（2）加强施工中的温度控制

① 在混凝土浇筑之后，做好混凝土的保温保湿养护，以使混凝土缓缓降温，充分发挥其徐变特性，降低温度应力。夏季应坚决避免曝晒，注意保湿；

② 冬季应采取措施保温覆盖，以免发生急剧的温度梯度变化。采取长时间的养护，确定合理的拆模时间，以延缓降温速度，延长降温时间，充分发挥混凝土的“应力松弛效应”；

③ 加强测温和温度监测。可采用热敏温度计监测或专人多点监测，以随时掌握与控制混凝土内的温度变化。混凝土内外温差应控制在25℃以内，基面温差和基底面温差均控制在20℃以内，并及时调整保温及养护措施，使混凝土的温度梯度和湿度不致过大，以有效控制有害裂缝的出现；

④ 合理安排施工程序。混凝土在浇筑过程中应均匀上升，避免混凝土堆积高差过大。基础以下部位在结构完成后及时回填土，避免其侧面长期暴露。

（3）改善约束条件，削减温度应力

在拱脚大体积混凝土基础与垫层之间可设置滑动层，如果条件许可，施工时也可以采用刷热沥青作为滑动层，以消除其嵌固作用，释放约束应力。

（4）混凝土内预埋冷却水管施工

人工导热的方法即在混凝土浇筑前预先埋置冷却水管的方法。从散热降温角度出发，利用水管内通入流动的冷水带走混凝土内部的部分热量，从而降低混凝土内部的最高温度。冷却水管可采用PVC管也可采用金属蛇皮管，竖向分多层布置，层间距一般为1m。

在混凝土中预埋循环水管，混凝土浇筑完毕后让冷水在预埋循环水管内流通，从而源源不断地将混凝土中的热能带出，达到减小内外温差，控制裂缝产生的目的。

一般情况下构件中心温度与表面温度差超过25℃时，构件表面必须要用保温材料加以覆盖或在混凝土内部预埋冷却管，用循环冷水降温的方式减少温差来防止构件表面出现裂缝。从工期因素考虑，选用循环冷却水管的方法对下道施工工序没有任何影响，可以一边用冷水循环降温一边进行下道工序的施工。这种施工方法比传统覆盖浇水养护的方法要节约时间，大大缩短工期。并且循环冷却水管内的水还可以得到重复利用，节约水资源还可减少对环境的污染。

冷却管采用热传导性能较好，并有一定强度的金属管如输水黑铁管，公称直径为32mm（δ42.3×6.5），冷却管层间距为1m。从经济角度考虑，无疑会增加工程投入，使工程造价增高。

冷却管在埋设及浇筑混凝土过程中应防止堵塞漏水和振坏；冷却管自浇筑混凝土时即通入冷水，在散热过程中保持水管温度与混凝土的温度差为（20～25）℃，并进行连续通水（10～12）d，具体通水时间根据现场监测情况确定。

（5）混凝土四周覆土

混凝土浇筑完毕后可以通过及时覆土养护降低混凝土表面及中心温差的作用，以达到缓慢降温，充分发挥混凝土的应力松弛效应，降低约束应力，从而减少裂缝的产生。

3）拱脚大体积混凝土养护

混凝土内水泥的水化热反应不是瞬间完成的，是一个长时间的过程。因此，加强拱脚大体积混凝土的养护是保证混凝土强度，有效控制温度裂缝的一道重要工序。

在冬季和炎热季节拆模后，若天气产生骤然变化时，应采取适当的保温（冬季）隔热（夏季）措施，防止混凝土产生过大的温差应力。

混凝土带模养护期间，应采取带模包裹、浇水、喷淋洒水等措施进行保湿、潮湿养护，保证模板接缝处不致失水干燥。为了保证顺利拆模，可在混凝土浇筑24～48h后略微松开模板，并继续浇水养护至拆模后再继续保湿至规定龄期。

去除表面覆盖物或拆模后，应对混凝土采用浇水或覆盖洒水等措施进行养护，也可在混凝土表面处于潮湿状态时，迅速采用麻布、草帘等材料将暴露面混凝土覆盖或包裹，再用塑料布或帆布等将麻布、草帘等保湿材料包覆。包覆期间，包覆物应完好无损，彼此搭接完整，内表面应具有凝结水珠。有条件地段应尽量延长混凝土的包覆保湿养护时间。

喷涂薄膜养生液养护适用于不易洒水养护的异形或大面积混凝土结构。它是将过氯乙烯树脂溶液用喷枪喷涂在混凝土表面上，溶液挥发后在混凝土表面形成一层塑料薄膜，将混凝土与空气隔绝，阻止其中水分的蒸发以保证水化作用的正常进行。有的薄膜在养护完成后自行老化脱落，否则不宜于喷洒在以后要作粉刷的混凝土表面上。在夏季，薄膜成型后要防晒，否则易产生裂纹。混凝土采用喷涂养护液养护时，应确保不漏喷。

混凝土养护期间应注意采取保温措施，防止混凝土表面温度受环境因素影响（如曝晒、气温骤降等）而发生剧烈变化。养护期间混凝土的芯部与表层、表层与环境之间的温差不宜超过20℃。

拱脚大体积混凝土施工前还应制定严格的养护方案，控制混凝土内外温差满足设计及施工规范要求。

2.4 施工案例

2.4.1 某体育中心体育场工程

1. 背景介绍

某体育场主体钢结构采用拱支撑的桁架罩棚体系，钢结构罩棚分布在东西两侧，成对称布置，最大跨度256m，最高点标高76.225m，主拱支座为四个大体积混凝土拱脚进行支撑。大体积混凝土主要涉及承台和拱脚。拱脚外形体积为不规则体，鸟瞰平面尺寸33.3m×28.2m，最厚处厚度达24.565m，基底标高－18.565m，混凝土强度等级C35，垫层 C10，单个拱脚 C35，混凝土浇筑量约 9800m³（图 2.4.1-1）。

2. 过程描述

根据工程特点，最初制定两种施工方案：

1）方案一：

① 大体积混凝土水平设 5 个施工缝，分 6 次进行浇筑，每层混凝土表面设置凹槽，增加混凝土的接触面积，抵抗水平推力。

② 混凝土内部布置冷却水管，当发现混凝土内外温差超过规定值时，通过水管内通入循环冷水来降低混凝土内部的水化热。

图 2.4.1-1 拱脚混凝土成型示意图

③ 选用水化热低的水泥并外掺粉煤灰及优质矿粉，降低水泥水化热。

④ 表面采用毛毡作为保温材料进行覆盖。

2）方案二：

① 施工时留设 30°的阶梯形施工缝。共设置 4 道施工缝，混凝土分 5 次浇筑完。

② 混凝土内部布置冷却水管，当发现混凝土内外温差超过规定值时，通过水管内通入循环冷水来降低混凝土内部的水化热。

③ 选用水化热低的水泥并外掺粉煤灰及优质矿粉，降低水泥水化热。

④ 表面采用毛毡作为保温材料进行覆盖。

两种方案经过专家论证进一步优化，最后形成最终方案。

3）方案优化：

① 避免施工缝留设过多，大体积混凝土水平设 3 个施工缝，分 4 次进行浇筑，每层混凝土表面不再设置凹槽。下层浇筑前用高压水枪将上层浇筑的松动石子清除干净。

② 混凝土内部冷却管降温不明显，不再布置冷却水管。

③ 按 60d 混凝土龄期进行配合比设计，选用普通硅酸盐水泥，稳定性好，用量控制在 200kg/m³ 左右。

④ 保温采用外保温，加厚保温层，监控温差，随时调整保温量。

3. 关键施工技术

本工程关键施工技术为拱脚大体积混凝土裂缝控制的措施。

1）设计方面

① 底板：下皮设置双层双向钢筋，ϕ25@100mm；中层设置双向钢筋网，ϕ18@200mm；上皮设置双向钢筋网，ϕ25@200mm。

②“拱脚”：中部设置双向钢筋网，ϕ16@300，竖向间距 1500mm；周边设置双向钢筋网，ϕ18@200；拱脚受压面层下设置双向钢筋网，ϕ18@200 共四层间距分别为 100mm、200mm、300mm；中部垂直向设置钢筋，ϕ14@600。

③“拱脚”底面及周边钢筋保护层厚度为 100mm，预留埋件部分为 50mm，钢筋保护层厚度为 100mm 时，保护层内设 ϕ4@150 附加筋。

④ 采用 C35 混凝土。

2）混凝土配合比及材料选择

在混凝土制备前，进行常规配合比试验，并进行水化热、泌水率、可泵性等对大体积混凝土控制裂缝所需的技术参数的试验；其配合比设计应当通过试泵送。

混凝土配合比设计时，在保证混凝土具有良好工作性的情况下，应尽可能地降低混凝土的单位用水量，采用“三低（低砂率、低坍落度、低水胶比）二掺（掺高效减水剂和高性能引气剂）一高（高矿粉掺量）”的设计准则，生产出“高强、高韧性、中弹、低热和高极拉值”的抗裂混凝土。

采用混凝土60d强度作为指标，将其作为混凝土配合比的设计依据。混凝土坍落度160mm。拌合水用量不宜大于175kg/m^3。矿粉总量不大于混凝土中胶凝材料用量的50％。水胶比不大于0.55。砂率为38％～42％。拌合物泌水量小于10L/m^3。

混凝土配合比选择原则：

① 降低水泥用量，降低水化热，采用低热矿渣硅酸盐水泥；

② 选用非碱活性的粗骨料；粗骨料选用粒径5～31.5mm，并连续级配，含泥量不大于1％；

③ 细骨料采用中砂，其细度模数宜大于2.3，含泥量不大于3％；

④ 选用优质缓凝减水剂，缓凝时间控制在8～12h；

⑤ 大量掺合优质矿渣复合磨细粉，以降低水化热。

3）混凝土的浇筑与养护

（1）混凝土采用泵送，分四次浇筑成型，水平施工缝处附加垂直ϕ12@300钢筋伸入上下混凝土处各500mm。

（2）每次浇筑分层连续浇筑，摊铺厚度600mm，保证在前层混凝土初凝之前，将该层混凝土浇筑完毕（当层间间隔时间超过混凝土的初凝时间时，层面按施工缝处理）。分层连续浇筑便于振捣，易保证混凝土的浇筑质量，可利用混凝土层面散热，对降低大体积混凝土浇筑块的温升有利。

（3）水平施工缝的处理：

① 清除表面的浮浆、软弱混凝土层及松动石子，并均匀的露出骨料。

② 在上层混凝土浇筑前，用压力水冲洗混凝土表面的污物，充分湿润，但不得有积水。

（4）混凝土的拌制运输必须满足连续浇筑施工及尽量降低混凝土出罐温度等方面的要求。

（5）在大体积混凝土浇筑过程中，由于混凝土表面泌水现象普遍存在，为保证混凝土浇筑质量，必须及时清除混凝土表面泌水，否则会降低结构混凝土的质量。

（6）在混凝土浇筑完毕后，及时按温控措施的要求进行保温养护，保温养护的持续时间，根据温度应力（包括混凝土收缩产生的应力）加以控制确定，不得少于15d，保温覆盖层的拆除应分层逐步进行，以保证混凝土内部温度与表面温度差不大于25℃，混凝土表面温度与其所覆盖间的环境温度差不大于25℃为准。保温养护过程中，保持混凝土表面的湿润。

（7）采用塑料薄膜、毛毡、草袋作为保温材料覆盖混凝土和模板，覆盖层的厚度根据温控指标的要求计算得出。

（8）混凝土浇筑后4～6h内可能表面上出现塑性裂缝，采取多次压光处理。

（9）在大体积混凝土保温养护过程中，对混凝土浇筑块体的里外温差和降温速度进行监测，根据实测结果调整保温养护措施，满足温控指标的要求。

(10) 混凝土浇筑完成后及时拆模进行回填土覆盖。

4) 温控施工的现场监测

(1) 监测内容

① 混凝土浇筑过程中对浇筑温度的监测；

② 在养护过程中对混凝土块体升降温、里外温差、降温速度及环境温度的监测。

(2) 监测仪器

电子测温仪一部，测温导线 550m。

(3) 测温次数

① 混凝土浇筑温度的测试每工作班（8h）不少于 2 次。

② 块体里外温差、降温速度及环境温度监测每昼夜不少于 4 次。

(4) 测温点布置

每一测温点位传感器由距离板底 200mm、板中间距 500～1000mm、距板表面 50mm 各测温点构成，各传感器分别附着在 ϕ16 圆钢支架上，各测温点间距不大于 6m，如图 2.4.1-2 所示。

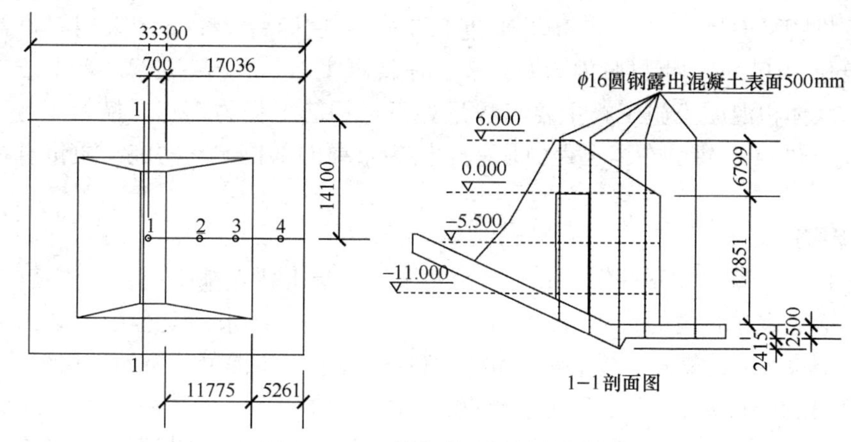

图 2.4.1-2 拱脚基础测温布置图

5) 其他措施

(1) 保证措施

① 落实施工技术保证措施、施工技术交底、施工安全交底，严格执行有关规定。

② 合理调度搅拌输送车送料时间，逐车测量混凝土的坍落度。

③ 严格控制每次下料的高度和厚度，保证分层厚度不大于 500mm。

振捣方法要求正确，不得漏振和过振。可采用二次振捣法，以减少表面气泡，即第一次在混凝土浇筑时振捣，第二次待混凝土静置一段时间再振捣，而顶层一般在 0.5h 后进行第二次振捣。

④ 严格控制振捣时间和振捣棒插入下一层混凝土的深度，保证深度在 50～100mm，振捣时间以混凝土翻浆不再下沉和表面无气泡泛起为止。

⑤ 浇筑混凝土过程中，为了防止钢筋位置的偏移，在人员主要通道处的底板钢筋上铺设脚手板，操作工人站立在脚手板上，避免直接踩踏钢筋。

⑥ 在混凝土浇筑完毕后，要派工人及时清理现场，做到工完场清。混凝土强度到达

1.2N/mm² 之前不准上人。

⑦ 为保证大体积混凝土浇筑的顺利进行，混凝土浇筑期间，各管理人员手机需要24h 开通。

4. 结果状态

通过方案的优化选择，减少水泥用量，不再布设冷却管及抗剪凹槽，方便了施工，节约了成本 737000 元。成本节约计算如下：

人工费：150 元/工日×120 工日＝18000 元

冷却管：8.5 元/m×38000m＝323000 元

水泥 ：165 元/t×2400t＝396000 元

共计 737000 元

社会效益：通过对混凝土施工方案的优化选择，过程控制，最终获得了很好的工程质量，赢得了业主的普遍赞扬，提高了企业形象。

2.4.2 某机场航站楼工程

1. 背景介绍

本工程拱脚平面尺寸 13m×16m，厚度 7.5m，基底标高－8.0m。采用 C30 微膨胀混凝土，浇筑量 4944 m³；钢拱脚内为 C40 微膨胀混凝土 105m³，垫层 C15 混凝土。施工赶在冬季，为大体积混凝土施工，主要工程量如下：钢筋工程约 180t，模板工程 2300m²，混凝土工程 7000m³。拱脚在本工程中是一个极为重要的部位，它的施工质量直接影响结构的安全性能。

2. 过程描述

研究分析该工程采取分段分层施工法，大体积混凝土独立基础应一次连续浇筑成型，整体性好，而固定在其内的钢拱脚原设计采用螺栓就位，要求混凝土施工必须分两段施工，即第一步浇筑固定螺栓，安装就位钢拱脚后进行第二步混凝土浇筑。按原设计施工：四根螺栓斜向悬空固定正确与否决定着钢拱脚位置的准确，且需混凝土浇筑后强度达100%后才能进行下道工序，螺栓的定位固定施工难度相当大。经与设计人员沟通同意改变定位固定方式，采用在平面预埋锚板，待浇筑混凝土、精确放线定位后进行钢拱脚的安装，既加快了施工进度，又保证了施工质量，另钢拱脚内的底部压力灌浆改为顶部自流混凝土的浇筑。既可以先进行第二步基础混凝土浇筑，再进行钢拱脚内部浇筑，保证了钢拱脚的固定牢固且大大加快了施工进度。

施工顺序为：混凝土垫层→底板及侧壁钢筋绑扎→模板支设→水平钢筋网片绑扎→第一次浇筑混凝土至－4.4m→固定钢拱脚→绑扎钢筋→浇筑第二步混凝土→钢拱脚内 C40 微膨胀混凝土。

混凝土浇筑后，根据实测温度值和绘制的温度升降曲线，分别计算各降温阶段产生的混凝土温度收缩拉应力，其累计总拉应力值如不超过同龄期的混凝土抗拉强度，则表示所采取的防裂措施能有效地控制预防裂缝的出现，不至于引起结构的贯穿性裂缝；如超过该阶段时的混凝土抗拉强度，则应进一步改进养护和保温措施。

3. 关键施工技术

大体积混凝土结构裂缝控制的措施。

1）设计方面

（1）通过多次优化设计使原来庞大的长方体基础变为阶梯形，大大减少了混凝土用量，有利于混凝土内部温度的降低；并在直角变截面处增设 ϕ16@200 斜向附加筋；水平施工缝处附加垂直 ϕ12@300 钢筋伸入上下混凝土处各 500mm。

（2）基础内设 ϕ16@400 钢筋，沿基础高度方向间距 0.9m。

（3）采用 C30 微膨胀混凝土。

2）混凝土配合比及材料选择

（1）降低水泥用量，降低水化热：P.O.42.5 普通硅酸盐水泥。

（2）尽可能选用大粒径粗骨料：石子选用 5～30mm 粒径连续级配机碎石。

（3）降低砂率：水洗中砂。

（4）选用优质缓凝减水剂，缓凝时间控制在 8～12h。

（5）大量掺合优质矿渣复合磨细粉，以降低水化热。

（6）掺入膨胀剂，补偿收缩裂缝：选用 ZY 型膨胀剂。

3）混凝土养护

（1）在混凝土浇筑完毕后，及时按温控措施的要求进行保温养护，保温养护的持续时间，根据温度应力（包括混凝土收缩产生的应力）加以控制确定，保温覆盖层的拆除应分层逐步进行，以保证混凝土内部温度与表面温度差不大于 25℃，混凝土表面温度与其所覆盖间的环境温度差不大于 25℃为准。

（2）采用塑料薄膜、毛毡、草袋作为保温材料覆盖混凝土和模板，覆盖层的厚度根据温控指标的要求计算得出。

（3）混凝土浇筑后 4～6h 内可能表面上出现塑性裂缝，采取多次压光处理。

（4）在大体积混凝土保温养护过程中，对混凝土浇筑块体的里外温差和降温速度进行监测，根据实测结果调整保温养护措施满足温控指标的要求。

（5）在混凝土面要求原状土部位与基础混凝土浇筑一次成型，即基础范围外部与基坑支护钢管桩间采用 C30 微膨胀混凝土。

4）温控施工的现场监测

（1）监测内容：混凝土浇筑过程中对浇筑温度的监测；养护过程中对混凝土块体升降温、里外温差、降温速度及环境温度监测，尤其在监测上层混凝土过程中对下层混凝土同时监测。

（2）监测仪器：电子测温仪一部，测温导线 550m。

（3）测温次数：混凝土浇筑温度的测试每工作班（8h）不少于 2 次；块体里外温差、降温速度及环境温度监测每昼夜不少于 2 次。

（4）测温点布置：每一测温点位传感器由距离板底 200mm、板中间距 500～1000mm、距板表面 50mm 各测温点构成，各传感器分别附着于 ϕ16 圆钢支架上，各测温点间距不大于 6m，如图 2.4.2-1 所示。

5）防意外措施

为防止混凝土温度升高过快，采取在混凝土中部盘两层 6 分金属蛇皮管做循环水排管的措施。水管分两层布置，如图 2.4.2-2 所示。

其中，A、B 布置方式相同，排管最外一圈直径为所在混凝土面宽度的 1/3，盘管每

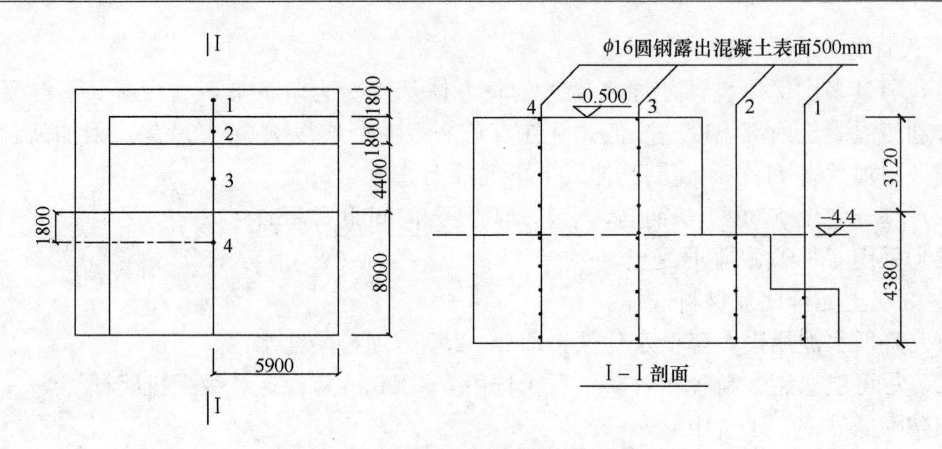

图 2.4.2-1 拱脚基础测温布置图

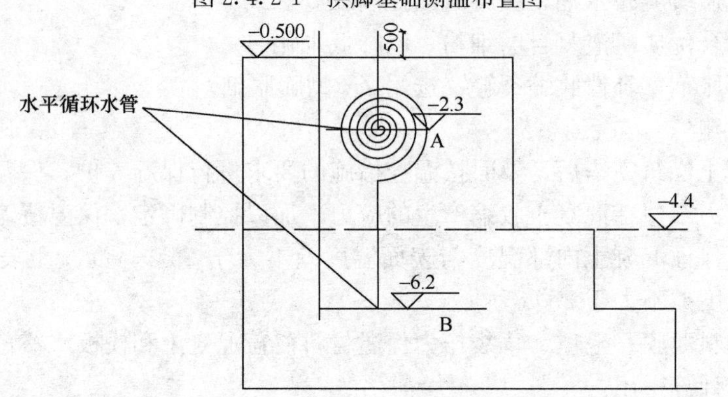

图 2.4.2-2 循环水排管示意图

周间距 50cm，外露长度为 50cm。完成降温后，金属排管采取注浆封闭处理。

混凝土浇筑后，根据实测温度值和绘制的温度升降曲线，分别计算各降温阶段产生的混凝土温度收缩拉应力，其累计总拉应力值如不超过同龄期的混凝土抗拉强度，则表示所采取的防裂措施能有效地控制裂缝的出现，不至于引起结构的贯穿性裂缝；如超过该阶段时的混凝土抗拉强度，则应进一步改进养护和保温措施。

4. 结果状态

1）经济效益

大体积混凝土基础施工采用分两次浇筑施工技术，施工较为方便，工序交叉影响少，保证了施工质量，加快了施工速度，提高了工作效率，节省了人工开支，从而降低了工程造价。

节省人工费、机具租赁费、缩短工期带来的效益

缩短工期合计按 25 天计算。

人工费节约：25 天×140 人×70 元/天＝245000 元

机具租赁费 25 天×10000 元/天＝250000 元

合计：49.5 万元。

2）社会效益

该钢结构工程无论是施工进度，还是施工质量，在国内建筑史上都创造了一个奇迹，

确保该工程顺利、圆满竣工，取得良好的社会效益。

针对该问题，编写了工法，在不同程度上解决了目前钢拱拱脚安装中出现的新问题，对安装中的关键技术进行较全面、细致的研究，实现技术先进、经济合理和施工方便等目标，为保证工程质量和结构安全提供了理论依据，可为同类工程积累宝贵的施工经验，为以后工程中类似问题的解决积累了大量宝贵的实践经验，有着很广阔的应用前景。

2.5 工 程 后 评 价

上述两个工程拱脚大体积混凝土施工过程中最容易出现的问题是裂缝的出现，两个工程施工过程中我们发现从以下几个方面可以有效防止裂缝的出现。

在水泥用量相同的条件下选用水化热低、凝结时间长的水泥，能够有效降低水化热。普通硅酸盐水泥水化热较大，不宜采用，矿渣硅酸盐水泥与火山灰水泥水化反应慢，水化热低，后期强度高，大体积混凝土中广泛采用矿渣硅酸盐水泥。在体育中心体育场工程中选用矿渣硅酸盐水泥，可能是出于这一点考虑。在机场拱脚大体积混凝土施工中采用普通硅酸盐水泥，单纯从降低水化热的角度考虑，采用矿渣硅酸盐水泥效果会更好，但会适当增加成本。

体育中心体育场在混凝土配合比设计时，在保证混凝土具有良好工作性的情况下，应尽可能地降低混凝土的单位用水量，采用“三低（低砂率、低坍落度、低水胶比）二掺（掺高效减水剂和高性能引气剂）一高（高矿粉掺量）”的设计准则，生产出“高强、高韧性、中弹、低热和高极拉值”的抗裂混凝土，这也能有效控制裂缝的产生。

一、施工上的控制措施

（1）两工程均采用了分段分层施工法，分层浇筑便于振捣，易保证混凝土的浇筑质量，可利用混凝土层面散热，对降低大体积混凝土浇筑块的温升有利。

（2）采取表面保温措施。两个工程施工过程中，在混凝土浇筑完毕后，都及时按温控措施的要求进行保温养护，保温养护的持续时间，根据温度应力（包括混凝土收缩产生的应力）加以控制确定，不得少于15d，保温覆盖层的拆除应分层逐步进行，以保证混凝土内部温度与表面温度差不大于25℃，混凝土表面温度与其所覆盖间的环境温度差不大于25℃为准。保温养护过程中，保持混凝土表面的湿润。这在防止裂缝出现上也起到了一定的作用。

（3）混凝土的振捣。两个工程在拱脚混凝土施工过程中，振动棒操作人员应安排有操作经验的人员担任，熟练振动棒的操作方法。做到“快插慢拔”，每个插入点的振捣时间应由现场确定（表面出现少量砂浆，无气泡逸出为止），一般10s左右，插入点之间距离控制在50cm左右，不得漏振，振捣时不得用振动棒赶浆，不得振动钢筋和砖胎模。振动棒的插入深度应至少插入下层混凝土5cm，消除上下层混凝土之间的缝隙。

（4）在机场工程拱脚混凝土施工过程中，为防止混凝土温度升高过快，采取在混凝土内盘管做循环水排管的措施。完成降温后，金属排管采取注浆封闭处理。

（5）在拱脚混凝土施工中，温控施工的现场监测尤为重要，两个工程都合理布置了监测点，混凝土浇筑过程中对浇筑温度的监测；养护过程中对混凝土块体升降温、里外温差、降温速度及环境温度监测，尤其在监测上层混凝土过程中对下层混凝土同时监测。这为预防裂缝产生提供了数值上的依据。

(6) 控制拆模时间。根据工程的实际情况，尽量延缓拆模时间，这样混凝土具有一定的强度，可以抵抗可能产生的温度应力。特别是在冬期施工时，为防止拆模后外界温度陡降引起温度应力，拆模后应立即回土覆盖，控制内外温差。

(7) 体育中心体育场拱脚混凝土施工后，表面出现一些不规则的小裂缝，分析原因：问题出现在混凝土浇筑完成后的抹面问题上。

① 浇注完成设计标高后的混凝土，应由专门的抹面人员收面找平。根据柱筋上的+50cm 红三角，拉线控制混凝土上表面的标高，用 2m 刮杠找平，并用木抹子收平混凝土面。

② 浇筑后的混凝土初凝开始至终凝前，对找平收面的混凝土再次收面抹压，消除由于混凝土干缩造成的细微裂缝，并把面层收成毛光。该工序在必要时应多次进行，这样才能保证表面无裂缝出现。

二、两工程拱脚采用分段分层施工法，在施工缝处理上，体育场采用清除表面的浮浆、软弱混凝土层及松动石子，并均匀的露出骨料；上层混凝土浇筑前，用压力水冲洗混凝土表面的污物，充分湿润，但不得有积水。这种方法，如果工人意识不够，操作不到位，就直接影响效果。目前在施工缝处理上，有一种“缓凝剂”法，可采用柠檬酸、糖蜜、木钙及其他缓凝减水剂等水溶性物质，来处理混凝土水平施工缝。其大致方法是将上述物质配置成一定浓度的溶液，将此溶液涂刷在新浇筑的混凝土表面上使之形成缓凝层。经 10～20h 后，待缓凝层以内或以下的混凝土硬化到一定的强度，用水冲刷形成毛面。这种施工法可以在以后的施工中加以尝试和完善。

三、在降低成本上两工程在施工现场之外，利用多个钢筋加工厂进行成品钢筋加工，根据工程进度计划安排，运至施工现场，能大幅度加快工程进度，大幅度减轻劳动强度，减少二次搬运，最大限度地减少钢筋浪费，从而大幅度节约工程成本；由于大体积混凝土浇筑的施工要求，混凝土需用量大，在现场设置混凝土搅拌站，缩短混凝土运输成本，保证混凝土供应需求，加快工程进度，保证工程质量；体育中心体育场工程采用新型模板体系，梁模板采用 15mm 厚多层板，楼板底模全部采用 12mm 竹胶板，圆柱及高大异形 Y 柱模采用定型钢模板，使混凝土施工达到清水混凝土要求，减少二次抹灰，缩短工期，保证工程质量，降低工程成本。这些都是值得借鉴之处。

第3章　劲性混凝土施工方案优选与后评价

3.1　劲性混凝土的特点

3.1.1　综述

劲性混凝土结构，是利用型钢做骨架，外表面打栓钉，绑钢筋打混凝土或钢管内打混凝土，工程上多用于大空间大跨度结构、高层及超高层的钢混组合结构的建（构）筑物。

劲性混凝土结构，又称型钢混凝土结构，目前有五大类，即压型钢板与混凝土组合板，钢与混凝土组合梁、型钢混凝土结构，钢管混凝土结构和外包钢混凝土结构。目前常采用钢骨混凝土柱和钢管混凝土柱，其截面组成的主要形式如图 3.1.1-1，相应的梁柱节点连接也与传统结构不同，其梁柱组合节点形式如图 3.1.1-2。

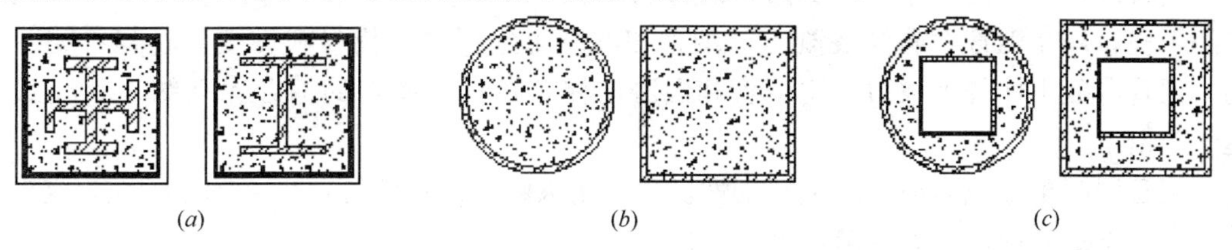

图 3.1.1-1　钢骨混凝土柱和钢管混凝土柱主要截面形式

（a）钢骨混凝土柱；（b）钢管混凝土柱；（c）空心钢管混凝土柱

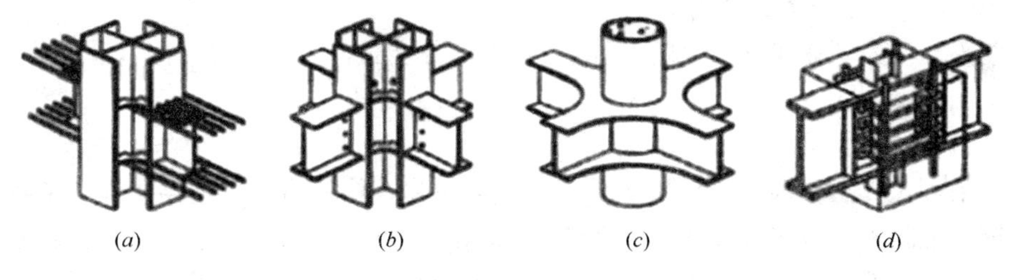

图 3.1.1-2　常用梁柱组合节点形式

（a）钢骨混凝土柱与混凝土梁节点；（b）钢骨混凝土柱与钢梁节点；

（c）钢管混凝土柱与钢梁节点；（d）混凝土地柱与钢梁节点

钢-混凝土组合结构中，常采用型钢混凝土组合梁。其组成的主要形式如图 3.1.1-3。

钢-混凝土组合结构将两种材料的构建通过某种方式组合在一起共同工作，组合后的整体工作性能要明显优于各自性能的简单叠加。采用钢一混凝土组合结构的构件主要包括型钢一混凝土组合梁、钢骨混凝土梁/柱、钢骨混凝土墙/筒、钢板混凝土连梁、钢板混凝土连梁、钢板混凝土墙、钢骨混凝土柱、钢管混凝土柱等。

经过几十年的研究及工程实践，钢-混凝土组合结构已经发展成为既区别于传统的结

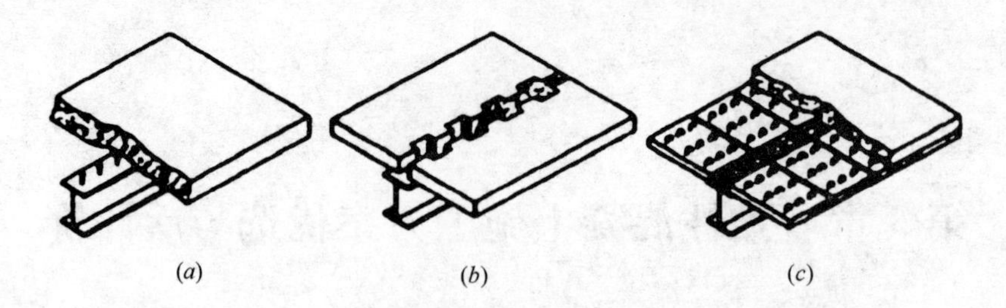

图 3.1.1-3　型钢混凝土组合梁主要截面形式
(a) 钢现浇混凝土组合梁；(b) 钢-预制混凝土板组合梁；(c) 钢-混凝土地叠合板组合梁

构形式（混凝土结构、钢结构），又与之密切相关和交叉的结构形式，其结构类型和适用范围涵盖了结构工程的很多领域。与传统结构相比，组合结构有明显的优势，造价比钢结构低，结构刚度比钢结构大，施工速度比混凝土结构快，抗震性能优于混凝土结构，尤其是框架核心筒体系采用组合结构时，其建筑高度可以比钢结构、混凝土结构更高，具有广阔的发展前景。

（1）钢管混凝土

在上述常用的组合构件中，钢管混凝土柱在我国应用较早且较为广泛，尤其是近年来在大跨大空间构筑物、超高层建筑、桥梁中使用较多。

钢管混凝土结构是介于钢结构和钢筋混凝土结构之间的一种复合结构。钢管混凝土通常用于柱，即在钢管中灌注混凝土，钢管和混凝土这两种结构材料在受力过程中相互制约。钢管混凝土柱的承载力，比钢管和混凝土柱芯各自承载力的综合提高约40%。最高达1.7倍。

钢管混凝土承载力高，塑性和韧性良好，耐火耐腐蚀性能好，无须钢筋绑扎、支拆模等工序，施工简便，可大量节约人工费用。

钢管混凝土柱有良好的经济性能，同一般型钢混凝土柱比较，在同等条件下，钢管混凝土柱可节约30%的用钢量。同钢筋混凝土比较，可节省水泥70%，节约钢材10%，节省模板100%，而造价大致相等。

在美国、澳大利亚等国，钢管混凝土结构工程已经相当普遍。而我国尚处于起步阶段。

（2）钢骨混凝土

近年来，尤其是美国“9.11”事件后，人们对建筑物的防火抗灾性能提出了新的更高要求，钢骨混凝土便有了超前发展，型钢被混凝土包裹后，大大提高了纯钢结构的耐火点，抗酸碱腐蚀性能以及抗震性能。同时，由于劲钢的存在，提高了钢筋混凝土结构可塑性，简化了混凝土结构塑造过程中的支撑体系，钢骨优先于混凝土形成结构体系，加快了施工进度。

（3）压型钢板-混凝土组合楼板施工技术

压型钢板-混凝土组合楼板即将压型钢板作为混凝土楼板的永久支撑模板，与混凝土组合，共同承担工作荷载，既可代替模板，又可作为现浇楼板底面受拉钢筋承受拉力作用，习惯上称为结构楼承板，一般用于高大空间工程、钢结构工程。

压型钢板作为一种永久性模板，除了可以减少或完全免去支拆模板作业、高大模板支撑架体施工、简化施工作业外；其严密性好，不漏浆，可作主体结构安装施工的操作平台和下部楼层施工人员的安全防护板；有利于立体交叉作业，有利于照明管线的敷设和吊顶龙骨的固定。缺点是湿作业量大；用作底面受拉配筋时，必须做防火层；造价较高。不过，从总的施工效果看，只有采用压型钢板模板，才能充分发挥高大空间、钢结构工程快速施工的特点和效益。如果采用密度小、耐火性能好的轻骨料混凝土，还可以有效地降低楼板厚度和压型钢板的厚度。

据有关单位测算，随着钢材加工技术的提高，压型钢板的出现，建筑结构中的水平构件分离出一种下钢上混凝土的结构，即钢-混凝土组合楼屋盖。这种结构除了具备钢和钢筋混凝土结构的双重优点外，还有钢板可以代替部分钢筋，减少楼板配筋30%～40%；提高了钢构件外露表面的防水防潮抗浮性能；省去了高空支模架的费用，降低了施工成本；提高了同跨度混凝土构件的刚度，减小了梁构件截面尺寸，增大了空间高度，降低了工程总成本。

在高大空间结构场馆类建筑、高层或超高层建筑中使用压型钢板—混凝土组合楼板可免去模板施工措施费，简化施工工序，加快施工速度，降低工程总投资，应该大力推广。

钢板-混凝土组合楼盖在大空间、超高共享空间结构中尤其是场馆工程应用，其优越性更为突出，参见表3.1.1比较：

钢板-混凝土组合楼盖、普通混凝土结构楼盖、劲性混凝土楼盖性价比一览表　　表3.1.1

序号	项目内容	普通混凝土结构楼盖	钢管桁架彩板屋面	劲性混凝土楼盖
1	每百平米综合造价（元/m^2）	110	70	80
2	每平米用钢（筋）量（kg）	23	0	5
3	每平米混凝土量（m^3）	0.15	0	0.1
4	每百平米用工	20	15	18
5	每百平米工期	7	4	5
6	耐久性	一般	较好	好

(4) 型钢混凝土组合结构转换层的特点

组合结构转换层型钢梁，作为骨架包裹在混凝土内，与预应力结构相比，减少了张拉、锁定、注浆、封锚等工序；具有良好的耐火和耐久性；钢材相对节约；与普通混凝土结构转换层相比，其承载能力可以提高近一倍，且不受含钢率的限制，因而可以减小结构构件截面，增加使用面积和层高，其经济效益显著；型钢混凝土组合结构构件的延性，比普通钢筋混凝土结构构件明显提高，因而型钢混凝土组合结构转换层，具有良好的抗震性能。

适用范围：型钢混凝土结构转换层适用于，非抗震区和抗震设防烈度为6度至9度的框架结构、框架-剪力墙结构、底部大空间的剪力墙结构、框架核心筒结构、筒中筒结构等的多、高层建筑物的框支层；型钢混凝土组合结构转换层构件可以和钢筋混凝土结构构件组合，也可以和钢结构构件组合，不同结构发挥其各自特点；型钢混凝土组合结构转换层构件的“承载能力和正常使用”两个极限状态的设计要求，与现行国家标准《混凝土结构设计规范》GB 50010—2010、《建筑抗震设计规范》GB 50011—2010相一致；型钢混凝土转换梁的最大挠度限值和最大裂缝宽度限值与现行国家标准《混凝土结构设计规范》GB 50010—2010相一致；只对筒体结构的抗震等级增加了新的要求；基于对疲劳性能未作研究，我国现行规范规定此类结构不适用于疲劳构件。

3.1.2　国内外发展现状

（1）日本设计规范采用强度叠加法。其一是"简单叠加法"，即简单地将型钢与钢筋混凝土分别承担的弯矩进行叠加，不考虑构件轴力作用，结果偏于保守；其二是"一般叠加法"，即在简单叠加法的基础上同时考虑构件轴力作用，计算较复杂，但可以得到比较经济的配筋效果。

（2）美国设计规范采用极限强度设计法，主要依据换算截面法，在构件强度计算时考虑型钢与混凝土之间的剪力。

（3）苏联设计规范主要采用极限强度法，完全套用钢筋混凝土结构设计方法，假定型钢与混凝土完全共同达到屈服状态。

（4）我国《钢骨混凝土结构设计规程》YB 9082—972采用强度叠加法，而《型钢混凝土组合结构技术规程》JGJ 138—2001完全采用钢筋混凝土结构"承载能力和正常使用"两个极限状态的设计方法。

3.1.3　劲性混凝土发展水平与趋势

（1）我国起步较晚，20世纪50年代从苏联引进，主要应用于工业厂房，如包头电厂主厂房、郑州铝厂的蒸发车间等，20世纪80年代后开始应用于高层和超高层建筑的转换层及大跨度桥梁工程中。

（2）目前理论和实验研究还相对滞后，而实践和应用的需求又十分迫切，为此，我国已在借鉴、参考国外先进经验的基础上，进行了系统的实验研究，出台了相应的设计规程《型钢混凝土结构设计规程》YB 9082—972；进行了大量的工程试点，出台了相应的技术规程，《型钢混凝土组合结构技术规程》JGJ 138—2001。

（3）对于这种结构的设计和试验研究还有待进一步深入；对于这种结构的施工工艺研究，各试点工程的工艺方法千差万别、工艺水平参差不齐，还有待进一步的总结、整合、规范、提高，空间更大。

（4）随着社会及我国经济的发展，转换层、型钢混凝土组合结构作为一种新型的极具魅力的结构形式将不断得到日益广泛的推广和应用。

3.2　劲性混凝土施工难点与重点

3.2.1　钢筋安装复杂，绑扎困难

劲性混凝土型钢与纵筋同时穿过梁柱节点，型钢翼缘板割孔要求精度高，穿心纵筋间距控制严；节点包柱箍筋既穿筋又穿板，复杂烦琐，绑扎不易操作，焊接变形大，既费工又费时；柱梁芯箍筋与型钢腹板翼缘板或焊接或栓钉绑扎，烦琐复杂，不好操作，费工费时难度大；型钢空间多向多维就位，吊装固定多角度，难把控。

3.2.2 模板安装复杂，加固困难

劲性柱模板，梁根掖部、腰部需留设浇灌孔，构造复杂 ，控制点多；劲性梁模板架高、梁重、体大，危险源多，支撑体系需特殊设置，重点监控，加固难点多；折板彩板复合楼盖，净空高，一般均大于5m，属于危险性超规模架体系，需重点监控；劲刚梁柱模板加固螺栓，非穿劲钢板即焊劲钢板，精度要求高，群焊群铆，焊接应力集中，操控难度大，费工费时难度大。

3.2.3 混凝土浇筑复杂，振捣困难

劲性柱，节点筋密钢多，混凝土浆料不易灌注；插棒困难；腋下注料口，净空高，操作面小；柱体大，浇灌口小；纵筋多，棒头大；无法振捣，引气困难；腰部浇筑口，半空上料，光线不足，人工二次翻倒注料，浇筑速度慢；钢管混凝土柱，下顶浇筑法，要求混凝土泵压力大，泵管强度高，措施费用高；上抛浇筑法，柱身高，下灌混凝土料离散可能性大，振捣棒超长，柱根不易下料振实。自密实好的混凝土，性能要求高，工艺新，使用少，经验不足。

3.2.4 劲性混凝土梁柱，型钢量大体重，吊装设备特殊

劲性混凝土梁柱，一般用于梁跨超大，柱身超高，荷载超重的结构，因此配置的劲性型钢量大体重，一般在十几吨，重则二十几吨，而场馆类工程一般体大面广，汽车吊只能外围作业，臂幅短，不能满足要求；塔式起重机，起重量小，也不能满足要求；因此往往选用特异型履带吊车来满足施工要求，进而提高了大型设备措施费。

3.2.5 大空间高大模板架，一次投入量大面广，周转次数少，措施费用高

高空劲性梁模板，多采用吊挂模架体系，非常规新型体系，模架投入大，措施费用高。

3.3 劲性混凝土施工方案优选与优化

3.3.1 组织措施

针对劲性混凝土结构施工，节点复杂，含钢量大，模架危险因素多，混凝土质量保证难等因素，首先成立课题攻关小组，配备专职人员，从组织领导上给予重视。

3.3.2 技术措施

深化二次结构设计，对型钢柱梁节点，利用计算机三维绘图技术和BIM可视化施工技术进行预施工，纵筋穿型钢翼缘板腹板的进行电脑模拟，现场电气焊无序自由割孔改为车间集中定位钻孔，消除焊接应力集中，减少尺寸偏差。

柱梁芯箍筋与型钢腹板翼缘板焊接改为栓钉绑扎；纵筋穿梁穿柱，改为直螺纹套筒焊接；封闭环形箍筋改为对焊U形套箍筋。

空间型钢斜向定位，利用计算机 AutoCAD 三维坐标测量技术和高精度全站仪技术，钢柱单点翻身自由向起吊改为三点定向不翻身斜向起吊。

采用 PKPM 安全计算软件，进行模板及其支撑架优化设计计算，选择物美价廉的优质清水混凝土木胶合板模板；合理划分施工段，根据混凝土所需强度计算模板架的周转工期，降低模板和脚手架措施费。

劲钢梁板混凝土与劲钢柱混凝土分开浇筑，减轻从柱梁节点下料难度；超高柱按空间连梁等构件适宜划分施工段，以减少混凝土一次投料高度，降低振捣棒有效振捣深度，确保高柱根部混凝土质量。

研究开发优质自密实混凝土施工技术，对劲性混凝土梁柱节点加腋采用自引气混凝土；钢筋钢板较密处，采用小直径微型振捣棒振捣；加强振捣持棒人员的业务能力教育和质量意识教育，使其不但知晓理，更要知晓如何为。

优化型钢吊安装方案，型钢柱梁构件实现工厂加工制作，现场批量吊安装；尽最大限度实现构件运输现场不落地安装，减少大型机械进出场费用和大中型构件二次倒运费。

研究开发高空吊挂模板脚手架施工体系技术，使其成为定型周转工具化、商品租赁化，以降低这种模板架的施工投入费用。

3.3.3　经济措施与相关方协调措施

任何新生事物的诞生都必然遵循辩证唯物主义发展观点，劲性混凝土技术是新近引进的技术，在我国尚属起步阶段，也是一种新型的低碳节能绿色环保的新技术，尚需政府、建设、监理、设计、施工等参建各方协同配合，共同支持才能发展起来。高投入，高回报。摒弃陈旧落后技术，采用先进技术，回馈社会，不仅你我，还有他。

3.4　劲性混凝土施工案例

3.4.1　河北某机场指廊柱钢管混凝土工程

1. 案例概况

河北某机场改扩建工程位于该市西北部开发区，与京港澳高速公路直线距离约 3km；本工程占地 25000m^2，建筑东西宽 69m，南北长 377.1m，建筑面积 55538m^2，地下一层，地上二层，总高 31.86m。

该工程南北指廊采用了单排柱、双向悬挑钢桁架、超长铝镁板曲线屋面结构。结构柱全部采用钢管混凝土，柱高 7～9m，共有 26 根。柱顶为圆台型钢屋架支座。混凝土强度等级为 C40。

2. 案例背景描述

钢管混凝土属于劲性混凝土的一种，当时在我公司尚属首次技术开发应用，其难点主要有：

1）柱体较高，一次浇筑成型，从桩顶到柱顶约 10.5m 高，设计要求柱中间不得留设振捣孔，已严重超过现行混凝土质量验收规范规定的最大一次浇筑高度 3m 的要求。

2）振捣棒的最大长度为 8m，这样的超长振捣机械现行市场上很难买到。

3）采用免振捣自密实混凝土，我公司没有先例，并且混凝土浇筑成型过程中的气体的排放如何进行也是未知数。尤其是柱顶收头呈圆台状，并有钢结构连接板。

4）自下往上顶升施工，目前公司现有混凝土泵顶升压力不能满足要求，河北省建筑租赁市场也没有找到，现购现买又存在资金效益回收问题。

5）混凝土构件的强度实体检测设备，据考察石家庄市场还没有。

6）集团钢结构公司新近购置了大型钢板卷管机和埋弧自动焊机，可满足施工工艺需要。

3. 钢管内混凝土施工方案优选与优化

1）钢管内混凝土浇筑方式

可采用泵送顶升浇筑法、立式手工浇捣法、高位抛落无振捣法。

泵送顶升浇筑法是在钢管接近地面的适当位置安装一个带闸门的进料支管，直接与泵车的输送管相连，由泵车的压力将混凝土连续不断地自下而上灌入钢管，无须振捣。

立式手工浇捣法是混凝土从钢管上口浇入，用振捣器振捣。

高位抛落无振捣法是利用混凝土下落时产生的动能达到振实混凝土的目的，适用于管径大于350mm且高度不小于4m的情况。

2）钢管混凝土施工的难点与重点

对于钢管混凝土结构来说，虽然钢管作为模板，有着很好的整体性和密闭性，但也正是因为其密闭性造成施工面受到限制，使得钢管核心混凝土在施工中振捣困难，甚至无法振捣，导致混凝土密实性不够，存在大量气泡和空洞，影响工程质量。如图3.4.1-1。

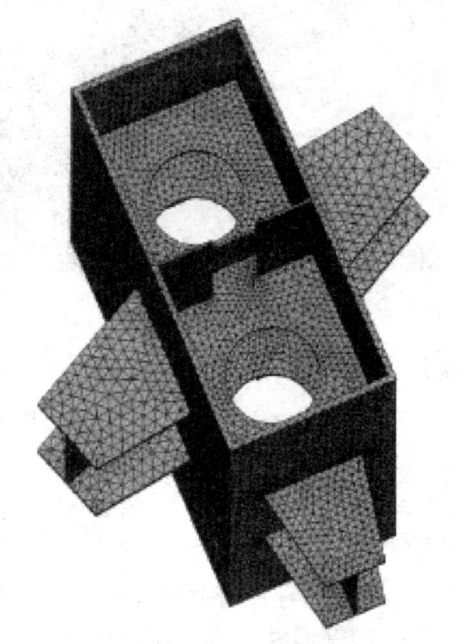

图3.4.1-1 钢管混凝土柱节点模型

3）混凝土施工方案的选择

为解决这一问题，目前钢管混凝土结构施工中通常采用高性能自密实混凝土。自密实混凝土在浇筑过程中，仅靠自重或少振捣的情况下就能在模板内自密实成型。它与常规浇筑振捣混凝土最大的区别在于：能够自流平填密，避免出现因振捣不足而造成的空洞、蜂窝、麻面等质量缺陷。同时，自密实混凝土的水泥用量较少、掺合料较多、砂率较大、粗骨料较少，虽然外加剂的成本较普通混凝土高，但从混凝土材料成本方面比较，强度等级为C40自密实混凝土的材料成本与同强度的普通混凝土材料成本相近。而且，随着水泥的价格越高，自密实混凝土材料的成本比普通混凝土材料的还低。若从材料成本、施工进度及工程质量几方面综合对比，自密实混凝土用于钢管混凝土中将取得明显的技术效益和经济效益。

4）钢管制作方案的选择

型钢钢管制作可采用无缝钢对焊、带铁螺旋卷边焊、板裁剪对焊等三种方案：

方案1：钢采用无缝钢管对焊，质量确保，安全，施工快，造价7200元/t，节能环保。

方案2：钢管采用带铁螺旋卷边焊，质量有保证，安全，施工较快，造价6300元/t，较节能环保。

方案3：钢管采用钢板裁剪对焊，焊缝多，质量难保，安全，施工慢，造价8100元/t，耗电多，不节能不环保。

通过测算比较后选用方案2：带铁螺旋卷边焊。

5）关键施工方案的优化

（1）成立课题研究小组；

（2）进行1∶1放大样模型试验；

（3）向有类似施工经验的施工单位进行学习，邀请科研单位专家进行现场指导；

图3.4.1-2 钢管混凝土柱施工完成后效果图

（4）开展自密实混凝土试验研究，在河北天博科技公司、河北省建筑科学研究中心等单位的支持帮助下，完成了自密实混凝土的试制应用工作；

（5）制定了专项施工方案，邀请河北省建筑界具有类似工作经验的专家对方案进行了论证，根据论证建议对方案进行了修改和补充；

（6）选用高空抛落自密实混凝土施工方案和带铁螺旋卷边焊钢管制作方案。如图3.4.1-2所示。

4. 结果状态

1）该钢管混凝土柱施工完毕后，经河北省建筑科学研究所有关部门应用超声波探伤仪检测，混凝土密实度满足现行工程质量验收规范要求；钢管焊缝全部合格。

2）由于省去模板及其混凝土支架，每立方混凝土施工总成本比普通混凝土降低1/5～1/4，施工总成本约节约137303元。

3）该工程先后获得“2008年度河北省建筑工程安济杯奖”、“2008年度河北省优秀工程勘察设计一等奖”、“2008年度全国优秀工程建设质量管理小组”、“河北省级文明工地”、“河北省建设行业科技进步一等奖”等称号。

5. 钢管混凝土施工方案后评价

钢管制作若由施工单位自行卷制，其钢板必须平直。当采用滚床卷钢及手工焊接时，宜采用直流电焊机进行反接焊接施工。

1）钢管拼接组装

应严格保持焊后管支的平直。在钢管焊接前，对小直径钢管可采用点焊定位，对大直径钢管可另用附加钢筋焊接钢管外壁作临时固定连焊。对焊接过程中若发现点焊定位处的焊缝出现裂缝，则该微裂缝部位必须全部铲除重新焊接。

2）钢管柱吊装

吊装时，应注意减少吊装荷载作用下的变形，吊点位置应根据钢管本身强度和稳定性验算后确定。采用预制钢管混凝土构件，应待管内混凝土强度达到设计值的50%后，方可进行吊装。钢管柱吊装的允许偏差应符合表 3.4.1 的要求。

钢管柱吊装允许偏差　　**表 3.4.1**

序号	项　　目	允许偏差（mm）
1	立柱中心线和基础中心线	±5
2	立柱顶面标高和设计标高	0，－20
3	立柱顶面不平度	±5
4	立柱不垂直度	长度的 1/1000，但不大于 15
5	各柱之间的距离	间距的 1/1000
6	各立柱上下两平面相应对角线差	长度的 1/1000，但不大于 20

3）该国际机场工程主体钢管柱与框架梁均为钢与混凝土组合结构，施工过程中对框架梁矩形截面进行放样，钢管柱上切割开孔、钢筋穿孔、绑扎。提高了施工准确度，更好地满足了结构要求（图 3.4.1-3～图 3.4.1-5）。

图 3.4.1-3　钢管混凝土柱与普通混凝土节点图

图 3.4.1-4　钢管混凝土柱内节点详图

图 3.4.1-5　该机场高钢管混凝土柱安装采用 130t 汽车吊与现场塔吊配合进行组装

3.4.2　广州××广场高空转换层劲性混凝土楼盖施工

1. 案例背景介绍

该广场工程，位于广州市天河区珠江新城 M1-4 中心地块，南滨珠江，北临黄埔大道，东临赛马场，西临马场路。建筑面积 17 万 m^2；地下 3 层、地上 48 层，总高度 175.6m。

1～4 层酒店及地下车库，为钢管混凝土柱-钢筋混凝土框架梁-钢骨混凝土剪力墙结构；第 4 层为转换层，层高 7.2m，除转换梁为型钢混凝土组合结构框架梁外，其余同 1～4层，转换梁断面最大 2250mm×2800mm；4 层以上为公寓式住宅，钢筋混凝土剪力墙结构。

2. 事件过程描述

传统施工工艺在组合结构转换层施工中存在的问题：

1）型钢混凝土组合结构转换层梁或转换板，属于大体积混凝土结构，且混凝土强度要求较高（本工程为C50），规范规定最低不低于C30，结构截面很大。

2）厚大体积结构裂缝控制；支撑体系自身及其以下承受转换层施工荷载的各结构层的支撑加固；大型钢骨梁的吊装；钢骨节点的连接、构件断面多肢箍筋及节点处交叉箍筋的绑扎；模板加固等施工工艺，较传统普通钢筋混凝土结构的难度大大提高。

3）由于目前对这种结构的设计经验不足，设计者对施工工艺了解不够，造成设计与施工脱节，工艺存在可操作性较差的问题，经调查多数采用此类结构的工程，施工过程存在边施工边修改设计的问题。

3. 施工方案优选

为此，我们对型钢混凝土组合结构转换层的施工工艺进行专门的研究分析和论证。

1）大体积混凝土施工工艺的优选

（1）大体积混凝土温度和应力"双控法"的工艺，在混凝土浇筑前通过"三掺法"配合比设计、优化、温控计算，科学预测大体积混凝土内外温差的控制目标，能有效克服简单、盲目地把温度控制目标定为20℃或20℃～25℃的不准确性，提高大体积混凝土裂缝控制的科学性、准确性、可预见性。

（2）在混凝土浇筑后，利用高效的温度数据采集系统和专业计算软件，能实现抗裂安全度监测、保温层厚度监测和调整的即时性，增强大体积混凝土施工的动态管理水平。

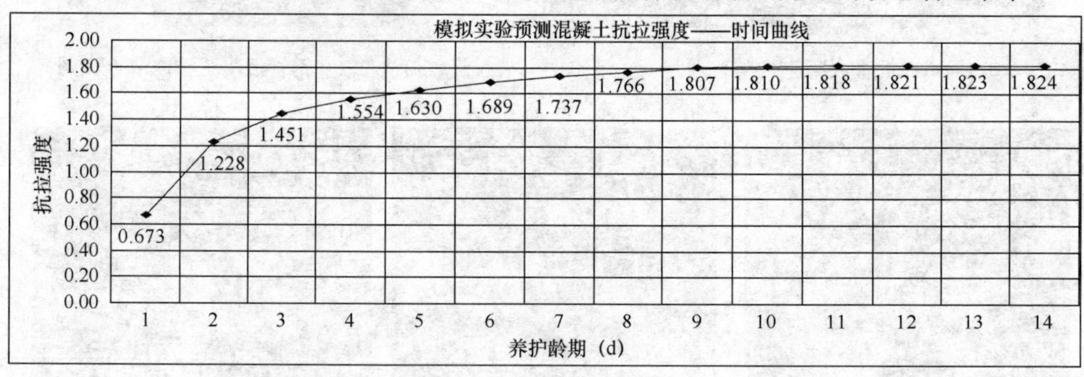

图3.4.2-1 模拟实验预测混凝土抗拉强度——时间曲线

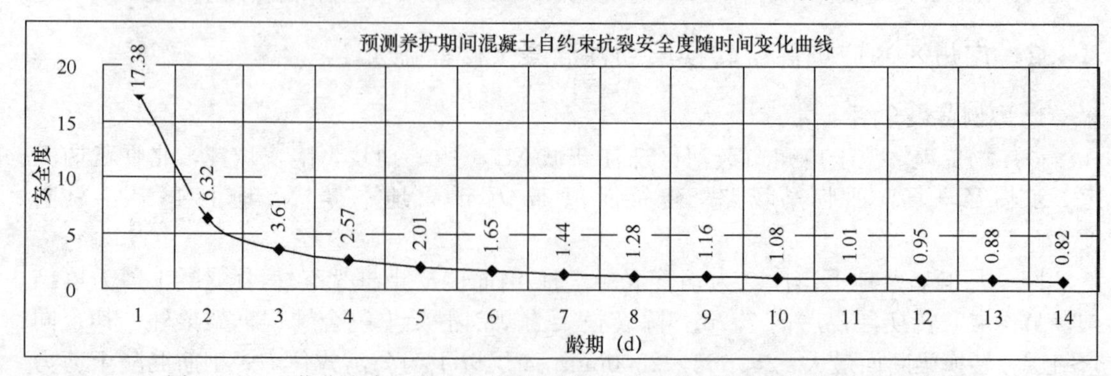

图3.4.2-2 优化配合比前预测养护混凝土自约束抗裂安全度随时间变化曲线

通过图 3.4.2-1、图 3.4.2-2 比较，说明按原经验配合比进行施工，养护期裂缝控制不能满足，要想达到比较理想的抗裂效果，必须进行配合比优化和混凝土工作性能的进一步试验研究。

(3) 配比优化后降温条件下的温度预测（图 3.4.2-3）

对搅拌用水进行冷却，对砂、石采用遮阳等辅助措施，经试验测定水温能控制在18℃以下，在气温 35℃的情况下，能将碎石温度控制在 23℃以内；砂子温度能控制在25℃以内。

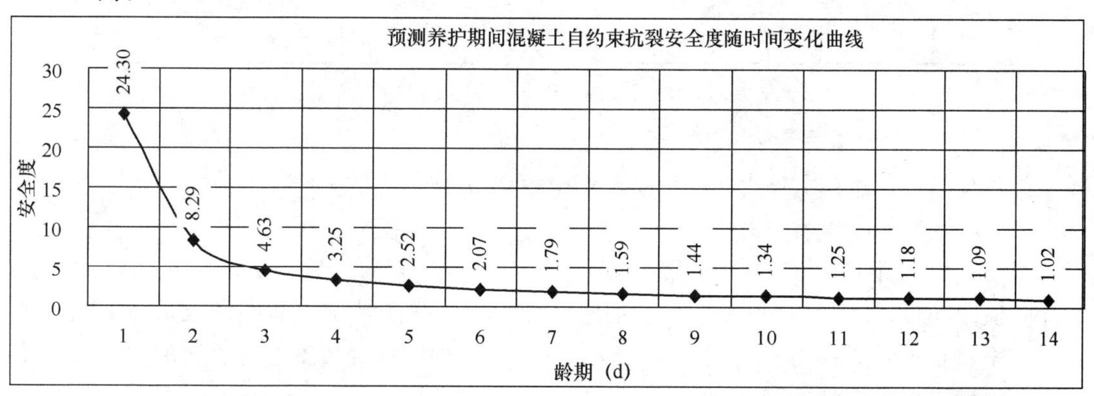

图 3.4.2-3 优化配合比后预测养护混凝土自约束抗裂安全度随时间变化曲线

(4) 配合比方案优化后的结果

①水化绝热温升值由原来的 73.80℃降到 61.94℃；

②混凝土内部最高温度由原来的 73.87℃降到 64.8℃；

③14d 抗裂安全度由原来的 0.82 提高到 1.02，基本安全；

④预计表面温度由原来第 14d 的 40.71℃降到 37.96℃。

这样只要将内外温差控制在 20℃以内，14d 养护期满，抗裂安全度基本满足要求，混凝土表面温度基本与广州七月份日最高气温相差无几，可以解除保温养护。

(5) 建议与后评价

① “温度应力双控”研究工作的实质是降低绝热温升、减小内外温差，目的是控制裂缝。

② 然而绝热温升、内外温差都不是抗裂安全度的直接反映，只有混凝土的抗拉强度才是抗裂安全度的直接反映。

③ 本次研究工作的开展，提高了项目管理的科学性、预见性，为下一步方案制定取得了有利的数据支持，也能为今后的研究工作提供经验和思路。

2) 转换层支撑体系及模板方案的优化

(1) 转换梁底模板方案优化

转换梁底模板方案优化对比表 **表 3.4.2-1**

方案编号	梁底双向托梁	优　点	缺　点
方案 1（图 3.4.2-4）	方木＋方木	易操作	浪费木材，造价高
方案 2（图 3.4.2-5）	长向钢管＋短向方木	支撑体系纵向刚度大，节约材料，造价低	钢木结合加固，难度稍大

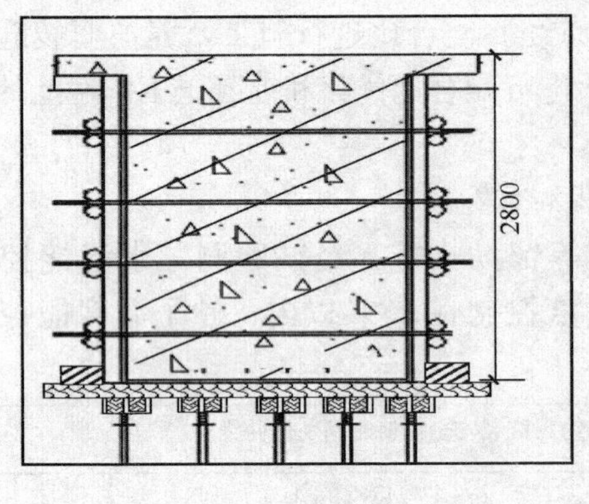

图3.4.2-4　方案1

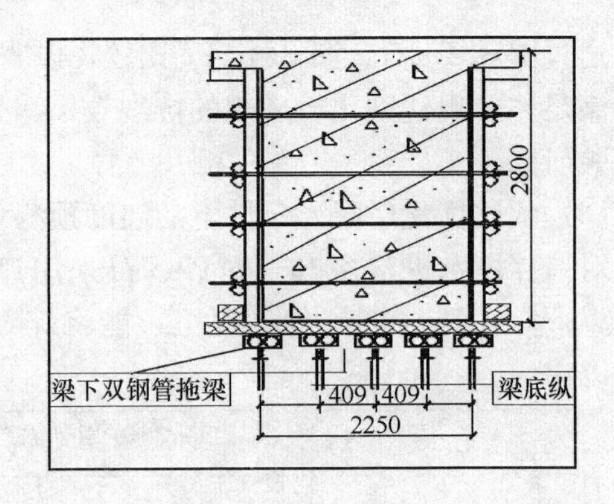

图3.4.2-5　方案2

经过比较我们选用方案2，即长向钢管＋短向方木施工方案。

(2) 转换梁支撑体系方案优化

梁下立杆间距通常有几种布置方案：一是6X400横向间距，600纵向间距；二是4X500横向间距，500纵向间距。即平面水平杆用量一样的情况下，立杆数量却不同，第一种方案每百平米立杆为417根，第二种方案为400根，但经过安全计算所取得结果相差无几。显然采用第二种方案。

(3) 侧模板加固螺栓的施工方案优选

模板加固螺栓的施工方案就目前来说有型钢腹板开孔法和腹板焊接螺母法两种。两种施工方法优缺点详见表3.4.2-2。

侧模板加固螺栓的施工方案优选对比表　　表3.4.2-2

方案编号	螺栓穿过方式	优　点	缺　点
1	腹板开孔	好穿过；易操作；钢梁不受外力影响	削弱钢梁断面，必须对钢骨梁重新核算或加固补强，螺栓不好回收
2	腹板焊螺母	操作相对复杂，钢梁受加固模板时的双向拉力	加固模板时必须两侧同时进行，易造成钢骨变形，螺栓可以回收

通过对比最终决定，采用在腹板上焊螺母的办法即方案2；但由于螺母丝扣长度太小不易连接，拟将螺母改为钢筋直螺纹连接套筒；焊接方式由现场焊接改为工厂焊接，这样既提高质量，又不至于因焊接伤及钢骨梁腹板。实施效果见图3.4.2-6。

图3.4.2-6　钢骨梁侧面焊接四排直螺纹套筒

3）转换层以下各支撑楼层的支撑方法方案的优选

方案1钢筋混凝土临时结构支撑法

方案2传统的贯穿到底支撑法

传统支撑加固法，不考虑转换层以下各层楼层自身承载能力，原模板支撑体系不拆除，一直贯穿到地下三层底板，再根据各层支撑体系设置情况进行稳定计算，必要时加固补充加密支撑立杆。

方案3荷载逐层折减法

根据同条件试块强度，考虑转换层以下各楼层承载能力，在满足支撑稳定的情况下，将转换层施工荷载逐层向下传递，施工荷载逐层递减，直到施工荷载递减到0，需要加固几层就在该层施工时提前按预定方案采取措施，需要加固的支撑层支撑体系暂不拆除，直到转换层施工完毕条件允许时，再行拆除。

方案比较见表3.4.2-3：

转换层以下各支撑楼层的支撑方法方案的优选对比表　　表3.4.2-3

方案编号	加固方法	缺　点	优　点
1	钢筋混凝土结构支撑法	投资大，周期长，拆除困难	可靠度大
2	传统贯穿法	投资稍大，二次加固施工困难	可靠度大
3	荷载逐层折减法	投资稍大，方案论证复杂	可靠度有保障，方便各层施工

通过方案比较，显然方案3最经济、科学、适用，决定根据方案3对各支撑层承载能力及支撑稳定进行验算。

根据设计建议，楼板按四面嵌固的板类构件考虑，并按弹性理论进行验算（弹性理论比考虑塑性应力重分布理论偏于保守和安全），这样无论从荷载取值还是从计算理论的确定都偏于安全。

4）塔吊起重能力不足情况下，大吨位钢骨梁吊装实施方案的优选（表3.4.2-4）。

大吨位钢骨梁吊装实施方案的优选对比表　　表3.4.2-4

方案编号	施工方法	缺　点	优　点
1	分段制作现场拼装法	1. 现场焊接工作量大； 2. 需提前搭设模板支撑系统作为支撑平台； 3. 需修改设计； 4. 质量不易保证	1. 安全度大； 2. 可操作性一般； 3. 能解决塔吊起重能力不足； 4. 经济性一般
2	双塔吊整体抬吊法	1. 双塔分担重量不明； 2. 安全度低； 3. 指挥困难、可操作性差	1. 经济性明显
3	龙门架-卷扬机 整体提升法	1. 投入设备较多； 2. 模板支撑系统在钢梁就位前不能投入施工； 3. 平移过程中钢梁易变形	1. 安全度一般； 2. 可操作性强； 3. 能解决塔吊起重能力不足； 4. 质量易保证； 5. 经济性一般

通过方案比较最终选择方案3，即龙门架-卷扬机整体提升法作为本工程的实施方案。

5）梁断面多肢箍筋中内肢箍绑扎及支座节点箍筋穿插绑扎的施工方案优选

(1) 梁端承台钢筋绑扎方案优选（表3.4.2-5）

梁端承台钢筋绑扎方案优选对比表 **表3.4.2-5**

方案编号	绑扎方法	缺　点	优　点
1	分离配制再焊接法	1. 现场焊接工作量大； 2. 只能单面焊接； 3. 焊口处弯折后穿钢梁预留孔困难； 4. 质量不易保证； 5. 效率低下	1. 可操作性一般
2	分离配制直螺纹连接连接法	1. 穿孔时钢筋套丝易损伤	1. 不用现场焊接； 2. 分离式“U”形承台钢筋，容易穿过钢梁预留孔； 3. 可操作性强、效率高； 4. 质量易保证

通过表3.4.2-5比较优选方案1分离配置再焊接的方法。

(2) 转换梁钢筋绑扎方案优选（表3.4.2-6）

转换梁钢筋绑扎方案优选对比表 **表3.4.2-6**

方案编号	绑扎方法	缺　点	优　点
1	先箍筋后主筋法	1. 主筋直径大、穿行困难； 2. 直螺纹接头碰头困难； 3. 梁下铁在承台内的接头不能操作； 4. 效率低下； 5. 内箍筋绑扣不到位； 6. 质量不易保证	1. 箍筋摆放难度小
2	先主筋后箍筋、先内箍、后外箍“逐层嵌套法”	1. 钢筋接头位置准确； 2. 钢筋在承台内的接头与承台钢筋绑扎，可穿插进行； 3. 内层箍筋先绑，绑扣到位	1. 可操作性强； 2. 效率相对较高； 4. 质量易保证

经制作节点模型和样板试验，在方案2的基础上最终确定的绑扎方案为：“先承台、后梁筋、先主筋、后箍筋、先内箍、后外箍逐层嵌套法”作为本工程钢筋绑扎的实施方案。

4. 实施效果及验证

1）本方案形成国家级工法一项。

2）大体积混凝土温度和应力“双控”工艺做法，将大大改善大体积混凝土自约束温度应力的控制手段，已向国家相关规范推荐此做法。

3）合理有效的转换层支撑体系及其以下各支撑楼层的承载能力验算方法，将为今后的类似工程提供有价值的参考实例；克服没有理论依据，转换层以下各层、连续支撑贯穿到底的盲目施工所造成的浪费，具有良好的经济效益。

4）模板加固方案的设计，着重解决了由于钢骨的存在模板加固所用螺栓不能穿过的矛盾，为今后类似工程提供依据和经验，具有一定的经济和社会效益。

5）钢筋绑扎方案的确定，着力解决了由于钢梁的存在造成支座节点箍筋穿插困难；组合梁内侧由于断面尺寸太大，绑扣手所不及、不能绑扎的困难，保证钢筋绑扎的质量；提高效率，并为设计人员提供这种组合结构节点设计的施工经验，具有广泛的推广价值和前景。

6）按本方案实施后，比原方案节省成本 268 万元，同时赢得了万达集团开发商有关领导和专家的首肯和赞许，实现了集团公司领导工程伊始给予的指示：干一个工程，赢得一片市场。

5. 问题分析和建议

本次试验研究对混凝土内外温差，只在规范要求的框架内简单做了 2 次假定和强度实验，因此，将混凝土内外温差控制在什么范围更准确？对抗裂安全度的影响有多大？由于试验周期很长，没有太多的定量分析，这将是我们今后进一步研究的方向和新的课题。

本次对转换梁大体积混凝土，浇筑前开展了温差、抗裂安全度的预测研究；浇筑后开展了温差、抗裂安全度监控与分析的系统研究。综合整个研究实施过程，本工程采用我们自己研究的计算与分析系统完全能做到随时采集、输入温度数据，随时可以计算并输出温差、抗裂安全度的监测结果；但数据采集系统还不够先进，计算机通过传感器自动采集、自动记录的过程还有待在今后的工程中进一步推广。

3.4.3 某体育中心游泳馆筒壁劲性混凝土施工

1. 案例概况

1）该体育中心游泳馆工程，是由区政府投资兴建，由中国建筑设计研究院设计，河北建设集团有限公司总承包施工，位于该市高新科技园区体育运动场内。

本游泳馆，主要功能用房含游泳比赛池、跳水比赛池、戏水乐园和观众席，运动员功能用房，竞赛、媒体用房，贵宾用房，以及商业用房、休闲包房等。

本工程主体采用劲钢混凝土框架结构，屋顶采用大跨钢桁架结构体系。檐口最高点 28m，巨型斜柱最高点标高 36.7m，圆形屋盖跨度为 128m。地下一层，地上三层。总建筑面积为 4.8 万 m^2。

工程预控为中国建筑工程“鲁班奖”。

2）本工程钢结构为空间大跨度管桁架结构，共分为 A、B、C 三个区，如图 3.4.3-1 所示。其中 A、B 区主楼为跨度 128m 的穹顶，该区主要为空间钢管桁架结构，由 36 榀主桁架、1 道外环桁架、主桁架间单层支撑桁架和穹顶中心直径 8m 的中心加强环组成，C

区主桁架共 14 榀，包括 8 榀四边形桁架、5 榀日字形桁架和 1 榀三角桁架，桁架最大跨度为 60m。桁架节点全部采用相贯焊接，杆件最大截面为 $\phi580 \times 20$，总用钢量约为 3358t。

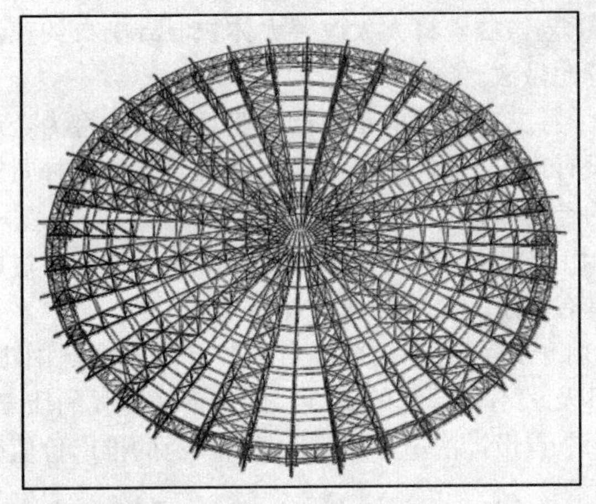
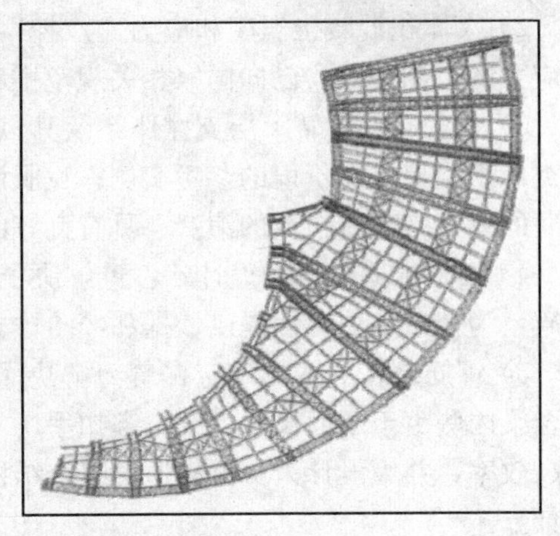

图 3.4.3-1　游泳馆钢管桁架平面布置图

3）事件过程描述

（1）原设计情况

本工程主要受力构件为 55 个与地面成 75°夹角的外倾斜构件，即斜筒壁以支撑和承受巨大圆形屋顶钢结构的水平拉力与重力，且钢桁架端部需预埋到混凝土筒体中，待混凝土强度达到 100%后方可卸荷。同时，设计图纸也明确要求，混凝土斜筒体的支撑体系在屋顶钢结构卸荷前严禁拆除（图 3.4.3-2）。

图 3.4.3-2　矩形斜筒壁及钢结构分布图

（2）施工中遇到的问题

由于混凝土结构为倾斜构件，同时该筒体内部用作设备竖井，顶部作为钢结构屋架的支座，外侧干挂金属幕墙作为装饰，混凝土剪力墙筒体的质量直接关系到整个工程的质量和美观，且筒体内部还设有混凝土板、梁、楼梯、钢结构支座、钢结构外环桁架等结构，给剪力墙模板的支设和支撑体系的加固带来了很大困难。钢桁架端部需预埋到混凝土筒体中，且预埋段对混凝土的强度要求较高，需达到 100%后方可卸荷，同时由于工期的原因，钢结构的安装工期较短，因此，屋面钢结构吊装方案的选择成为一大难题。

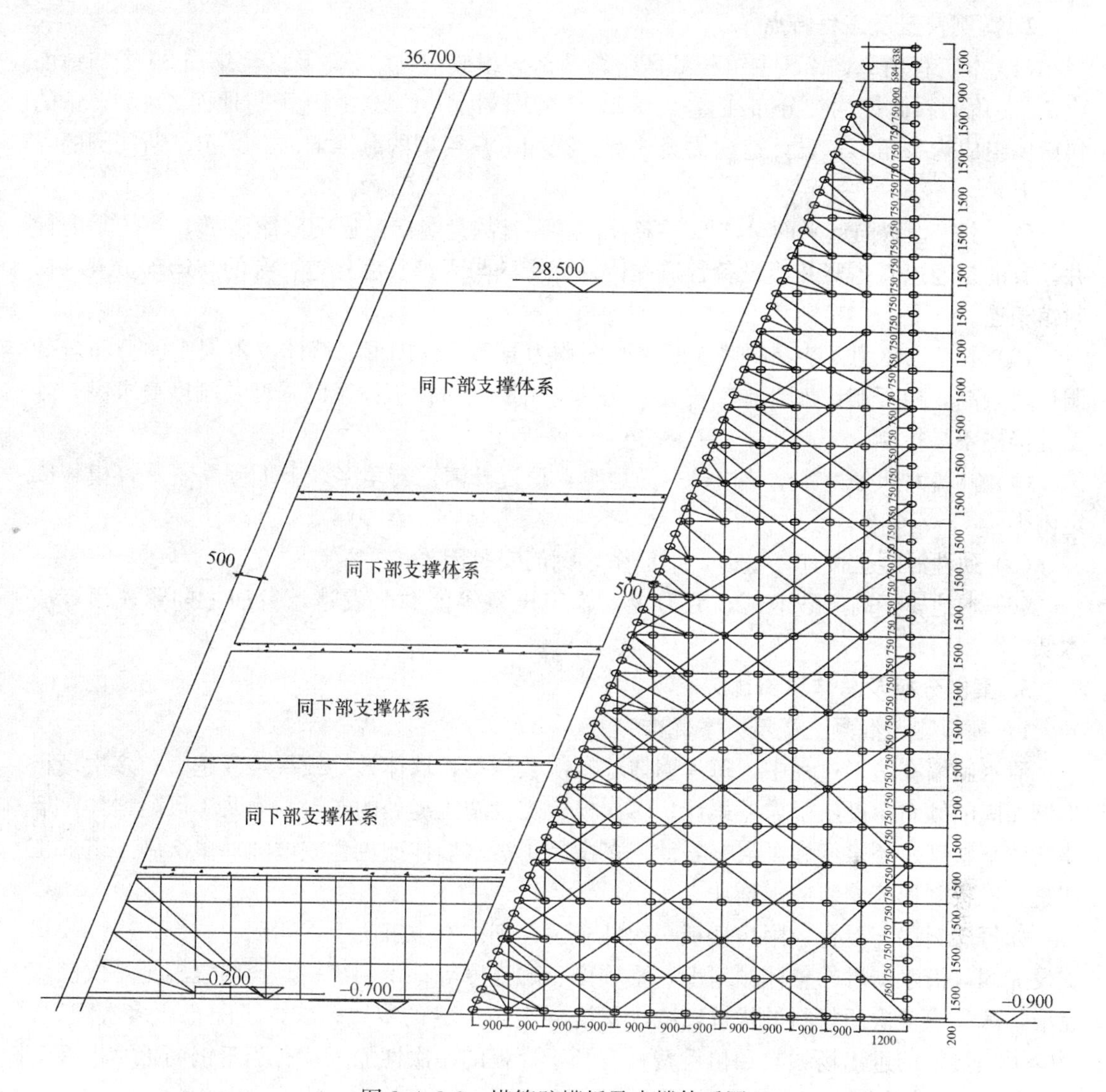

图 3.4.3-3　塔筒壁模板及支撑体系图

图 3.4.3-4　游泳馆主体施工期间架体搭设及维护

2. 案例背景及工程特点

(1) 本工程由 A、B 区主馆和 C 区附馆两部分组成，其中 A、B 区主馆由 36 个与地面成 75°夹角的斜筒体均匀分布在直径为 128m 的圆周上，C 区由 19 个与地面成 75°夹角的斜筒体组成为牛角形，设计造型优美独特，犹如一只巨型的海螺匍匐在鄂尔多斯辽阔的大草原上。

(2) 本工程斜筒壁平面呈“回”字形，里面有的是竖向交通的双跑楼梯，有的是电梯井，有的是通风管道竖井或设备管道井；外部有的与入馆长廊相连，有的与运动员入场口附馆相连。

(3) 本工程体型复杂，斜墙立面展开图均为异形几何图形，墙体上不规则的分布着的洞口，较高，模板制作加工难度较大。尤其清水墙面对模板体系的强度及刚度要求高，施工缝接槎不易控制。

(4) 斜墙大部分为筒壁结构，三面悬空，里混外清，转角多，上下壁厚不一，模板固定困难。

(5) 劲性混凝土设计，壁薄，钢筋密，钢筋安装困难。

(6) 本地属于高风砂地区，劳力少，施工设备等资源欠发达，另加工期紧，预算成本低。

3. 案例分析及总体思路优选

1) 模板支设混凝土浇筑方案优选

清水斜墙在施工过程中，每片墙体施工次数越多，墙体最终效果难度越大；多次模板支设加固的倾斜角度施工误差累计；多次模板支设施工缝处的错台、溜浆等风险增加；墙体整体平整度、顺直度施工误差累计；多次施工清水墙体颜色色差增加；多次施工造成工期紧，模板制作、安装成本增加。

如每层斜墙与看台、附房楼板一次性施工，则能有效解决上述问题。选择一次性模板支设加固，清水斜墙的整体倾斜度、平顺度、顺直度等都得到统一。斜墙混凝土一次浇筑完毕，减少了多次原材料的优选，减少了混凝土施工缝的留置；减少了配合比多次配置；减少了租赁泵的进出场频次和租赁费；有利于模板的一次性加工；有利于钢筋工、模板工的相互穿插，缩短施工总工期；有利于避免产生混凝土色差。

综合上述各种因素，最终选择筒壁墙体与看台、附房楼板一次性支设模板及一次性浇筑混凝土。

2) 劲性型钢角柱的吊装方案优选

劲性型钢柱随筒壁看台附房楼板多节倾斜使用，在各层节点处焊接连接牛腿，常规安装方法有以下三种。

(1) 单点绑扎端头提吊，这种方法，绑扎简单易行，但起吊点高，吊件需翻身溜绳牵引，固定人员配合就位，适合于垂直柱安装；尤其多风季节不宜采用。

(2) 两点绑扎重心翻身起吊，这种方法，翻身起吊后，吊件主轴线与安装后的空中轴线平行，安装就位时，吊车司机与信号工配合，仅靠吊车司机操作吊钩移动，即可，方便快捷；起吊点相对较低，对吊车起重量要求相对较小。但需要技术人员合理选择设计吊件捆绑点位置，计算两根吊绳长度和直径。这种方法适合大型异形构件空间斜向就位安装。

(3) 三种绑扎重心不翻身直吊，这种方法，吊车起钩后，吊件不用翻身，直接就位安装，吊件在空中不摇摆晃动，施工方便快捷。起吊点相对较低，对吊车起重量要求相对较小。这种方法适合大型异形构件空间斜向就位，多风区域，多风季节安装。

综上所述，结合当地气候条件，我们选用了“三点绑扎重心不翻身直吊”方案。

3）清水混凝土模板体系的优选

本工程清水混凝土为饰面清水混凝土，国内体型规则、造型简单的清水混凝土建筑大多选用全钢大模板体系、钢框木胶合板体系、木框木胶合板体系等模板体系。

全钢大模板是以型钢为骨架，5～6mm 厚钢板为面板焊接而成，由钢板作为模板面，竖向背楞一般采用 [80，横向背楞一般采用 [100。全钢大模板体系具有足够的刚度、强度，本身变形量小，标准化程度高等特点。针对本工程，墙体均为不规则空间倾斜墙体，全钢大模板体系凸显自重大，加工周期长，造价高，适用性差，操作困难等缺点。特别是在施工看台附房楼板层时，倾斜的全钢墙体大模板加固难度更大，由于自重较大，对脚手架的支设要求也较高，因此全钢大模板体系不适用于本工程施工。

钢框胶合板模板是以热轧异形钢为周边框架，以木胶合板、竹胶合板作板面，并加焊若干钢肋承托模板的一种模板体系。钢框胶合板模板体系本身也是具有较高的刚度、强度，本身变形量小，标准化程度较高等特点，但是对于本工程，其不足与全钢大模板体系相同，由于边框均为钢制，自重较大，造价较高，适用性较差，操作困难，在施工看台附房楼板层倾斜墙体时，加固措施难以实现，对脚手架要求也较高，因此钢框胶合板模板体系不适用于本工程施工。

木框木胶合板体系以精选东北松方木作为标准及异形板的边框，以国产优质覆膜清水胶合板作面板，精选东北松方木作为竖向背楞，直径 48mm×3.0mm 钢管作横向背楞。通过计算调整方木间距、对拉螺栓间距，有效保证了模板体系的整体强度与刚度。通过方木边框制作模板标准块及异形块，对于大面积混凝土效果较好，便于规则地排列螺栓孔间距，有效地保证了清水斜墙的质量。由于结构体型复杂，方木作边框材料，更便于现场制作，有较高的适用性，有效减少了施工周期。模板体系整体自重小，安装、加固最简便。因此优选使用木框木胶合板体系。

4）水平施工缝留设位置及样式的优选

水平施工缝留设，按照传统大模板体系施工住宅一般有两种：一是留在楼层的结构上皮，企口缝，即根据大模板面板厚度，在外墙的外表面自楼层结构标高下翻 150mm，留出 5～6mm 的水平企口，以用于外墙外模板的接升；这种方法优点是，墙模板根部有着落点，易安装，易控制；缺点是在每层接口处，沿楼层外圈留下一企口裙带，处理起来较麻烦，尤其是清水混凝土结构。二是留设在楼层结构标高上翻 150mm 处，设一同墙厚的导墙。这种方法优点是，外墙内模板再支设时可以直接沿导墙根设置，从而模板固定加固更加方便容易；缺点是，由于导墙采用了吊模板，采用商品混凝土浇筑，不易掌控浇筑高度和振捣时间，在墙体外圈容易形成不规则的冷缝，不适合于清水混凝土外墙。因此，这两种方法都不适合本工程施工。

经过研究，我们这样进行了处理，即将水平施工缝仍留设在墙体根部，如图 3.4.3-5，但不加企口，在内模板上边下翻 500mm 处增设一水平缝，下翻 300mm 处增设螺栓孔，水平间距 400mm，竖向加固背楞隔根布设一道 1000mm 长的短背楞，上层外模板背楞向下延伸至此，用此螺栓孔处的水平横向背楞加固，这样既保证了上下层模板的整体连接；

又不用往返支设加固此处的内模板，节省了人工，避免了内模板顶部因夹模导致整张模板难拆除的困扰，保证了水平施工缝的施工质量。同时，沿水平和竖向施工缝拉通线剔凿，保证了施工缝处平整、顺直。

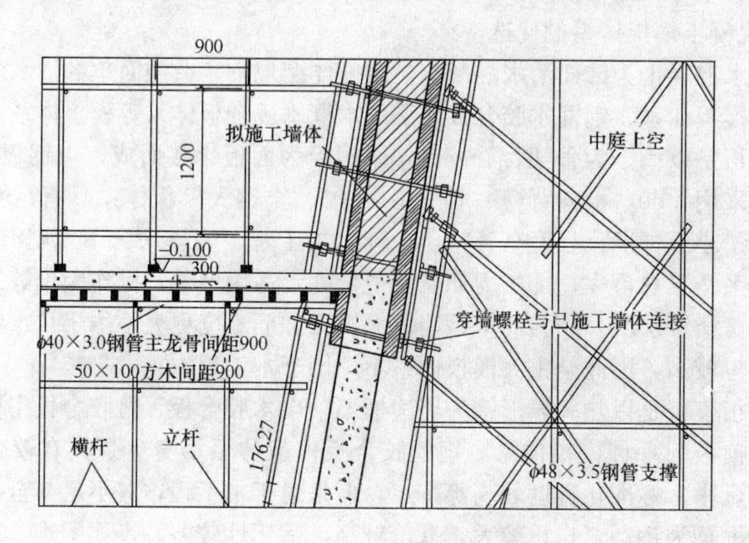

图 3.4.3-5　斜向筒壁接层处墙体根部模板支设加固剖面图

4. 效果验证及后评价

经过上述方案优选使用，我们比预计合同工期提前40天，总用工比预算减少了430个，克服了在该地区春季施工多风不宜吊装作业的困难，保证了筒壁混凝土清水质量要求，受到了业主方和监理方的奖励和好评。

从技术上完善了集团公司在多维异形构件清水混凝土施工工艺的空白，木框木胶合板体系在造型复杂、大面积清水混凝土施工中具有适用性强、操作简便、成型效果好、配模灵活等优点。

从技术上完善了“三点绑扎重心不翻身直吊”施工工艺，开发了空中斜向构件吊装一次就位安装的先例。

这样大规模斜向筒壁竖向构件采用劲性混凝土施工，在内蒙古该地区尚属首次，在我集团公司也属首次，我们应该在劲性混凝土节点上进行优化设计，尤其是柱头柱脚、水平梁板交接处，尽可能采用较先进的成熟的技术，如自密实混凝土施工技术。在水平钢筋穿型钢板处，从设计角度出发，考虑直螺纹套筒连接代替穿板通过，从而降低施工难度，确保施工质量。

3.5　劲性混凝土结构施工方案后评价

从上述三个案例来看，新技术应用水平还不是很高，施工方案优化优先于施工方案优选，客观适应性优先于主观能动性，经济条件因素制约了其他积极因素。

《型钢混凝土组合结构技术规程》JGJ138－2001还仅仅是一种行业标准，有待升格为国家规范，规程内容还仅仅是一些计算和构造规定，比如一些节点做法还滞留在企业自律规范阶段，有待于统一化、标准化、图册化，规程版本已运行十几年，有待更新。

第4章　超长现浇看台混凝土施工方案优选与后评价

4.1　超长现浇看台混凝土施工特点

“看台”一般是指建筑在场地四周或旁边，供观众观看比赛或表演的台阶形构筑物（多用于体育场、影剧院、阶梯教室等），所谓“超长”是说，这种设施的特殊性决定了该种“看台”环向尺寸超大，一般内径周长在600～800m范围内，同时要求具有良好的通视功能、音光效果和消防安全、应急疏散等保证条件。目前有预制和现浇两种构筑方式。本文仅就现浇看台施工进行论述。

超长现浇混凝土看台施工一般均具有以下的特点：

（1）模板、混凝土施工技术难度大

变阶递增，环向布设、长度超长，径向进深大，台阶多、歇脚多，曲线多，曲率大，装饰简单，饰面清水混凝土要求高；座位埋件多，通风换气孔多，地灯管线多，要求高；看台下部功能设施房间多，防水要求等级高。多属露天布设，混凝土耐久性要求高，防冻抗碳化等级高。周圈长，面积大，后浇温度带多。

吊模斜向浇筑，混凝土坍落度控制严格；顶模抗浮设置困难，混凝土表面气泡多；振捣难度大，引气难度大，二次振捣多；覆盖面广，对混凝土泵要求高。一次浇筑量大，清水，对混凝土原材料，尤其粗细骨料要求高。

（2）结构标高复杂

看台以钢筋混凝土结构为主，看台贯穿结构板，梁板的结构尺寸也随看台变化，梁、柱、板标高错综复杂。

（3）施工流水布置复杂

环向超长，径向超宽，需合理划分施工区、段组织流水施工，因此，施工组织和施工机械的布置要重点考虑。

（4）后期控制严格

超长看台因其环向弧长度特别长，而且一般属于露天或半露天结构，温度变化较大，容易出现由于温差等原因引起的裂缝。

4.2　超长现浇混凝土看台结构施工重点与难点

4.2.1　施工难点

（1）超长看台混凝土浇筑顺序的选择与控制。

（2）超长看台混凝土坍落度的选择与控制。

（3）楼板标高变化，混凝土浇筑厚度控制。

（4）看台区域梁结构形式复杂（斜梁斜交多），斜向混凝土浇筑施工质量的控制。

（5）超长看台混凝土施工缝、后浇带（变形缝）等与防水节点控制。

4.2.2　施工重点

（1）支模高度高，对结构模板支设的安全性能要求高。

（2）施工中要特别注意看台、梁、板的标高尺寸关系。同时防止斜梁、斜板的侧向发生失稳。

（3）框架柱梁节点交叉钢筋密度大，节点处混凝土浇筑为过程质量控制重点。

（4）超长看台混凝土施工面积大，对混凝土外观质量的控制难。

（5）看台结构的施工缝比较多，对施工缝施工节点控制，施工缝处防水节点处理的控制难度大。

（6）控制混凝土浇筑过程中对已经支设模板的保护。

4.2.3　施工过程的控制要点

1. 模板工程

模板工程对于看台整体的质量起到了举足轻重的作用，看台模板由于支设的高度高，跨度大，为了保证模板支设的安全性及最终的混凝土结构的强度和外观质量，将从模板的设计、制作及加工角度，过程支设质量控制角度，模板细部节点处理等多方面进行质量控制，以确保看台模板施工达到适用、安全、经济的原则。下面对模板具体控制过程进行如下阐述：

1）模板工程施工流程

模板设计方案 →模板制作、加工→技术人员检查 → 模板运输、安装 →模板工程验收→ 模板周转使用 →模板维修 →模板清理退场

2）模板设计方案

为确保结构施工质量，减少工程中非实体部分的消耗，降低周转材料的投入费用，结合现场施工条件，进行如下模板设计方案。

（1）梁、板模板

梁、顶板模板采用木胶合板，这种模板表面光洁，硬度好，周转次数较高，混凝土成型质量好。支撑采用模板早拆体系。顶板主、次龙骨采用方木龙骨，顶板采用早拆支撑，当同条件养护的混凝土强度达到设计强度的 50%时，即可拆去大部分模板和顶撑，只保留部分支撑不动，直到混凝土强度完全达到设计强度后再拆除，这样可加快模板和架体材料的周转。梁、板模支设时需按规范及设计要求起拱。

（2）水平支承体系的设计

图 4.2.3-1 所示为楼板支模时龙骨布置的俯视图（不包括胶合板），从图中可以见到早拆头（1）、主龙骨（2）、次龙骨（3）、边龙骨（4）、可伸缩龙骨（5）的平面布置关系。

①布置主龙骨

主龙骨宜沿房间的长向布置，以 1200mm 为主，剩余尺寸不够 1200mm 时，在主龙骨方向的一端可任选 900mm、600mm、300mm 三种尺寸中的其中一种，另一端则为可伸

缩龙骨，伸缩范围为 450mm≤L≤1000mm。

框架结构排布时，主龙骨两端应分别距梁模外皮 20mm 以上，以防梁模早拆时与主龙骨卡得太紧，不易脱模。

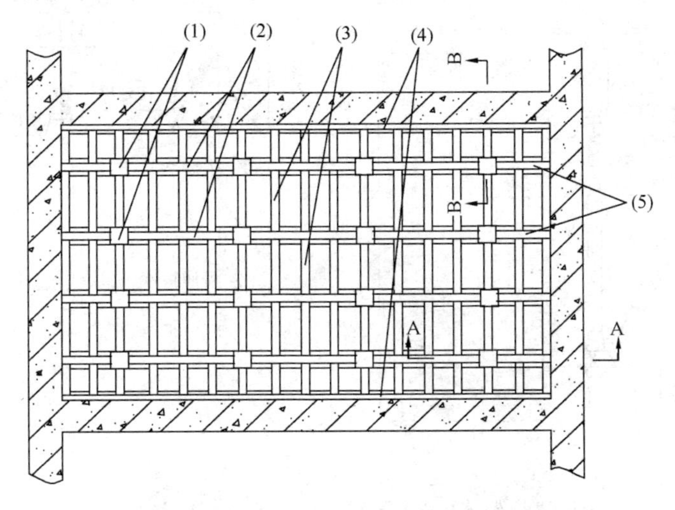

图 4.2.3-1 龙骨布置俯视图

②布置次龙骨

次龙骨宜沿房间的短向布置为佳。主要以 1500mm 为主，剩余尺寸不够 1500mm 时，在次龙骨方向的一端可任选 1200mm、900mm、600mm 三种尺寸中的其中一种，使次龙骨方向的另一端 L≤400mm，小于 400mm 可不布置次龙骨。

次龙骨的间距依据胶合板的厚度而定，一般为 300～400mm，次龙骨的摆放是依据胶合板铺设的方法不同而有所变化。

框架结构布排时，次龙骨两端距梁模外皮的距离与主龙骨的布排相同。

③布置边龙骨

框架结构可不布置边龙骨，边龙骨可利用梁侧模板上的背楞代用。

胶合板的布置可分为板带式和切角式两种铺设方法。

板带式铺设方法：即以早拆头为中心沿主龙骨方向铺设一条尺寸为 280mm 的胶合板，目的是使两条板带之间的尺寸符合胶合板的出厂模数 1220mm。当进行快拆时，板带随支撑一同保留。

切角式铺设方法：即分别以早拆头的中心为十字交点，呈矩形方块布置，标准块尺寸为 1200mm×1500mm。如果需要早拆胶合板，则需将胶合板的四个角切去一个等腰直角三角形，被切三角形的斜边长度：L≤1.414a，其中 a 为正方形顶托的边长。

固定胶合板传统的支模方法是将胶合板用铁钉与木龙骨钉牢。

竖向支撑体系的设计，如图 4.2.3-2 和图 4.2.3-3 所示。

3）施工方法

①施工准备

当新浇楼面混凝土达到一定的强度后，应根据龙骨平面布置图，在楼面或墙体上分别弹出碗扣架布点的基准线以及主龙骨下皮相对于楼面标高的位置线，供搭设及调整龙骨标高时使用。框架结构以梁模上预留的托架位置为准。

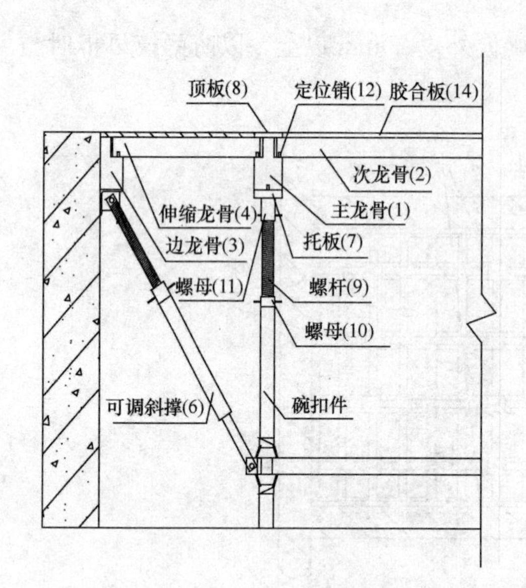

图 4.2.3-2　横向支撑架体

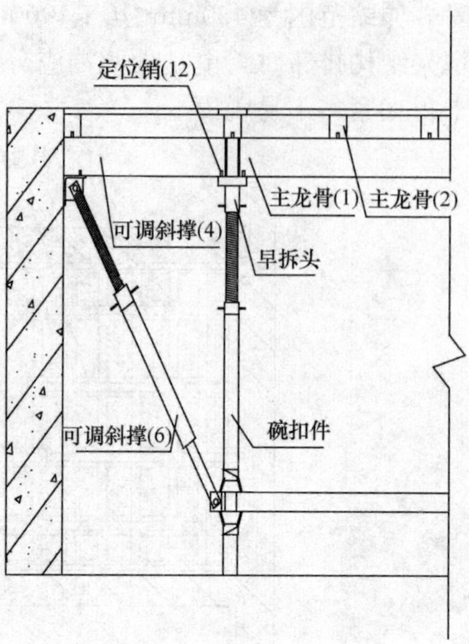

图 4.2.3-3　纵向支撑架体

根据支撑高度将早拆头螺母、可调斜撑螺母以及伸缩龙骨长度调至所需位置。

根据平面与立面布置图将各种材料运到不同的房间，以防混用影响施工速度。

②工艺流程

搭设碗扣架→安装早拆头、可调斜撑→安装主龙骨、边龙骨→安装次龙骨→固定主龙骨→调整龙骨标高→铺设胶合板→补缝→涂刷脱模剂→绑钢筋→浇筑混凝土。

③安装方法

搭设碗扣架：首先由测量工依据龙骨平面布置图，在楼面上弹出中心线或者距墙边的基准线。在确定碗扣架立杆时，必须按图纸要求布点，偏差控制在 5～10mm 以内，应尽可能保持立杆在一条直线上。如果发现碗扣架横杆长度不一致时应进行更换，以防止安装主、次龙骨时偏差太大，影响胶合板的铺设。

搭设可调斜撑：在碗扣架搭设完成，应认真检查是否符合图纸要求，合格后方可插入可调斜撑。在此之前应将可调斜撑丝杆上的螺母调整到所需位置，否则将影响安装速度。可调斜撑的顶托有三种不同的规格，不能用错。销接在上面的钢管有多种规格，应提前安装好，不能在现场临时进行搭配。调整顶托标高时，可在墙上弹上相应位置线，使顶托与墙上的标高线重合。可调斜撑上焊有供安装横向拉杆的碗扣件，为保证其稳定，可将横杆全部装上。

安装早拆头：早拆头应根据标高调到所需位置，一般比实际位置略低 30～50mm。待相邻两根主龙骨就位以后，方可将上螺母扭紧，以防止主龙骨滑落。下螺母的位置应基本一致，偏差不能太大，否则影响主龙骨的安装。

安装主龙骨、边龙骨：待早拆头的标高调到基本准确以后，便可将同一方向的主龙骨依次就位，一般应由二人同时完成。当支架超过 2m 时，应在碗扣架上搭设脚手板。边龙骨应紧靠墙边放置，两端应顶住墙，防止滑移。

安装次龙骨：主龙骨及边龙骨全部就位固定以后，方可安装次龙骨。在主龙骨上焊有供放次龙骨的定位三角片，必须按要求将次龙骨摆放在卡槽内，如有特殊要求，不能放在槽内时，应注意防止滑落以免伤人。

校平标高：待主、次龙骨安装完成以后，应对支撑的标高统一进行调整，如有龙骨局部偏差，应进行更换或进行调整，平整度应控制在2～3mm以内，并按设计及施工规范要求起拱。

铺设胶合板：胶合板铺设有两种方法，不论哪种方法都应按图示要求，提前进行切割、编号，并按顺序进行。铺设时应依次放置T形固定件，切割的胶合板应顺直，偏差不得大于0.5/1000，然后在新切割的切口上涂刷封边漆，个别缝隙较大处应粘贴海绵条，确保严密，防止漏浆。待胶合板铺完以后，应将"T"形拉件用钩头螺栓与龙骨拧紧，用力不得过猛。胶合板铺设完并固定以后方可涂刷脱模剂。

2. 混凝土工程

看台混凝土工程施工面积大，浇筑方式复杂多样，混凝土表面经常出现各种裂缝，施工过程控制难度较高，混凝土浇筑质量直接影响到看台外观质量，因此，对混凝土施工，从混凝土原材料和混凝土施工工艺两大方面进行具体控制。

1）混凝土原材料要求

（1）对于工期紧、质量要求高、施工场地狭小、道路交通畅通的项目，工程结构所用混凝土建议全部采用商品泵送混凝土，对于那些工期要求比较宽松，施工场地允许，道路交通不方便的项目，工程结构所用混凝土建议选取自制混凝土。

（2）混凝土拌合物入模坍落度根据具体施工部位及强度等级进行测定。

（3）工程结构部位的混凝土应使用同品种、同强度等级普通硅酸盐水泥（新标准）拌制。

（4）混凝土用的粗骨料选用5～31.5mm连续粒级洁净碎石，含泥量控制在1%以下，吸水率不应大于1.5%。当采用多级级配时，其规格及级配应通过试验确定。

（5）混凝土的细骨料，宜采用中粗砂，细度模数2.3～3.0，其含泥量不应大于2%。

（6）拌制混凝土宜采用对钢筋混凝土的强度、耐久性无影响的洁净水。

（7）配制混凝土时，根据施工要求宜掺入适宜的高效复合防水剂，使混凝土产生补偿收缩效果，外加剂应符合现行国家标准的规定。

（8）混凝土的配合比必须是有资质的试验室出具。混凝土配合比的选择，应保证结构设计所规定的强度、抗渗、抗冻等级和施工和易性的要求，并应通过计算和试配确定。

（9）严格执行并按配比施工，采取电子自动计量装置上料台。

（10）严格控制混凝土的搅拌时间，每机搅拌时间不少于90s，掺入外加剂，每机搅拌时间不少于180s。

2）现场准备

（1）混凝土浇筑前做好施工机具及动力准备，所有机具在浇筑前进行检查，同时配备专门修理人员随时检修。检查水电线路，确保施工正常用电用水，夜间施工有足够的照明。

（2）混凝土施工阶段密切掌握天气变化情况，特别是雨季，在浇筑过程中准备好必需的抽水设备和塑料布，以防突然性降雨。

（3）浇筑混凝土的马道，架子已支搭完毕并经检查合格。

（4）超长看台顶板混凝土施工时设置分层浇筑厚度控制标尺，标尺上按每隔400mm划厚度控制线，施工时混凝土工用标尺保证各层浇筑厚度满足要求；振动棒移动间距水平控制杆在浇筑地点设置并固定完毕，纵横向控制杆控制线间距为500mm。

（5）施工缝已按模板方案预留，保护和通过检查。

（6）监护模板、管线、钢筋、预留孔洞的木工、钢筋工、电工、水暖工均已就位。

（7）模板内的垃圾、杂物已清理吹扫干净；模板已经浇水湿润，并没有积水。

（8）应保护的柱筋、墙筋根部1000mm高均用PVC塑料管保护。

（9）垂直泵管从地面起至首层顶板中点伸出，垂直管必须与已浇筑结构预留洞周围地锚用钢管固定牢固，减少泵管水平方向振动，但不允许与浇筑层模板支撑连接。再根据需要向作业面内连接水平输送管，水平输送管通过支架固定在楼板上。预留洞尺寸30×30cm。垂直管的连接必须保证上下垂直，泵管中点与预留洞中点对齐，不得出现偏差，泵管穿过已浇筑楼面预留洞周围用木楔塞紧，但与浇筑层预留洞周围严禁塞木楔。

（10）水平管布置尽量平直，转弯宜缓，考虑退管方便，并尽可能缩短管线长度，减少弯管和软管使用。浇筑墙体时，接至作业面的水平泵管与全回转布料杆相连接，并用钢管架高固定其水平部分，每节管子不得少于一个固定点。浇筑顶板时，水平输送管用钢筋马凳架起。泵管弯管处冲力大，顺冲力方向加钢管反支撑。输送管接头处连接牢固，不能漏浆。浇筑时，应由距泵管接入口最远端的作业面开始，逐渐向接入口方向后退施工。水平管每隔1.5m左右用支架或台垫固定，以便于排除堵管、装拆和清洗管道。

（11）混凝土浇筑前应沿浇筑方向，正确铺搭脚手架，踏步板离开钢筋距离大于15cm，按要求铺设好泵管路线，检查泵管接头是否密封，保证在泵送过程中不漏浆。

3）施工机械、人员和浇筑准备

（1）每次混凝土浇筑必须连续进行，机械设备提前调试好，必要时要有备用设备。

（2）浇筑量较大、持续时间较长时，施工人员要提前分班，明确交接班，各班要配备齐全各种工具、用具。

（3）浇筑点要准备好取样检测的有关器具。

（4）钢筋工程、模板工程要通过隐蔽验收和报验，并在浇筑前再进行一次内部检查。重点复核项目为：模板的标高、位置，构件的截面尺寸，支撑系统、模板的拼缝、吊模是否稳固，钢筋和预埋件，清理情况。

（5）在高出楼面的竖向钢筋或模板上抄出混凝土标高控制线，根据部位可高出混凝土面500mm、200mm或100mm，做出明显标记，并对施工人员进行详细交底。

（6）采用汽车泵浇筑混凝土时，汽车泵位置要提前规划好，汽车泵站位要稳定可靠、覆盖面积大，并且混凝土接槎方便、对其他施工和交通无影响。采用拖式地泵浇筑混凝土时，混凝土输送泵管道要布置合理、固定牢靠，不能直接摆放在钢筋、模板及预埋件上。垂直管要固定在钢管脚手架上，并采取双立杆加固，垂直管下端的弯管不能作为上部管道的支撑点，应设钢管支撑承受上部管道重量。

（7）浇筑混凝土前，模板内要适当洒水湿润，但不能有积水。

4）混凝土浇筑控制

（1）梁板混凝土宜同时浇筑，单向板宜沿着板的长边方向连续浇筑，有主次梁的楼板宜沿次梁方向从一端向另一端连续浇筑，如必须间歇，其间歇时间应尽量缩短，并应在上层混凝土初凝前，将次层混凝土浇筑完成；若出现特殊情况，需要留设施工缝，必须事先征得设计人员和总监的同意，填写技术措施单后方可留设。梁板混凝土先采用插入式振动器振捣，振动器在梁内移动间距不大于400mm，在板内移动间距不大于300mm，板面混凝土还要用平板振动器振捣一遍，以使表面平整、利于收面。

（2）超长看台混凝土浇筑方式可采用：从一侧向另一侧推进的方式、跳仓法浇筑。

（3）楼梯段混凝土自下而上浇筑，先振实底板混凝土，达到踏步位置后，再与踏步混凝土一起浇筑，不断连续向上推进，并随时用木抹子将踏步表面抹平。每个楼梯梯段混凝土应连续一次浇筑，多层楼梯的施工缝应留在梯段1/3部位。

（4）混凝土振捣时间要掌握合适，可采用观察法，当振捣点混凝土表面流平不再显著下沉、不再出现气泡、表面泛出灰浆为准，漏振或振捣时间不够容易造成混凝土蜂窝、孔洞、麻面，而振捣时间过长又容易造成混凝土分层、离析，石子下沉聚集、下部胶凝材料减少，上层灰浆过厚，凝固后会发生收缩裂缝。

（5）超长看台混凝土平台的浇筑顺序采取由高到低依次进行浇筑，浇筑过程中严格控制混凝土坍落度。

5）混凝土收面

看台、楼板混凝土经过二次振捣后，根据标高控制点用长尺杆将混凝土初步整平，在初凝前用木抹子搓压两遍，将混凝土表面凸起的石子拍下、低凹处填平，并准确控制标高，在标高控制点较远的地方要拉线检查。收面时人要倒退行走，随时抹平脚印。通过两遍抹压，混凝土表面要达到平整、密实、毛光。在混凝土初凝后、终凝前、手指较用力按压有印痕时，要进行第三次收面，先用木抹子将混凝土表面搓毛一次，再随即用铁抹子收光。

6）施工缝处理

施工缝处重新浇筑混凝土时，已浇筑的混凝土抗压强度不应小于1.2N/mm^2；在已经硬化的混凝土表面，应清除水泥薄膜和松动的石子以及软弱的混凝土层，再用压力水冲洗干净，不得留有积水；待稍干后刷一道水泥浆（可掺适量界面剂）或铺一层与混凝土内成分相同的水泥砂浆。

7）混凝土养护

（1）夏季超长看台混凝土采取覆盖浇水养护，应在混凝土浇捣完成后的12h以内进行，养护要有专人负责。

（2）对采用硅酸盐水泥、普通硅酸盐水泥或矿渣硅酸盐水泥拌制的混凝土浇水养护不得少于7d，对火山灰质硅酸盐水泥、粉煤灰硅酸盐水泥拌制的混凝土及有抗渗抗裂要求的混凝土，养护时间不得少于14d。

（3）夏季超长看台楼板混凝土在洒水养护同时覆盖麻袋或塑料薄膜，浇水次数以保持混凝土处于湿润状态为主。

（4）冬季超长看台混凝土表面涂刷养护液进行保水养护，表面覆盖毛毡或者草垫进行保温养护。

8）超长看台混凝土温度控制

（1）混凝土浇筑体里表温差、降温速率及环境温度及温度应变的测试，在混凝土浇筑后，每昼夜不应少于4次；入模温度的测量，每台班不少于2次。

（2）混凝土看台混凝土浇筑体内监测点的布置，应真实地反映出混凝土浇筑体内最高温升、里表温差、降温速率及环境温度，可按下列方式布置：

①监测点的布置范围应以所选混凝土浇筑体平面图对称轴线的半条轴线为测试区，在测试区内监测点按平面分层布置；

②在测试区内，监测点的位置与数量可根据混凝土浇筑体内温度场分布情况及温控的要求确定；

③在每条测试轴线上，监测点位宜不少于 4 处，应根据结构的几何尺寸布置；

④沿混凝土浇筑体厚度方向，必须布置外面、底面和中部温度测点，其余测点宜按测点间距不大于 600mm 布置；

⑤保温养护效果及环境温度监测点数量应根据具体需要确定；

⑥混凝土浇筑体的外表温度，宜为混凝土外表以内 50mm 处的温度；

⑦混凝土浇筑体底面的温度，宜为混凝土浇筑体底面上 50mm 处的温度。

（3）测试过程中宜及时描绘出各点的温度变化曲线和断面的温度分布曲线。

9）混凝土质量要求

（1）混凝土的质量和等级评定按工程施工质量验收规范和工程质量检验评定标准进行验收评定。

（2）表面无蜂窝、孔洞、露筋，施工缝无灰渣等现象。

10）混凝土质量保证措施

（1）混凝土原材应选择信誉好、有长期合作基础的混凝土供应站，在供货合同中明确质量要求、材料选用等。

（2）对混凝土搅拌站进行考察，重点落实原材料质量、生产能力、供应能力及服务承诺。

（3）水泥要选用大厂生产的普通硅酸盐水泥；粉煤灰要使用一级粉煤灰；砂子要使用河砂，细度模数为 2.3～3.0，级配要良好，含泥量小于 3%；石子采用碎石，规格在 5～31.5mm 之间，颗粒密实、级配连续，无风化石，含泥量不能大于 1%。所有材料在使用前要有真实的质量检验报告。

（4）每次向搅拌站报送混凝土使用计划时，要明确混凝土使用部位、强度等级、抗渗等级、坍落度和用量、浇筑方式等，以便搅拌站根据设计情况生产、调配混凝土。到达现场的混凝土必须核对发货票内容，并每车检验坍落度，符合要求的才可使用，否则坚决退回。

（5）现场设专人定期抽查混凝土的坍落度和外观检查，实测坍落度与要求坍落度之间允许偏为±10mm。以此来控制商品混凝土的搅拌质量。

（6）在浇筑梁板混凝土时，应组织两个浇筑班组，分别负责浇筑梁板和柱头，同时设专人监督，确保混凝土浇筑质量符合要求。

（7）为防止混凝土的收缩裂缝，除严格控制混凝土的水灰比外，在混凝土初凝前进行二次复振，以减少气泡，提高混凝土的密实性。混凝土浇筑完毕后，楼面混凝土应在终凝前，掌握时间进行反复抹压表面的工作，防止混凝土开裂。

（8）在梁柱相交处钢筋粗而密，振捣器改用较小型号，同时在混凝土初凝前采取二次振捣，可保证柱头处混凝土的密实。

（9）对混凝土表面处理：当混凝土振捣完毕后，用2m长的木刮杠按设计标高进行找平，并随刮随拍打使混凝土沉实。然后用木抹子再反复搓抹，提浆找平，使混凝土面层进一步的密实，最后在混凝土终凝前再抹压收浆一遍，可避免因混凝土收缩而出现裂缝。

（10）在浇筑混凝土前，除认真地对施工缝进行剔凿、清理外，还必须先浇一层与混凝土配合比相同的水泥砂浆厚度30～50mm。以解决新旧混凝土结合不好的问题，从而增强结构的整体性。

（11）在浇筑混凝土时，设两名钢筋工在混凝土浇筑前修整钢筋，保证钢筋在浇筑混凝土时位置正确。必要时可在钢筋上架设脚手板，避免作业人员踩踏钢筋。

3. 看台模板支设成品保护措施

超长看台混凝土浇筑，由于看台浇筑面积比较大，浇筑混凝土的工作面比较狭小，对施工振捣，后续的抹面压光经常会给支设完成的模板带来破坏，造成二次返工，增加施工费用，耽误施工进度。针对这些问题，混凝土浇筑前需要提前策划好浇筑路线，提前对浇筑工人进行具体浇筑指导，成立一个配合浇筑小组，负责在浇筑场地搭设脚手板，脚手板应大面积搭设，防止搭设面积过小造成局部模板压力过大而产生局部模板变形，脚手板随着浇筑地点的转变而进行移动，以满足浇筑工作面的需要。

1）看台混凝土结构其构件多、复杂，在施工过程中同一施工段内各构件混凝土强度等级不一，为了保证混凝土构件浇筑不发生混淆，在施工过程中对能够分开施工，能够合理设置施工缝的构件应分别浇筑，对于那些不能分开浇筑，必须一起浇筑的构件，在不同等级混凝土浇筑界面处绑扎“快易收口网”，对混凝土级别进行区分。

2）梁节点交叉处钢筋密度大，对此处混凝土的浇筑带来了很大困难，为了保证混凝土的浇筑质量，在施工过程中可以采取以下措施：

（1）对于那些钢筋比较稠密的节点，可以先通过设计，在保证混凝土强度的前提下对混凝土骨料粒径进行改变，然后在经过有资质的试验室进行配合比设置，使此部分混凝土强度能达到设计要求。

（2）采用新型混凝土——自密实混凝土（SCC），自密实混凝土在自身重力作用下，能够流动、密实，即使存在致密钢筋也能完全填充模板，同时获得很好均质性，并且不要附加振动。使用自密实混凝土能够提高生产效率，由于不需要振捣，混凝土浇筑需要的时间大幅度缩短，工人劳动强度大幅度降低，需要的人工数量减少，从而也能达到节约成本的效果；避免了振捣对模板造成的磨损，改善了工作环境和安全性能。

（3）和设计进行沟通，改变钢筋设计间距或者钢筋直径，以达到能浇筑的合理间距。

（4）对浇筑方法进行改善，在钢筋稠密区域下方模板侧面进行开洞，设置一个斜向漏斗浇筑孔，钢筋稠密区域下方沿此孔进行混凝土浇筑及振捣；当浇筑混凝土达到此孔高度后，将此孔沿开孔后的尺寸进行模板配制及加固，将上部稠密区域钢筋位置向一侧拨动，尽量留出一个较大的孔隙，然后沿着这个孔隙进行混凝土浇筑，由于浇筑厚度很小，所以无需插入振捣棒振捣，只需采取人工轻敲上部模板进行振捣便可，这样分开浇筑能更有效的避免由于上部钢筋稠密导致下部混凝出现蜂窝、孔洞等质量问题。

3）混凝土施工缝、后浇带、变形缝处节点施工防水控制

看台在体育场、馆建筑中占据相当大的数量，其施工质量的成败直接影响观感效果和使用功能，观感效果一般或一般偏下时质量评优将大打折扣；看台表面起砂或因裂缝渗水

或面层起壳时，体育场馆使用功能将受严重影响，工程质量更无从谈起，特别是看台的防水更是建筑中的难题。因此看台面层的施工工艺和做法的选择就显得十分重要，通过对体育场馆施工的经验总结，看台施工缝、变形缝、后浇带处的防水节点处理由于人为与施工工艺选取、材料选取等原因存在质量隐患，致使看台施工完成后导致渗水、漏水现象发生。针对以上问题，在施工缝、变形缝、后浇带等处的处理，应严格控制施工质量，具体控制措施如下：

(1) 变形缝位置的选取：当设计图纸有要求时应按照设计要求进行留设，如果设计没有要求，变形缝应根据台阶位置、看台的弯折点进行设置。

(2) 变形缝处的防水层应连续，细石混凝土和水泥砂浆粉刷层（包括钢丝网和钢板网）必须断开，变形缝宽度为10mm，变形缝必须上下对齐，两侧边线顺直。

(3) 变形缝处下部采用泡沫塑料条嵌缝，表面8～10mm采用灰色硅胶密封处理。硅胶必须在水泥砂浆和细石混凝土层达到养护期后，表面封闭剂施工完成后进行施工，施工时基层含水率不得大于8%，表面的浮灰、油污等必须清理干净，硅胶施工应饱满密实，表面光滑，并不得污染周边混凝土。

(4) 后浇带处混凝土应按照设计要求进行施工，当设计无要求时，待看台主体施工完后28d才能浇筑后浇带处混凝土。后浇带处混凝土表面，应清除水泥浮浆和松动的石子以及软弱的混凝土层，再用压力水冲洗干净，不得留有积水；待稍干后刷一道水泥浆（可掺适量界面剂），后浇带混凝土浇筑振捣时应沿接缝细致振捣，同时防止过振，以免混凝土发生离析现象，石子沉入后浇带底部，导致漏水现象发生。

(5) 后浇带处混凝土浇筑完毕，基层含水率达到要求后，在看台面层做防水层前应先在后浇带施工缝处铺贴一层防水附加层，防止混凝土后浇带接缝处混凝土发生漏水、渗水现象。

(6) 采用新型防水材料——聚脲防水涂料。聚脲防水涂料是一种A、B双组分、无溶剂、快速固化的绿色环保弹性防水材料，依据成膜反应基因不同而分为高弹喷涂（纯）聚脲防水涂料（JNC）和高弹喷涂聚氨酯（脲）（俗称半聚脲）弹性防水涂料（JNJ），按物理性能分为Ⅰ型和Ⅱ型。A、B组分在专用喷涂设备的喷枪内混合喷出，快速反应固化生成弹性体防水膜。其施工特点是固化迅速，立面连续喷涂无流挂，施工时对温度和湿度不敏感，物理性能优异，强度好，伸长率高，耐候性好，室外长期使用无粉化、开裂和脱落，抗燃阻燃性好，并且可以自息。

(7) 采用新型防水材料——聚硫密封膏进行封堵，聚硫密封膏是以液态聚硫橡胶为基料配制而成的常温下能够自硫化交联的聚硫密封膏，对金属及混凝土等材料具有良好的粘接性，能在伸缩、振动及温度变化下保持良好的气密性和防水性，且耐油、耐溶剂、耐久性甚佳。

4) 超长看台构件混凝土浇筑标高的控制

超长看台混凝土同一施工段内构件比较多，混凝土构件浇筑的标高变化较大，施工人员在进行作业时候，对标高的控制容易混淆，为了对混凝土标高进行有效控制，可采取如下措施：

(1) 组织管理方面：在混凝土浇筑前，项目部技术人员对一线作业人员进行统一的标高专项技术交底，对标高变化复杂的部位进行分析，统一施工次序，让每一个作业人员做到对浇筑标高的认知准确无误。

（2）施工技术方面：在混凝土浇筑前，测量放线人员负责将各构件标高控制点标出，对每一个构件都进行标注，并将复杂构件标高界限不清楚的部位进行挂牌详细说明，为作业人员提供精准的标高，方便作业人员施工。

4. 绿色施工过程控制

1）节水过程控制要点

（1）施工中采用先进的节水施工工艺。

（2）现场搅拌用水、养护用水应采取有效的节水措施，严禁无措施浇水养护看台混凝土。现场机具、设备、车辆冲洗用水必须设立循环用水装置。

（3）现场机具设备、车辆冲洗、喷洒路面、绿化浇灌等用水，优先采用非传统水源，尽量不使用市政自来水。力争施工中非传统水源和循环水的再利用量大于30%。

（4）项目临时用水应使用节水型产品，对生活用水与工程用水应确定用水定额指标，并分别计量管理。

2）节地过程控制要点

（1）施工总平面布置应做到科学合理，充分利用原有建筑物、构筑物、道路管线为施工服务。

（2）施工现场道路按照永久道路和临时道路相结合的原则布置。

（3）红线桩外临时占地应尽量使用荒地、废地，少占用农田和耕地。利用和保护施工用地范围内的原有绿色植被。

3）节材的过程控制要点

（1）降低材料的损耗率，合理安排材料的采购、进场时间和批次，减少库存，就地取材。

（2）现场办公和生活用房采用周转式活动房，现场围挡最大限度地使用已有围墙，或采用装配式可周转使用的围挡进行封闭。

4）节能的过程控制要点

（1）制定合理的施工能耗利用指标，提高能源利用率。

（2）优先使用国家、行业推广的节能高效的施工设备和机具。合理安排施工工序，提高各种机械的使用率和满载率，降低各种设备的单位能耗。

（3）临时设施优先采用节能材料。

（4）临时用电优先采用节能电线和节能灯具。

5）环境保护的控制要点

国家环保部门认为建筑施工产生的尘埃占城市尘埃的总量的30%以上，此外建筑施工还在水污染、土污染、噪声污染等方面带来较大的负面影响，所以施工过程中应尽量采取措施，降低环境负荷，保护地下设施和文物等资源。

5. 质量保证体系方面的控制

调配精干人员，建立动态的组织管理机构。有针对性地建立健全质量创优、技术创新实施指挥的体系，成立专业的小组，制定上百项管理制度，其中质量管理制度达到30余项。加强全面质量教育，概括为：一个中心（以人为中心发挥人的积极性）、三不放过（质量交底不清不放过，责任不明不放过，没有质量措施不放过）、五勤（管理及操作人员对质量工作做到眼勤、嘴勤、手勤、脚勤、脑勤）、七严（思想严正、技术严谨、质量严格、措施严肃、隐患严防、蛮干严禁、奖罚严明）。

4.3 施工方案优选

超长看台混凝土施工前，先进行方案优选，需要考虑因素有：原材料的选择、模板及其支撑材料选择、一次浇筑量与混凝土供应商保证能力、振捣方式、浇筑顺序及劳动力组织方式、混凝土的水平运输及垂直运输机械、施工过程中的重点难点、节点控制、裂缝控制等。

4.3.1 混凝土原材料的优选

1. 水泥

1）所用水泥应符合现行国家标准《通用硅酸盐水泥》GB 175 的有关规定，当采用其他品种时，其性能指标必须符合国家现行有关标准的规定；

2）应选用中、低热硅酸盐水泥或低热矿渣硅酸盐水泥，其 3d 的水化热不宜大于 240kJ/kg，7d 的水化热不宜大于 270kJ/kg；

3）混凝土有抗渗指标要求，所用水泥的铝酸三钙含量不宜大于 8%；

4）所用水泥在搅拌站的入机温度不应大于 60℃；

5）水泥进场时应对水泥品种、强度等级、包装或散装仓号、出厂日期等进行检查，并应对其强度、安定性、凝结时间、水化热等性能指标及其他必要的性能指标进行复检。

2. 骨料的选择应符合下列规定

1）细骨料宜采用中砂，其细度模数宜大于 2.3，含泥量不大于 3%；碱骨料含量不得超过 $3kg/m^3$，冬雨期施工要有防寒防晒措施；水泥、外加剂等氯离子含量不得超过胶凝材料总量的 0.02%；

2）粗骨料宜选用粒径 5～31.5mm，并连续级配，含泥量不大于 1%；

3）应选用非碱非活性的骨料；

4）当采用非泵送施工时，粗骨料的粒径可适当增大。

3. 掺合料

粉煤灰和粒化高炉矿渣粉，其质量应符合现行国家标准《用于水泥和混凝土中的粉煤灰》GB 1596 和《用于水泥和混凝土中的粒化高炉矿渣粉》GB/T 18046 的有关规定。

4. 外加剂

1）所用外加剂的质量及应用过程，应符合现行国家标准《混凝土外加剂》GB8076、《混凝土外加剂应用技术规范》GB50119 和有关环境保护的规定。

2）外加剂的品种、掺量应根据工程所用胶凝材料经试验确定。

3）应提供外加剂对硬化混凝土收缩等性能的影响。

4）耐久性要求较高或寒冷地区的大体积混凝土，宜采用引气剂或引气减水剂。

5. 拌合用水的质量应符合国家现行标准《混凝土用水标准》JGJ 63 的有关规定。

4.3.2 混凝土运输的方式优选

随着城市环境质量形势日趋严峻，现在大部分城市均要求采用商品混凝土，其运输宜优先采用混凝土罐车进行水平运输，垂直运输宜采用汽车混凝土输送泵。

1）搅拌运输车在装料前应将罐内的积水排尽。运输车应具有防晒和防寒设施。

2）合理配置搅拌运输车的数量，应满足混凝土浇筑的工艺要求。

3）搅拌运输车单程运送时间，采用预拌混凝土时，应符合国家现行标准《预拌混凝土》GB/T 14902 的有关规定。

4）搅拌运输过程中需补充外加剂或调整拌合物质量时，宜符合下列规定：

（1）当运输过程中出现离析或使用外加剂进行调整时，搅拌运输车应进行快速搅拌，搅拌时间应不小于 120s；

（2）运输过程中严禁向拌合物中加水。

5）运输过程中，坍落度损失或离析严重，经补充外加剂或快速搅拌已无法恢复混凝土拌合物的工艺性能时，不得浇筑入模。

6）采用混凝土输送泵浇筑混凝土，应符合泵送混凝土浇筑技术规程。

4.3.3 混凝土浇筑方案优选

1. 单向依次递进施工

1）浇筑顺序

浇筑柱混凝土——浇筑梁混凝土——浇筑看台斜梁混凝土——浇筑看台梁、板混凝土。

2）施工方法

（1）从一侧向另一侧进行推进，在推进的同时，分次浇筑混凝土的跨度不得超过 2 跨，以防止混凝土接槎处出现冷缝。

（2）顶板混凝土浇筑时采用赶浆法，由一端开始连续向前进行浇筑。

（3）浇筑时，下灰与振捣必须紧密配合，节点或钢筋密集处，选用小直径的振捣棒振捣。

（4）浇筑板混凝土的虚铺厚度应略大于板厚，采用振捣棒顺浇筑方向拖拉振捣，振捣后用木抹子抹平。

（5）在顶板混凝土施工中混凝土表面标高控制采用四周拉边线和对角线。利用不同长度的刮杆刮平，在混凝土终凝前用木抹子进行二次抹压，以保证顶板抹压平整无裂缝。并用塑料刷子沿同一方向刷出细小的毛纹，便于装修施工。

（6）顶板混凝土与看台混凝土分界线：以最高一层看台的边缘向外 2000mm 为分界线。

（7）在浇筑看台梁板时，必须严格控制混凝土的坍落度，防止坍落度过大造成上层看台的混凝土经振捣后流向下层看台。

（8）看台梁板由下而上一层一层的振捣，在振捣时，将振捣后返至下层看台的混凝土用铁锹人工向上倒运。

（9）看台梁板混凝土为抗渗混凝土，必须保证混凝土的接缝时间不得超过 3h，如超过 3h，必须重新调整泵车进行布料。

2. 跳仓法施工

跳仓法是充分利用了混凝土在 5 到 10 天期间性能尚未稳定和没有彻底凝固前容易将

内应力释放出来的“抗与放”特性原理，它是将建筑物地基或大面积混凝土平面机构划分成若干个区域，按照“分块规划、隔块施工、分层浇筑、整体成型”的原则施工，即“隔一段浇一段，以避免混凝土施工初期部分激烈温差及干燥作用”，部分置换后浇带。

跳仓法施工：底板分段长度不宜大于40m，侧墙和顶板分段长度不宜大于16m。跳仓间隔施工的时间不宜小于7d，跳仓接缝处按施工缝的要求设置和处理。

主要技术

1）长向配小直径、高密度水平钢筋置于主筋外侧，底板加铺钢筋网，以增加混凝土抗裂能力。

2）选择低收缩性水泥，优化混凝土配合比，严格控制水泥用量，从而有效控制混凝土温度应力和减少混凝土收缩变形。

3）严格控制混凝土原材料中粗细骨料含泥量和混凝土坍落度，进一步提高混凝土抗拉强度及极限拉伸变形。

4）加强信息化施工，采用测温法实现温控。

3. 两种浇筑施工方案的优选比较

依次推进施工：人工、材料、机械必须一次性投入，且投入数量大，施工工期长，但混凝土表面平整度控制较好，混凝土温度及施工裂缝不易控制，梁柱节点处比较容易处理。

跳仓法施工：①有效控制混凝土温度应力和减少混凝土收缩变形；②有效控制混凝土早期裂缝；③增加混凝土抗裂能力；④提高混凝土抗拉强度及极限拉伸变形，降低约束应力；⑤采用测温法实现温控，充分发挥混凝土的应力松弛效应。

4.4 案 例 分 析

4.4.1 某省体育中心体育场看台工程案例

1. 案例背景介绍

某体育场总座席位43040席，其中包厢座席1244席，贵宾座席448席，残疾人座席100席；总建筑面积为62363m²，占地面积为25720m²，建筑为平面椭圆形的单层大空间建筑，超长混凝土看台最高为32.840m，看台内周长4344m，外周长6192m，看台落地投影面积约39000m²，混凝土约12万m³，其效果图如4.4.1。

图4.4.1 某体育中心效果图

2. 事件过程描述

本工程作为该省承接全运会场馆主馆之一，是一超大型公共建筑，由于其自身内部尺寸及外在造型等特点，为保证各项目标的顺利实现，真正达到“内坚外美”和用户满意，对工程施工的重点和难点分析如下：

1）本工程看台层的高度较高，属于高大支模设计；混凝土要求达到清水混凝土标准，因此模板及支撑系统应具有足够的强度、刚度、稳定性，以保证结构构件尺寸准确、截面均匀、结构造型准确，同时要求细部节点有措施，有样板，过程控制严密，结果精细到位。

2）混凝土看台层梁梁节点支模是支模的重点和难点，施工时作为关键工序加以控制。

3）混凝土看台属于超长、超大混凝土，其混凝土浇筑方法的选取，裂缝控制成为工程施工的重点与难点。

4）混凝土看台层梁梁节点的钢筋稠密，对混凝土浇筑带来很大困难，施工控制难度大。

5）混凝土看台施工缝、变形缝、后浇带处的节点防水处理施工难度大。

6）混凝土看台浇筑过程中，由于浇筑工作面比较狭小，造成浇筑与振捣的工人直接踩踏看台模板，导致许多模板变形，造成二次模板返修工作。

3. 关键措施

1）针对本工程的层高较高，构件长度比较大，梁柱节点截面形式复杂等特点，通过科学合理的模板选型与设计，统一混凝土原材料、优化混凝土配合比、控制混凝土的振捣和养护等综合措施，此看台混凝土外观质量全部达到了清水效果，颜色均匀一致，垂直度偏差、表面平整度、截面尺寸均符合规范要求，并且节约了板材的投入，节约了装修阶段的抹灰。

2）针对本工程的需要，配制高性能混凝土时为了优选原材料和配合比，我们应用“双掺”技术，除提高混凝土的可泵性外，还有意识地预先通过试验确定低收缩率的混凝土配合比，同时减少水泥用量，降低混凝土的水化热和改善其收缩性能。

3）由于看台楼层面积巨大，环状结构超长，为防止混凝土贯通裂缝的产生，并有效控制表面裂缝的开展，施工过程中在不影响结构整体性的前提下，兼顾施工方便，除设计沿垂直于环向预留加强带和后浇带外，沿体育场看台的楼层环向增设了两道施工缝，缝处增设构造配筋，合理划分施工流水段，后浇带及施工缝处的混凝土浇筑前，应进行如下处理：

（1）对已浇筑的后浇带及施工缝两侧混凝土进行剔凿，清理，将混凝土砂浆薄层、松动的石子、松动的混凝土部位全部进行细致剔凿，以确保结合处无杂质，无软弱夹层；

（2）在混凝土浇筑前，应对后浇带及施工缝处已经剔凿的混凝土用高压水枪进行清洗，清洗要确保后浇带及施工缝处的模板内无积水，防止影响后浇带及施工缝处混凝土的强度等级；

（3）后浇带及施工缝处混凝土浇筑前刷一道水泥浆（可掺适量界面剂）或铺一层与混凝土内成分相同的水泥砂浆，浇筑过程中要对混凝土接槎部位进行细致振捣，同时防止过振，以免混凝土发生离析现象；

（4）在后浇带及施工缝处混凝土初凝前用木抹子搓压两遍，将混凝土表面凸起的石子拍下、低凹处填平，收面时人要倒退行走，随时抹平脚印。

通过两遍抹压，混凝土表面要达到平整、密实、毛光。在混凝土初凝后、终凝前、手指较用力按压有印痕时，要进行第三次收面，先用木抹子将混凝土表面搓毛一次，再随即用铁抹子收光。施工完成后 12h 内及时对混凝土进行保温保湿养护，在后浇带处满铺两层毛毡，并在毛毡上面充分浇水湿润，这样可以充分保证混凝土湿润，有效控制混凝土与大气表面的温差，能有效地防止混凝土的收缩裂缝。

看台混凝土浇筑顺序，通过对“由一侧向另一侧推进施工”、“跳仓法施工”两种施工方案的比选，本工程决定采用跳仓法施工，因为此方案能有效控制大体积混凝土在施工过程中产生的裂缝，保证梁柱节点位置的拼接，加快施工时材料、人工、物资等的周转速度，使工期缩短，经费投入较小。

4）超长看台混凝土施工缝、变形缝、后浇带处防水控制

（1）变形缝位置的选取：当设计图纸有要求时应按照设计要求进行留设，如果设计没有要求，变形缝应根据台阶位置、看台的弯折点进行设置。

（2）变形缝处的防水层应连续，细石混凝土和水泥砂浆粉刷层（包括钢丝网和钢板网）必须断开，变形缝宽度为10mm，变形缝必须上下对齐，两侧边线顺直。

（3）变形缝处下部采用泡沫塑料条嵌缝，表面8～10mm采用灰色硅胶密封处理。硅胶必须在水泥砂浆和细石混凝土层达到养护期后，表面封闭剂施工完成后进行施工，施工时基层含水率不得大于8%，表面的浮灰、油污等必须清理干净，硅胶施工应饱满密实，表面光滑，并不得污染周边混凝土。

（4）后浇带处混凝土应按照设计要求进行施工，当设计无要求时，待看台主体施工完后28d才能浇筑后浇带处混凝土。后浇带处混凝土表面，应清除水泥薄膜和松动的石子以及软弱的混凝土层，再用压力水冲洗干净，不得留有积水；待稍干后刷一道水泥浆（可掺适量界面剂）或铺一层与混凝土内成分相同的水泥砂浆，后浇带混凝土浇筑振捣时应沿接缝细致振捣，同时防止过振，以免混凝土发生离析现象，石子沉入后浇带底部，导致漏水现象发生。

（5）后浇带处混凝土浇筑完毕，基层含水率达到要求后，在看台面层做防水层前应先在后浇带施工缝处铺贴一层防水附加层，防止混凝土后浇带接缝处混凝土发生漏水、渗水现象。

5）看台模板保护措施

针对本工程看台模板在混凝土浇筑前，由于工人施工过程中踩踏造成局部变形，故专门在浇筑场地搭设脚手板，作为施工马道，保护看台模板。

4. 结果状态

通过这些方法，成功解决了超长看台混凝土施工中的问题，预防和减少了超长看台混凝土裂缝的产生，防止后浇带处混凝土接缝产生漏水渗水的现象，有效的保证了超长看台混凝土的外观质量，进而降低了施工及维修的成本，取得了良好的经济和社会效益。

4.4.2 某奥林匹克体育中心体育场看台工程案例

1. 案例背景介绍

某市奥林匹克体育中心体育场工程（图4.4.2），建筑面积34700m^2，固定座席15107座。比赛场地包括径赛周长400m的标准环形跑道、标准足球场和各项田赛场地。工程位于某市高教园区内，距市中心区6km，主体采用钢筋混凝土框架结构，屋盖采用钢桁架结构体系。看台板采用现浇钢筋混凝土结构。

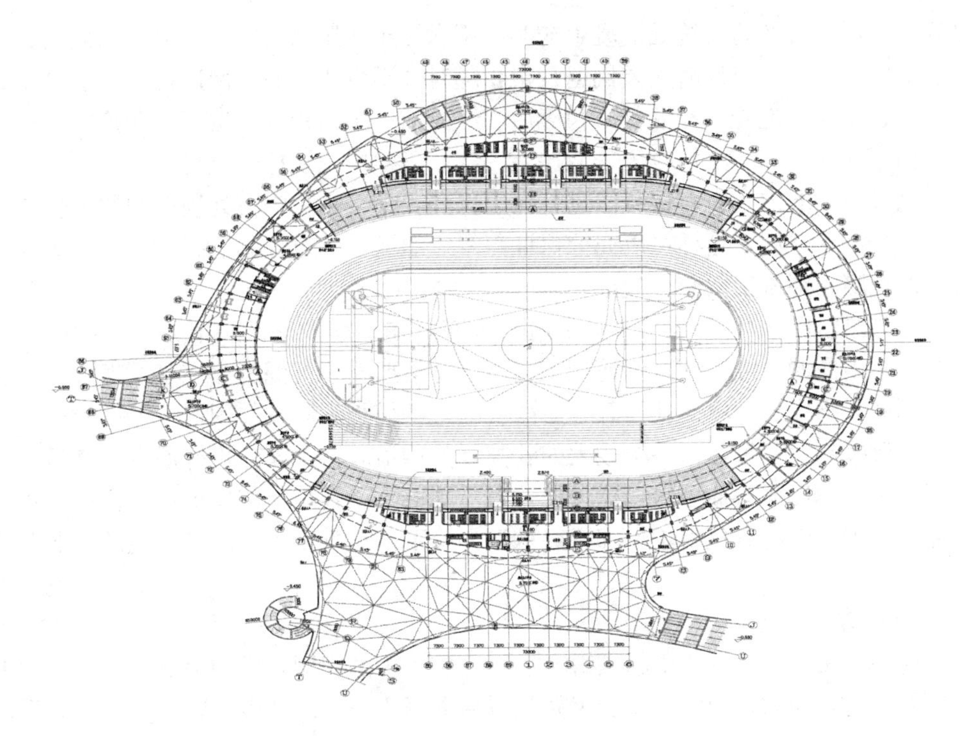

图 4.4.2　某市奥林匹克体育中心平面图

2. 事件过程描述

1）现浇楼板、梁后浇带模板需要单独配置，与周围其他模板体系分离，在后浇带混凝土浇筑并达到规定拆模强度前，禁止拆除后浇带模板及其支撑体系。

2）后浇带混凝土接缝部位容易产生渗水现象，需要认真处理。

3）后浇带混凝土接触面的凿毛和杂物清理，是后浇带施工比较困难的一道工序，比较费工时。

4）框架梁、斜梁交叉节点处钢筋稠密，对此处混凝土浇筑带来很大困难。

3. 关键措施

1）关于后浇带混凝土接缝部位防水处理，通常采用埋设止水板或遇水膨胀橡胶止水，但考虑楼板呈阶梯形状，且楼板厚度较薄（80mm），两种方案可操作性差，并且考虑到看台防水层采用的聚脲防水涂料性能优越，可以保证工程的防水效果，所以未设置止水带或止水条。

施工时重点做好后浇带施工缝的处理，控制要点如下：

首先，对已浇筑的后浇带及施工缝两侧混凝土进行剔凿，清理，将混凝土砂浆薄层、松动的石子、松动的混凝土部位全部进行细致剔凿，以确保结合处无杂质，无软弱夹层。

其次，在混凝土浇筑前，应对后浇带及施工缝处已经剔凿的混凝土用高压水枪进行清洗，清洗要确保后浇带及施工缝处的模板内无积水，防止影响后浇带及施工缝处混凝土的强度等级。

再次，后浇带及施工缝处混凝土浇筑前刷一道水泥浆（可掺适量界面剂）或铺一层与混凝土内成分相同的水泥砂浆，浇筑过程中要对混凝土接槎部位进行细致振捣，同时防止过振，以免混凝土发生离析现象。

最后，在后浇带及施工缝处混凝土初凝前用木抹子搓压两遍，将混凝土表面凸起的石子拍下、低凹处填平，收面时人要倒退行走，随时抹平脚印。通过两遍抹压，混凝土表面要达到平整、密实、毛光。在混凝土初凝后、终凝前、手指较用力按压有印痕时，要进行第三次收面，先用木抹子将混凝土表面搓毛一次，再随即用铁抹子收光。

施工完成后12h内及时对混凝土进行保温保湿养护，在后浇带处满铺两层毛毡，并在毛毡上面充分浇水湿润，这样可以充分保证混凝土湿润，有效控制混凝土与大气表面的温差，能有效地防止混凝土的收缩裂缝。

2）对于框架柱、梁、斜梁节点处混凝土浇筑，在钢筋稠密区域下方模板侧面进行开洞，设置一个斜向漏斗浇筑孔，钢筋稠密区域下方沿此孔进行混凝土浇筑及振捣；当浇筑混凝土达到此孔高度后，将此孔沿开孔后的尺寸进行模板配制及加固，将上部稠密区域钢筋位置向一侧拨动，尽量留出一个较大的孔隙，然后沿着这个孔隙进行混凝土浇筑，由于浇筑厚度很小，所以无需插入振捣棒振捣，只需采取人工轻敲上部模板进行振捣便可，这样分开浇筑能更有效的避免由于上部钢筋稠密导致下部混凝土无法浇筑产生的孔洞和蜂窝现象。

4. 结果状态

通过这些方法，成功解决了超长看台混凝土施工中的问题，成功解决了钢筋密集节点混凝土构件的浇筑问题，预防和减少了超长看台混凝土裂缝的产生，防止后浇带处混凝土接缝产生漏水渗水的现象，有效地保证了超长看台混凝土的外观质量，进而降低了施工及维修的成本，取得了良好的经济和社会效益。

4.5 工程后评价

通过对以上两个超长看台混凝土案例的分析，发现还存在以下问题需要改进：

1. 在施工中框架柱、梁、斜梁等交叉节点处钢筋十分稠密，对混凝土浇筑及振捣带来很多不便，尽管在施工中科学合理的进行模板选型，统一混凝土材料，优化混凝土配合比，但是这些节点拆模后仍有孔洞、蜂窝、麻面现象，影响混凝土的外观及质量。

为了进一步改善这一节点施工效果，采取以下措施进行控制：

1）根据设计图纸，看钢筋配制情况，如果稠密程度很大，需要与设计进行沟通，因为在设计图纸时候经常忽略柱与梁节点处钢筋稠密问题。深化设计，加大节点钢筋预施工力度。

2）优化三维梁柱节点的钢筋接头方法。

3）优化模板设计，增加二次浇筑振捣孔

4）如果无法重新设计或者无法避免钢筋稠密的节点，在施工中要采取一些措施，除了科学合理地进行模板选型，统一混凝土材料，优化混凝土配合比外，对于浇筑方法应进行一下改善，在钢筋稠密区域下方模板侧面进行开洞，设置一个斜向漏斗浇筑孔，钢筋稠密区域下方沿此孔进行混凝土浇筑及振捣；当浇筑混凝土达到此孔高度后，将此孔沿开孔后的尺寸进行模板配制及加固，只需采取人工轻敲上部模板进行振捣便可，这样分开浇筑能更有效的避免由于上部钢筋稠密导致下部混凝土无法浇筑产生的孔洞和蜂窝现象。

2. 高性能混凝土配制时采用“双掺”技术，除提高混凝土的可泵性外，还有意识地预先通过试验确定低收缩率的混凝土配合比，同时减少水泥用量，降低混凝土的水化热和改善其收缩性能，但是“双掺”技术的配合比需要通过试验确定，会给施工增加一定成本。

3. 在施工工艺上，采取设置后浇带是较普遍的处理方法，但影响工期，混凝土接触面的剔凿和杂物清理困难，后浇带施工缝部位易出现渗水现象。针对后浇带部位防水处理，由于聚脲防水涂料具有涂层致密、连续、光滑、无接缝、耐磨强度高、防水、防腐性优越（在场馆看台工程中应用较多），采用此材料利于保证后浇带混凝土接缝部位的防水效果。当采用卷材类防水层时，由于其存在破损点窜水的问题，后浇带接缝部位尽量进行单独处理，处理方法如：埋设钢板止水带、卷材防水前先在后浇带部位涂刷优质防水涂膜等。

4. 以“加强带”代替“后浇带”，减少后浇带的留设数量。在不影响结构整体性的前提下，通过合理设置变形缝能对工期产生较小影响，因为变形缝设置施工操作简单，不需要设置后浇带所需大量的剔凿清理工作，相对于补偿收缩混凝土技术，由于不需要掺加膨胀剂，可以节省一笔可观的投入，并且补偿收缩混凝土技术也不适于需要考虑结构沉降差的情况。如何在超长看台结构中使设置变形缝的方法得以应用，我们的思路是改进工艺和选择适宜的材料，通过调研，我们认为采用聚硫防水对变形缝进行嵌填应当是有效的解决方案。通过调研，在变形缝内嵌填双组分聚硫防水油膏，工程投产后，变形缝部位无渗漏现象，使用这种新工艺、新材料能达到很好的效果。

5. 搭设流动工作平台。超长混凝土看台在浇筑与振捣过程中，由于操作面狭小，工人踩踏已经支设完成的看台模板，导致看台模板大面积破坏变形，对混凝土浇筑带来困难，模板二次返工支设，增加成本、延误工期，虽然设立了专门施工配合小组，对施工工作面进行搭设，但是这样施工必须要求工作配合默契，分工明确清楚，如果分工不明确，配合不默契，会导致施工紊乱，影响施工，所以针对这些问题，我们应该进一步改进，根据施工现场情况，为浇筑混凝土特制一种移动式浇筑平台架子，这样省去了模板搭设时间，使工序变得清楚简洁，混凝土工人能专心的对看台进行浇筑，从而既保护了模板不变形破坏，又方便了混凝土的浇筑，从而保证了混凝土看台的质量。

第5章 现浇预应力混凝土工程施工方案优选与后评价

5.1 现浇预应力混凝土施工特点

预应力混凝土是近十几年来发展起来的一门新技术。它是在构件承受外荷载前，预先在构件的受拉区对混凝土施加预压力，这种压力通常称为预应力。构件在使用阶段的外荷载作用下产生的拉应力，首先要抵消预压应力，这就推迟了混凝土裂缝的出现同时也限制了裂缝的开展，从而提高了构件的抗裂度和刚度。对混凝土构件受拉区施加预压应力的方法是张拉受拉区中的预应力钢筋，通过预应力钢筋和混凝土间的粘结力或锚具，将预应力钢筋的弹性收缩力传递到混凝土构件中，并产生预压应力。

近年来，随着预应力混凝土设计理论和施工工艺与设备的不断完善和发展，高强材料性能的不断改进，预应力混凝土得到进一步的推广应用。预应力混凝土与普通混凝土相比，具有抗裂性好、刚度大、材料省、自重轻、结构寿命长等特点，为建造大跨度结构创造了条件。预应力混凝土已由单个预应力混凝土构件发展到整体预应力混凝土结构，广泛用于土建、桥梁、管道、水塔、电杆和轨枕等领域。

预应力混凝土与普通混凝土结构相比，主要特点如下：

1. 改善和提高了结构或构件的受力性能。由于预应力的作用，克服了混凝土抗拉能力低的弱点，可以根据构件的受力特点和使用条件，控制裂缝的出现及裂缝开展的宽度。使用预应力后，能提高构件的刚度。

2. 充分利用高强度钢材。在普通钢筋混凝土中，由于裂缝宽度和挠度的限制，高强钢材的强度不能得到充分的利用。而在预应力混凝土结构中，通过对高强钢材预先施加较高的拉应力，可以使高强钢材在结构破坏前能够达到其屈服强度或名义屈服强度。

3. 减轻构件自重。预应力混凝土使用高强度材料后，可以减小构件的截面尺寸，节省钢材和混凝土，并且由于预应力混凝土结构腹板可以做的较薄，从而减轻自重。

4. 提高抗剪承载力。由于预压应力阻止或延缓了混凝土斜裂缝的出现与发展，增加截面剪压区面积，从而提高了构件的抗剪能力。

5. 提高抗疲劳强度。预应力可以有效降低钢筋的应力循环幅度，增加疲劳寿命，并且预应力混凝土结构不出现裂缝或裂宽减小，有利于结构承受动荷载。

6. 具有良好的经济效益。预应力混凝土结构比普通钢筋混凝土结构节省20％～40％的混凝土和30％～60％的纵筋钢材。

7. 预应力结构所用材料单价较高。因为预应力混凝土结构采用材料均为高强钢筋和高强混凝土，为此，材料单价相对较高。

8. 提高结构或构件的耐久性。预加应力能有效地控制混凝土的开裂或裂缝开展面宽度，避免或减少有害介质对钢筋的侵蚀，延长结构或构件的使用年限。

9. 抗震性能好。在同等条件下，由于预应力结构自重减轻，它受到的地震荷载就小，为此，其抗震能力比普通钢筋混凝土结构抗震能力高。

5.2　现浇预应力混凝土施工技术难点与重点

5.2.1　有粘结预应力混凝土

1. 固定端柱筋的定位应保证波纹管的顺利通过。

2. 张拉端柱筋的定位应保证能够安装锚垫板。

3. 预应力波纹管的选材、管道铺设工艺和水平偏差是有粘结预应力框架梁施工的重要步骤。

4. 预应力筋穿束工艺，直接影响着预应力梁的施工质量及施工进度，合理配备穿束用牵引系统、放线系统、钢丝绳和钢绞线的连接器、制作临时卡具，此外，穿束施工时应建立现场管理和通讯联络体系。

5. 预应力张拉端和锚固端的精确安装，锚下受压区构造配筋，决定着预应力梁的施工质量。

6. 预应力张拉是实现预应力作用，满足设计意图的关键步骤。

7. 灌浆施工是预应力施工的关键工序，孔道灌浆密实与否，直接影响结构的安全性和耐久性。

5.2.2　无粘结预应力混凝土

1. 预应力筋的平面位置准确与否是施工的关键，有可能会导致吊顶、设备安装等植筋、涨栓等对预应力筋的破坏。

2. 预应力筋水平位置的控制对于预应力的建立是关键。

5.2.3　缓粘结预应力混凝土

1. 材料质量：包括钢绞线、锚具、缓胶粘剂、高密度聚乙烯外皮等。

2. 加工、组装质量：包括缓粘结筋生产质量（涂塑质量、挤注缓粘结剂质量、外皮刻痕质量等）和锚固端的组装质量。

3. 预应力筋的铺设：包括定位筋焊接、预应力筋的穿束、张拉端及锚固端的组装等。

4. 张拉设备按期标定。

5. 张拉质量，首先必须按缓粘结预应力所特有的张拉工艺进行张拉，其次应确保张拉控制力及预应力筋张拉伸长值。

6. 成品保护：包括混凝土浇筑前钢绞线防护（主要是防止硬物重击变形及防止电气焊触碰）、缓粘结预应力筋外皮的保护等。

5.3　现浇预应力混凝土施工方案优化创新

1. 现浇预应力混凝土施工流程

预应力筋下料→涂塑防腐→成捆就位→敷设→张拉→灌浆→封锚

2. 施工方案的优化与创新

施工方案的优选主要包括：预应力筋、锚具及配件生产后组装地点的选择、预应力筋铺设与土建施工作业先后顺序的选择、预应力筋张拉时间的选择。

1）预应力筋、锚具及配件生产后组装地点的优选

预应力筋、锚具及配件均按照设计图纸要求生产后，可以统一装运到施工现场再组装，亦可以在工厂内组装后再运至施工现场。

（1）现场组装方案

优点：

减少在工厂内组装占用时间，可最大程度的提前材料进场时间。

由于材料未组装，可分类装运，装运方便快捷，例如预应力筋和锚具等配件可分类分开装运，锚具便于装箱运输，预应力筋运输时采用成盘运输，减少装运费用。

缺点：

现场组装质量难以保证，检测费用较高。

适用工程：

材料订货周期短，工厂组装对工期影响较大的工程。

（2）在工厂内组装方案

优点：

厂内专业组装，设备先进、施工环境好、组装质量容易保证。

专业检测仪器齐全，便于检测。

组装专业化，组装占用时间少，费用低。

缺点：

在工厂内组装占用一定时间。

组装后装运费用相对较高。

适用工程：

工程材料用量较大、材料订货周期宽裕的工程。

2）预应力筋铺设与土建施工作业先后顺序的优选

（1）先支梁侧模板再进行预应力筋铺设方案

优点：

减少交叉作业影响。

加快板模板、钢筋施工进度。

缺点：

预应力筋铺设难度较大，施工困难，甚至造成难以铺设的现象。

预应力筋位置难以保证。

适用工程：

普通钢筋间距较大，先后施工对预应力筋铺设影响不大的工程。

（2）先进行预应力筋铺设再支侧模施工方案

优点：

预应力筋位置准确。

预应力筋施工方便快捷。

缺点：

容易造成模板、普通钢筋等工种窝工。

适用工程：

普通钢筋间距较密，梁截面较大的工程。

3）预应力筋张拉时间的优选（分整体拆模后张拉和局部拆模后张拉）

（1）整体拆模后张拉方案

优点：

作业面较大，张拉方便。

张拉效率高，节约人工。

缺点：

拆模时间较长，造成张拉时间较晚。

适用工程：

规模较小的工程。

（2）局部拆模后张拉方案

优点：

梁侧模板拆除后即可张拉，张拉时间大大提前。

张拉预应力筋不占用施工总工期。

缺点：

由于模板支架影响，张拉效率较低。

适用工程：

跨度大、梁截面较大、模板支撑体量大的工程。

5.4 预应力施工方案案例

5.4.1 某机场新建航站楼工程预应力施工案例

1. 背景介绍

某机场新建航站楼工程建筑总面积为54499.45m^2。航站楼由主楼、指廊和连廊组成，主楼和指廊通过之间连廊连接。主楼长205.44m，宽60m。指廊长552m，宽27m，地上主体建筑2层。一层为旅客到港层，夹层为旅客到港通道层，二层为二层旅客出港层，局部三层为办公。航站楼主体为预应力框架结构，由于部分框架梁跨度较大，且结构平面超长，为控制框架梁挠度与裂缝，减小框架梁截面，部分大梁采用有粘结预应力技术，拱脚拉索采用有粘结预应力技术，部分板采用无粘结预应力技术，其中梁内有粘结预应力筋为三段抛物线布置，板内无粘结预应力筋理论上为直线布置。预应力筋均采用Φ^s15.24高强1860级国家标准低松弛预应力钢绞线，其标准强度f_{yk}=1860N/mm^2，预应力筋张拉控制应力σ_{con}=1395N/mm^2。有粘结预应力张拉端采用多孔夹片式锚具，无粘结预应力张拉端采用单孔夹片式锚具，固定端采用挤压式锚具。

2. 过程描述

1）预应力筋、锚具及配件生产后组装地点的选择本工程梁板预应力选择在工厂内组装方案，确保组装质量，同时在基础施工阶段即展开订货工作，确保生产时间不占用总工期。

拱脚预应力拉索运输时采用成盘运输，预应力拉索按照施工图纸规定在现场进行下料。按施工图上结构尺寸和数量，考虑预应力筋的曲线长度、张拉设备及不同形式的组装要求，每根预应力筋的每个张拉端预留足够的张拉长度（800mm）进行下料。

2）预应力筋铺设与土建施工作业先后顺序的施工方案优选

本工程普通钢筋间距较密，梁截面较大，且施工工作面较大，梁有粘结预应力采用先进行预应力筋铺设再支侧模施工方案，板无粘结预应力采用普通钢筋下铁施工完成后即进行预应力筋铺设，最后铺设上层钢筋方案，做到与土建、水电作业同步施工，预应力施工不占用总工期。

拱脚预应力拉索混凝土支墩可提前预制，支墩下应平整并分层夯实。拉索管道分段定位：每段钢管长度不大于60m，采用对焊连接同时外套钢管两端周围焊接的方法直线连接，段与段之间预留由活动套管连接的间隙，间隙长约两米，用来作为穿索的操作空间。活动套管上设排气管。

3）预应力筋张拉时间的优选

由于工程单层面积较大，单层施工时间长，且气候严寒，拆模时间较晚且较长，采取局部拆模后张拉方案，即梁侧模拆除后即开始梁预应力张拉的方法。

根据设计要求，拱脚预应力拉索首次张拉在钢拱施工过半时进行，控制应力取$\sigma_{con1}=70MPa$，实际张拉力根据实际状况进行3%的超张拉，则每束钢绞线的实际张拉力为10.1kN；第二次张拉在钢拱施工完毕拆除支撑前进行，控制应力取$\sigma_{con2}=200MPa$，每束钢绞线的实际张拉力为28.9kN。张拉时拱脚混凝土须达到设计强度的80%以上。张拉时应有拱脚混凝土的同条件养护试块试压强度报告单。

3. 关键施工技术

1）施工准备工作

（1）技术准备

①根据设计要求编制预应力施工方案，绘制施工翻样图。

②准备有关材质检验试验资料。

③向监理、总包报送有关施工资料。

④组织有关人员熟悉图纸，学习有关规范，向作业人员进行技术安全交底。

（2）劳动组织及劳动力计划

预应力工程的劳动组织应充分考虑预应力施工的特点，即：各工种同时交叉作业，每层工程量大而集中，铺放时间限制严格，预应力筋张拉受工效约束等，根据综合考虑初步确定劳动力安排。

（3）材料准备及材料计划

①预应力筋（钢绞线尺寸及性能见表5.4.1）

钢绞线尺寸及性能　　表5.4.1

钢绞线结构	钢绞线公直径（mm）	强度级别（N/mm²）	截面面积（mm²）	整根钢绞线的最大负荷（kN）	伸长率（%）	无粘结塑料皮厚度（mm）
1×7	ϕ15.24	1860	139.98	260.36	3.5	0.8～1.2

a. 根据设计要求，本工程预应力筋采用高强Ⅱ级松弛钢绞线，直径15.2mm，钢绞线抗拉强度标准值 $f_{ptk}=1860N/mm^2$。

b. 钢绞线进场时必须附有产品合格证书，产品质量必须符合国家现行标准《预应力混凝土用钢绞线》GB/T 5224中的有关规定。

c. 本工程采用的无粘结预应力筋，按照无粘结预应力成套技术工艺，在我公司生产基地，通过专用设备涂以润滑防锈油脂，并包裹塑料套管而构成的一种新型预应力筋。

d. 预应力筋由我方自行制作，按照工程需要分类编号，直接加工成所需长度，对一端张拉的预应力筋把锚固端直接挤压成型。

②预应力锚具

因为本工程预应力中采用国家标准锚具：锚具效率系数 $\eta_A \geqslant 0.95$，试件破断时的总应变 $\varepsilon_u \geqslant 2.0\%$。以我公司作为技术后盾，天津银燕公司生产的DZM锚固体系中的系列锚具，为国家标准锚具，已应用在几百项工程中，从未发生过任何质量事故。因此，本工程采用该体系系列锚具。

张拉端：无粘结筋采用单孔夹片锚，由单孔锚锚具、承压板、螺旋筋组成。

有粘结筋张拉端采用多孔夹片锚，由多孔锚锚具、喇叭口、钢筋网片（或螺旋筋）组成。

固定端：均采用单束挤压锚，由挤压锚具、锚板、螺旋筋组成。

③主要材料需用量计划

根据现场实际使用情况，合理安排生产和运输，保证提前供应，既不影响工期，又不致造成积压，以免浪费资源。

4. 结果状态

该工程按照既定的方案进行了实施，总体施工效果良好，由于该工程结构形式复杂，张拉端处处理经过了反复试验验证，最终按改进后的节点实施，效果非常好。

5. 问题分析与改进

1）张拉槽处节点处理

所谓张拉槽，即在预应力梁中为预应力张拉留置的混凝土后浇槽，如图5.4.1-1（剖面图）所示：

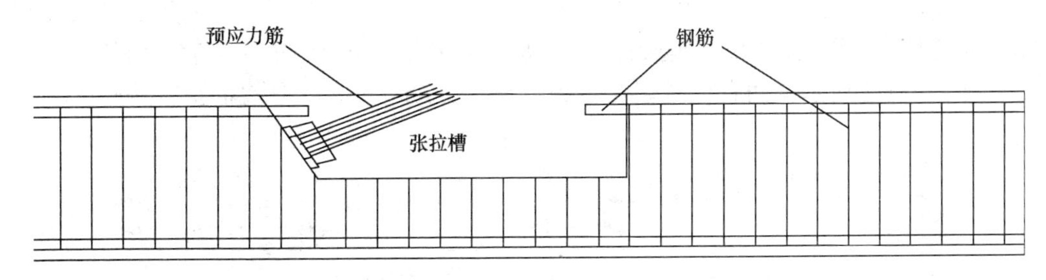

图5.4.1-1　张拉槽节点

容易出现的问题及解决方法：

工程施工时，往往会出现浇筑完混凝土后，张拉槽内灌满混凝土现象，张拉盒（支设张拉槽的模板）将无法拆出。一旦出现此情况，必须先剔出张拉槽内的混凝土，然后拆出张拉盒，方能进行预应力张拉工作。此种问题要千万警惕杜绝，它不仅会耗用大量的人力物力，而且严重耽误工期。一旦发生要及早处理，越早混凝土的强度越低，等混凝土强度上来之后，将造成大的麻烦。剔除张拉盒内的混凝土应注意以下两点：

（1）剔凿混凝土禁止使用大锤，防止梁板结构遭到破坏。

（2）剔凿后的灰渣应清理干净，做到活完场清。

2）钢筋的留置与连接

钢筋的留置的注意事项

因为张拉槽处的钢筋在预留张拉槽时需断开，而在封锚之前又必须重新连接好。所以预留时应特别注意以下几方面问题：

（1）主筋留置与连接

张拉槽处的主筋与两端主筋断开，连接方式宜采用直螺纹套筒连接形式。将一侧的主筋连接处套通丝，浇筑混凝土前先连接好，以免浇筑时张拉槽两端主筋保护不好产生错位而连接不上，浇筑后卸下中间部位主筋，进行预应力张拉作业。图 5.4.1-2 为张拉槽处主筋安装前后的平面示意图。

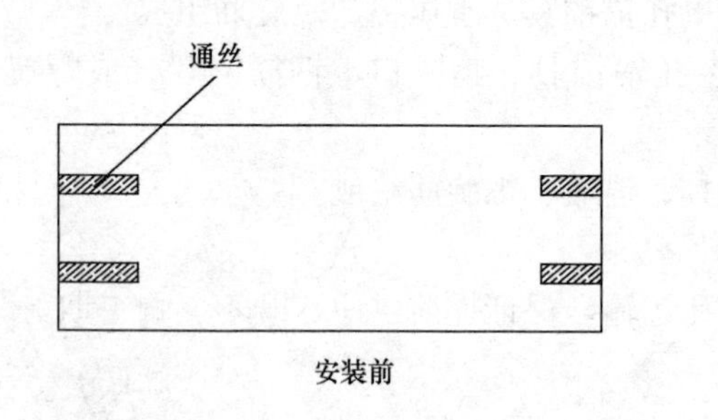

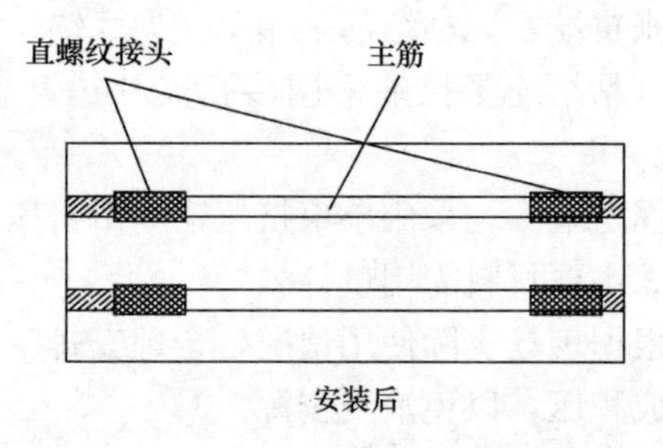

图 5.4.1-2　张拉槽节点

主筋留置应计算好尺寸，特殊情况应现场测量后下料，如果下料长度不准将导致主筋在张拉槽内露出的长度太短或太长。太短将造成直螺纹丝头筑入混凝土之中，两端无法连接；太长则影响预应力筋张拉。

（2）箍筋留置与连接

箍筋在张拉槽处断开，但要留出一定尺寸，浇筑混凝土前，张拉槽处支模时，将断开的箍筋弯起。箍筋连接可采用两种方式：焊接或采用 135 度弯勾搭接，弯起长度要能够保证放平后能够满足焊接搭接或弯勾的长度要求。预应力梁张拉灌浆完毕后，将箍筋进行连接，如图 5.4.1-3 所示。两者比较焊接费用较高，搭接时 135 度弯勾不易实际操作。

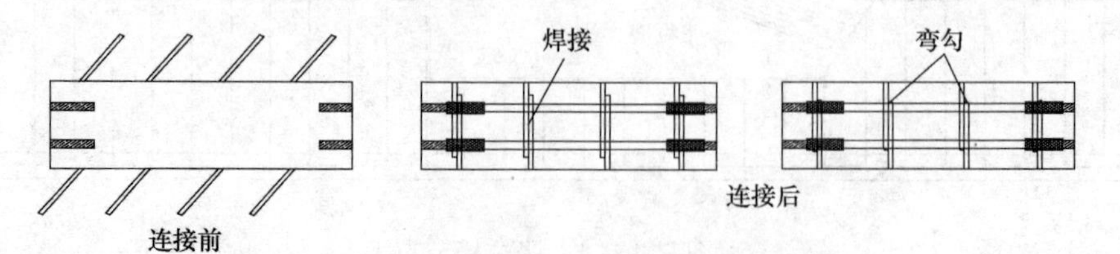

图 5.4.1-3　张拉槽节点

容易出现的问题及解决办法：

在张拉槽处，如果由于靠近预应力张拉喇叭口处的个别主筋前期安装不规范，造成浇筑完混凝土后外露端过长（图 5.4.1-4），致使后期的预应力张拉工作不能进行。

图 5.4.1-4 为正常情况下张拉槽内部件位置图。其中，喇叭口处的张拉垫块可随意从钢绞线上套入或取出；而图 5.4.1-5 为主筋露出混凝土面过长的情况，张拉垫块无法套入，此种情况在进行预应力张拉时必须将长出主筋处理，现场施工往往出现以下两种情况：图 5.4.1-6 中钢筋外露过长的部分被割掉；图 5.4.1-7 中钢筋外露过长的部分被弯起。

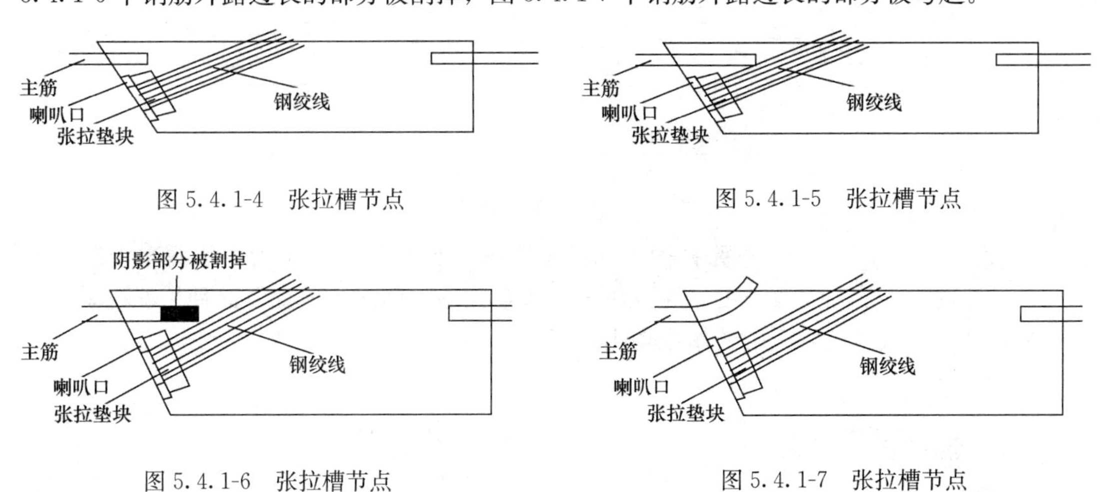

图 5.4.1-4　张拉槽节点

图 5.4.1-5　张拉槽节点

图 5.4.1-6　张拉槽节点

图 5.4.1-7　张拉槽节点

针对直螺纹丝头露出过长时的两种破坏情况，可采用以下两种方法进行解决：

①搭接焊

处于图 5.4.1-8 所示 1 位置的钢筋如有损坏情况可将钢筋沿混凝土外皮向另一侧剔出 $10d$ 长度，采用同型号钢筋搭接焊，一侧焊与剔出钢筋端，一侧焊与连接赶钢筋端。焊接时应注意以下几点：

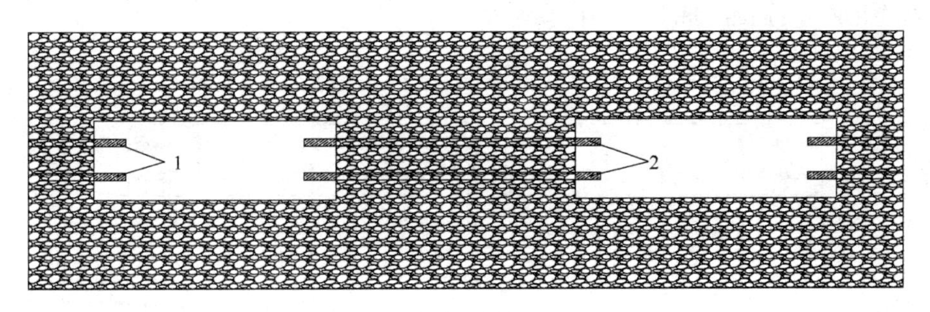

图 5.4.1-8　张拉槽节点

a. 焊接焊缝应符合有关规范要求，保证框架梁主筋受力强度满足设计要求。

b. 焊缝焊渣必须清理干净。

c. 搭接焊钢筋必须与原有钢筋保持同样标高，保证受力主筋在浇筑混凝土后的保护层厚度。

若有图 5.4.1-7 所示情况，先将弯起钢筋自弯起处切断，再按图 5.4.1-6 类型处理。如图 5.4.1-9 所示。

②换筋

处于图 5.4.1-8 所示 2 号位置的钢筋如有损坏，就将其整体剔出，量好长度按原型号重新制作，替换损坏的钢筋。

(2) 在张拉槽处，如果由于靠近预应力张拉喇叭口处的个别主筋前期安装不规范，造成浇筑完混凝土后外露端太短（图 5.4.1-9），致使后期的预应力张拉工作不能进行。

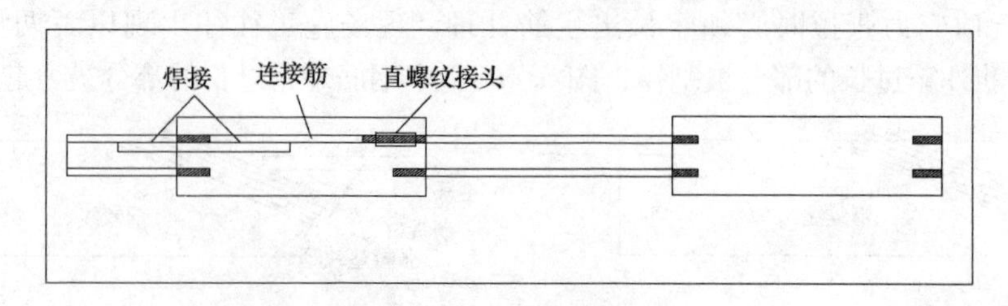

图 5.4.1-9 张拉槽节点

图 5.4.1-10 为正常情况下张拉槽内部件位置图。而图 5.4.1-11 为主筋露出混凝土面太短，直螺纹丝头筑入混凝土中，导致预应力张拉完后主筋无法连接。此种情况可采用如下方法处理：将筑入混凝土中的丝头剔出，再行连接。

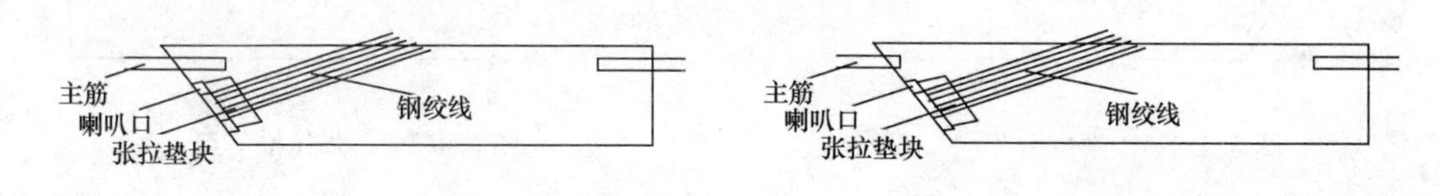

图 5.4.1-10 张拉槽节点　　　　图 5.4.1-11 张拉槽节点

(3) 张拉槽处连接着的箍筋为了方便支模，被直接截断，未留出浇筑完混凝土后封闭箍筋时的连接量，造成封锚时箍筋无法连接。此种情况可采用如下方法解决：将张拉槽两侧的箍筋从混凝土中剔出，长度满足焊接搭接长度要求，附一根同型号钢筋分别将两端焊接上，连接两端箍筋，如图 5.4.1-12 所示。

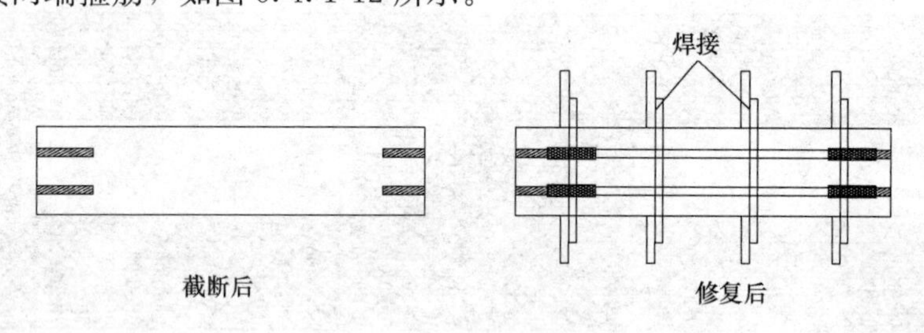

图 5.4.1-12 张拉槽节点

验收前张拉槽应如图 5.4.1-13 所示。

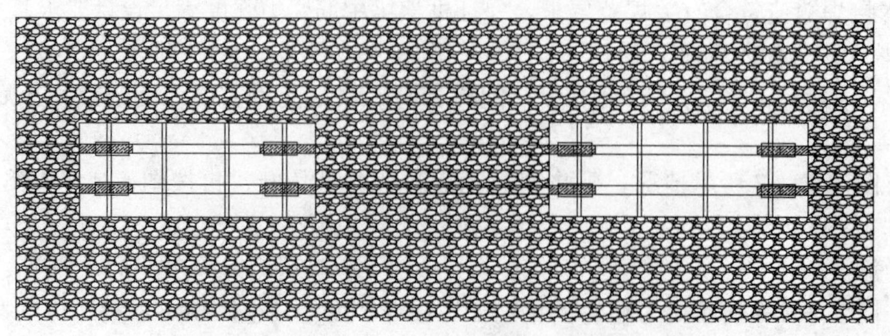

图 5.4.1-13 张拉槽节点

5.4.2 某机场新航站楼工程缓粘结预应力施工案例

1. 背景介绍

某机场新航站楼工程为框架结构，总建筑面积约 119149m^2，工程自 2009 年 7 月 18 日开始施工，2010 年 6 月 14 日完成航站楼混凝土主体施工，并于 2010 年 10 月 11 日完成大平台混凝土主体施工。由于该工程框架梁跨度较大均在 15m 以上，为控制框架梁挠度与裂缝，减小梁截面，部分框梁采用缓粘结预应力技术，梁内预应力筋为三段抛物线布置。预应力筋均采用带刻痕的缓粘结筋，钢绞线采用Φ^s15.2 高强 1860 级国家标准低松弛预应力钢绞线，其标准强度 $f_{ptk}=1860N/mm^2$，预应力筋张拉控制应力 $\sigma_{con}=1395N/mm^2$。预应力张拉端采用单孔夹片式锚具，固定端采用挤压式锚具。

同时，该机场停车楼工程为框架结构，总建筑面积 32594m^2，该工程框架梁设计同样采用缓粘结预应力技术。

2. 过程描述

1）预应力筋、锚具及配件生产后组装地点的选择

考虑钢绞线外带护套，分类组装可以减少运输途中的磕碰，减少对钢绞线的破坏，同时本工程单层工作面较大，预应力筋长度种类多等特点，本工程选用现场组装方案。

2）预应力筋铺设与土建施工作业先后顺序的选择

本工程普通钢筋间距较密，梁截面较大，且为劲性柱，施工工作面较大，采用先进行预应力筋铺设再支侧模施工方案，做到与土建、水电作业同步施工，预应力施工不占用总工期。

3）预应力筋张拉时间的选择

由于工程单层面积较大，单层施工时间长，且气候严寒，拆模时间较晚且较长，采取局部拆模后张拉方案，即梁侧模拆除后即开始预应力张拉的方法。

4）预应力筋穿束工艺选择

由于本工程梁截面较大，且部分预应力筋穿越钢骨柱、部分绕过钢骨柱，只能采取多次穿入的方案，但每次穿入根数可根据不同部位，尽量采取集束穿入的方案。

5）胶粘剂凝固时间选择

本工程规模大，主体结构施工几乎均为冬季施工，不具备及时张拉条件，且冬期时间较长，约为 6 个月，综合各项因素，最终确定本工程胶粘剂凝固时间在 1 年到 2 年之间。

6）梁加腋处处理

由于钢骨柱内普通钢筋较密、预应力梁较窄、并且部分预应力梁与钢骨柱斜交（图 5.4.2-1），造成梁内预应力筋穿过钢骨柱时存在很大困难。针对此问题，解决思路及办法如下：

预应力筋遇到钢骨时，为了避免在十字钢骨翼缘上开洞，减少对十字钢骨的削弱，预应力筋应在翼缘范围外穿过，在钢骨腹板上开长条形洞口，预应力筋从洞口中穿过钢骨柱。

腹板上长条形洞口在高度方向的位置由预应力筋在支座处的矢高确定；在柱宽方向，预应力筋长条形洞口在普通筋圆孔的正下方，这样做可以确保普通筋穿过圆孔时，预应力筋就可以穿过洞口，如图 5.4.2-2 所示。

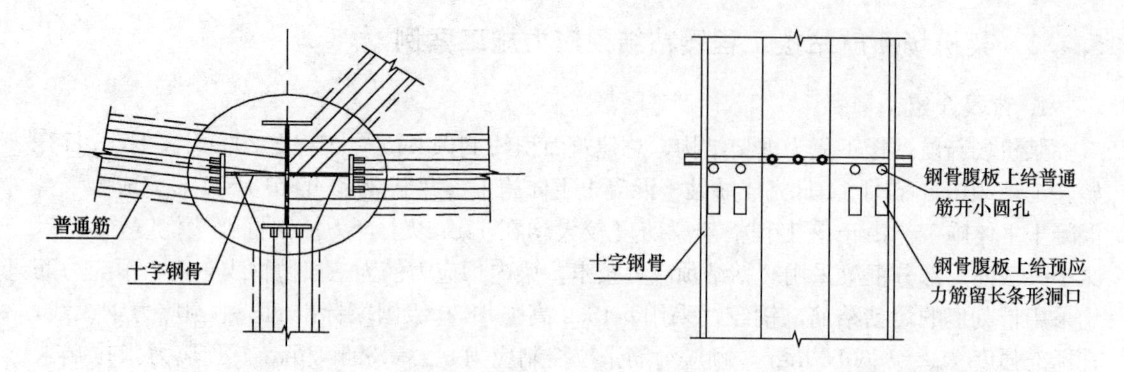

图 5.4.2-1　预应力梁与钢骨柱斜交　　　图 5.4.2-2　钢骨腹板上开洞

对于不能从钢骨柱范围内穿过的预应力筋，采取梁宽加腋，预应力筋从腋里穿过，如图 5.4.2-3 所示。

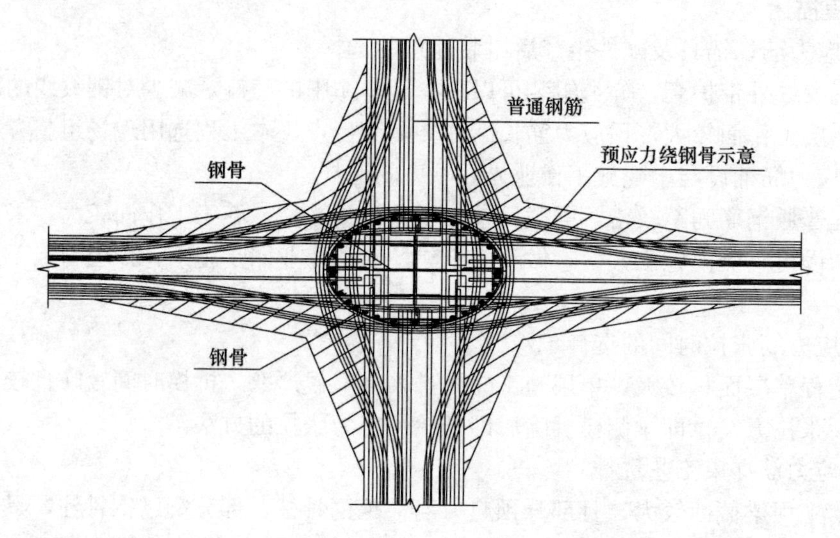

图 5.4.2-3　加腋绕钢骨柱图

3. 关键施工技术

1）施工工艺流程

缓粘结预应力梁的施工步骤与无粘结预应力梁基本相同。以梁内缓粘结预应力筋为例，整个过程如下：加工缓粘结预应力筋、锚具、承压板、螺旋筋、定位筋→支设梁底模板→绑扎梁普通钢筋→在梁箍筋上定好缓粘结钢绞线的分布间距及高度→布置定位筋→铺设缓粘结预应力筋→安装张拉端穴模、承压板及螺旋筋，并用绑丝将张拉端组合件同模板固定→调整缓粘结预应力筋曲线→检查缓粘结预应力筋有无破损、如有修补→浇筑混凝土→清理张拉端承压板前混凝土→安装锚具，混凝土达到设计强度时且在缓粘结剂合理的施工周期内进行张拉→张拉完毕后进行切筋、张拉端锚具防腐处理。

2）施工要点

（1）预应力筋下料、装配及运输

①预应力钢绞线首先运至专业生产车间经过涂塑、注缓胶粘剂、外皮压痕等工艺加工

成为缓粘结预应力筋，然后缓粘结预应力筋按照施工图纸规定在现场进行下料。按施工图上结构尺寸和数量，考虑预应力筋的曲线长度、张拉设备及不同形式的组装要求，每根预应力筋的每个张拉端预留足够的张拉长度及曲线增加长度进行下料。预应力筋下料应用砂轮切割机切割，严禁使用电焊和气焊。对一端锚固、一端张拉的预应力筋要逐根进行组装，然后将各种类型的预应力筋按照图纸的不同规格进行编号堆放，为防止缓胶粘剂的外流，将破损处及预应力筋端部用专用胶带缠牢。

②预应力筋运输时采用成盘运输，应轻装轻卸。

预应力筋运到施工现场后，应按不同规格分类成捆，成盘，挂牌，整齐堆放在干燥平整的地方。露天堆放时，需覆盖雨布，下面应加设垫木，防止锚具和钢丝锈蚀。严禁碰撞压堆放成品，避免损坏塑料套管及锚具。

锚夹具及配件应在室内存放，严防锈蚀。

(2) 预应力筋铺放

①铺放前的准备工作：

预应力筋生产、下料及锚固端挤压锚（图5.4.2-4）的组装在加工厂内进行。

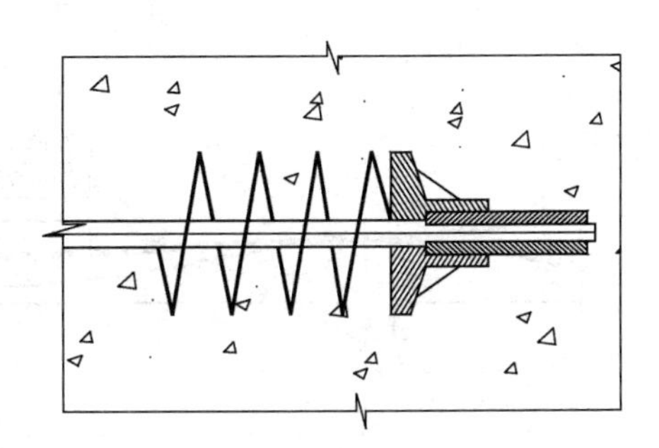

图 5.4.2-4　锚固端挤压锚示意图

支梁底模，铺设非预应力筋：先将非预应力筋骨架铺设好，为节省模板用量，梁模板及支撑建议采用快拆体系。

②准备端模：根据本工程的实际情况和设计要求，在合模前要在端模上根据预应力筋设计位置打孔。所以要事先准备好端模，其尺寸要准确。

③准备架立筋：应根据设计图纸以 1.0m 左右的间隔，设置架立筋，架立筋宜采用直径为 12mm 的螺纹钢筋。

④穿预应力筋：

穿设缓粘结预应力筋前先在箍筋上焊接定位筋，定位筋的位置由预应力筋的矢高与预应力筋集团束的半径来决定，即：定位筋最终顶面高度为预应力筋矢高减去预应力筋集团束的半径。

当预应力筋配置较多不能一次穿筋时，可采用分束多次穿入的方法。穿预应力筋由锚固端向张拉端穿，避免扭曲。预应力筋附近不得使用电气焊，以避免造成预应力筋的强度降低。

⑤节点安装：

节点安装参照图 5.4.2-5。

根据以往工程经验，预应力筋在后浇带处搭接方式往往为后浇带两侧的预应力筋在后浇带内张拉，同时在后浇带跨附加与两侧数量相同的预应力筋，具体见图 5.4.2-6。但此方式容易造成在后浇带跨的梁支座处折算配筋率 $\rho=\dfrac{A_x+4mA_p f_{py}/f_y}{bh_0}$ 及相对受压区高度 $\xi=\dfrac{x}{h_0}$ 超过《混凝土结构设计规范》GB 50010—2010 的要求。

根据混凝土结构图及能满足张拉工艺及受力要求的缓粘结预应力筋长度采用图

5.4.2-7 的搭接方式，这样在后浇带跨的梁支座处折算配筋率及受压区满足要求。

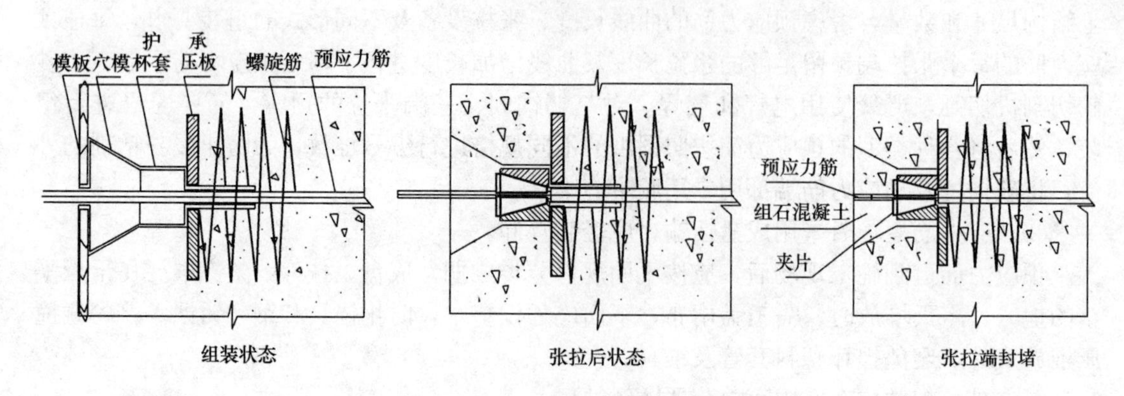

图 5.4.2-5　穴模张拉端节点构造图

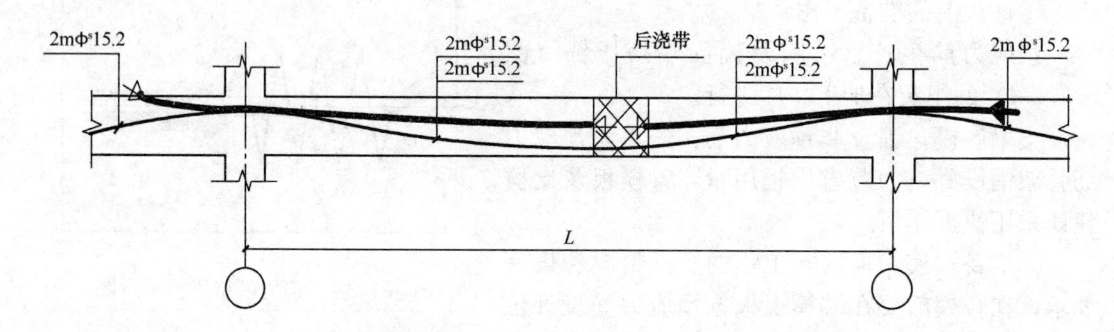

图 5.4.2-6　传统预应力跨后浇带搭接方式

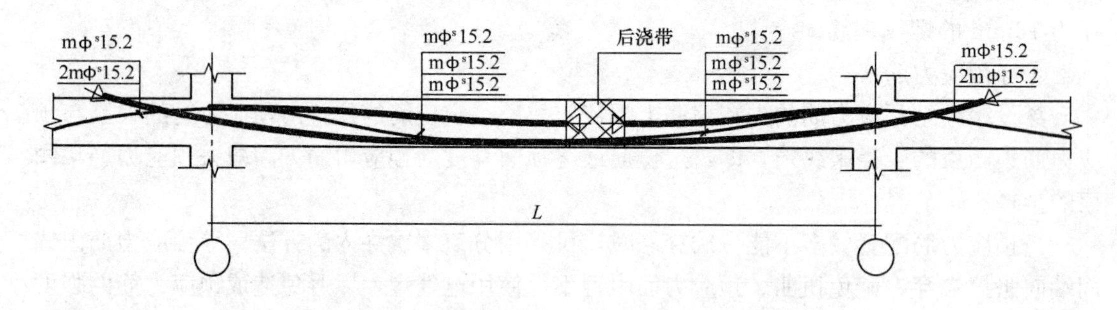

图 5.4.2-7　修改预应力跨后浇带搭接方式

3）混凝土浇捣

普通钢筋调整和铺设时，应避免移动预应力筋和配件的位置，更严禁用电气焊碰预应力筋及其配件。

待普通钢筋及预应力钢筋铺设完毕，隐检验收后，浇注混凝土。浇注混凝土时应注意振捣密实，同时注意保护缓粘结预应力筋外皮，避免用振捣棒直接接触预应力筋。

4）预应力筋张拉

（1）预应力筋张拉前标定张拉机具

缓粘结预应力张拉机具采用预应力单孔张拉千斤顶和配套油泵；根据设计和预应力工

艺要求的实际张拉力对泵顶进行定期标定（每 6 个月一次）。实际使用时，由此标定证书上的标定值计算出控制张拉力值相对应的油压表读值作为张拉人员操作的依据。

标定书在张拉资料中给出。

（2）控制应力和实际张拉力

根据设计要求的预应力筋张拉控制应力取值（控制应力 $\sigma_{con}=1395\text{MPa}$），实际张拉力根据实际状况进行 3%的超张拉，则每束钢绞线的实际张拉力 P 为 201.0kN。

（3）待混凝土达到设计要求的强度后方可进行预应力筋张拉，具体张拉时间按土建施工进度要求进行。张拉时应有张拉部位混凝土的同条件养护试块试压强度报告单。

（4）缓粘结预应力筋张拉前，割掉外露表皮。除皮过早，缓凝涂料容易流出；过晚则缓凝涂料逐渐固化，不易除掉。除皮时，同时清理掉钢绞线表面的缓凝涂料，防止张拉时由于钢绞线表面杂物进入，而降低工具锚的锚固性能。

张拉时间必须在缓凝涂料未固化前。最佳张拉时间在整个固化龄期固化龄期的 1/3～1/2 之间（现可 1/4～1/2 之间），该期间摩阻最为稳定，且数值较小。若张拉时间较为靠后，有条件时可在正式张拉前几天进行预拉，单端抽动钢绞线至另一段发生移动 20mm 以上为止。目的是减少正式张拉时的摩阻，有利于预应力的建立。

（5）张拉伸长值的计算

曲线预应力筋的理论张拉伸长值 ΔL_T 按以下公式计算：

$$\Delta L_T=\int_0^{L_T}\frac{F_j\cdot e^{-(kx+u\theta)}}{A_pE_p}dx$$

$$=\frac{F_j\cdot L_T}{A_pE_p}\cdot\frac{1-e^{-(kL_T+u\theta)}}{kL_T+u\theta}$$

式中 F_j——预应力筋的张拉力；

A_p——预应力筋的截面面积；

E_p——预应力筋的弹性模量；

L_T——从张拉端至固定端的孔道长度（m）；

k——每米孔道局部偏差摩擦影响系数；

u——预应力筋与孔道壁之间的摩擦系数；

θ——从张拉端至固定端曲线孔道部分切线的总夹角（rad）。

理论伸长值计算时，预应力筋的摩擦系数取值如表 5.4.2-1 所示。

表 5.4.2-1

预应力筋种类	k	u
缓粘结 ϕ15.2 钢绞线	0.0015	0.25

（6）张拉完毕，经验收合格后，方可拆除梁下受力支撑。

（7）单端筋，一端张拉。双端筋，先张拉一端，再补拉另一端。每束预应力筋张拉完后，应立即测量校对伸长值。如发现异常，应暂停张拉，待查明原因，并采取措施后，再继续张拉。

(8) 缓粘结预应力筋张拉工艺流程：

①量测预应力筋初始长度 L1

②安装锚具

③装千斤顶

④ 张拉至应力 $1.03\sigma_{con}$

⑤锁定锚具

⑥量测预应力筋最终长度 L2

⑦计算张拉伸长值：ΔL＝最终长度 L2－初始长度 L1。

⑧操作要点：

a. 安装锚具，尽量使锚具紧贴锚垫板表面，再将夹片装上。

b. 穿筋：将预应力筋从千斤顶的前端穿入，直至千斤顶的顶压器顶住锚具为止，调整千斤顶位置，使千斤顶轴心与喇叭口或承压板表面垂直，且顶压器与锚具表面尽量充分接触。

c. 安装工具锚时，应使工具锚与千斤顶后部贴紧，并锁紧夹片。

d. 张拉时，要控制给油速度，给油时间不应低于 0.5min。

e. 由于缓胶粘剂具有触变性，为减少张拉时摩擦阻力，可以采用一次张拉到位，也可以考虑采用多次张拉的施工方法以减小预应力孔道对钢绞线产生的阻力，具体方法为：先不装锚具的夹片，用千斤顶张拉-卸载反复 2～3 次，使缓胶粘剂逐步达到一定程度的液化，然后装上夹片。张拉到位。

f. 测量记录：应准确到毫米。

⑨质量控制方法和要求：

a. 张拉时，用按时标定过的设备，通过控制其油压表上的读数控制实际张拉力，用实际伸长值与理论计算伸长值相比较进行校核。(即张拉质量采用应力应变双控方法)。

b. 认真检查张拉端清理情况，不能夹带杂物张拉。

c. 锚具要检验合格，使用前逐个进行检查。

d. 张拉严格按照操作规程进行，控制给油速度。

e. 千斤顶安装位置应与预应力筋在同一轴线上。

f. 张拉中钢丝发生断裂，应报告工程师，由工程师视具体情况决定处理。

g. 实测伸长值与计算伸长值相差超过＋6％或－6％时，应停止张拉，报告工程师进行分析，然后才能继续张拉。

⑩张拉后预应力筋张拉端处理

预应力筋张拉完毕验收合格后，用机械方法，将外露预应力筋切断，且保留在锚具外侧的外露预应力筋长度不应小于 3cm，将张拉端及其周围清理干净，最后用细石混凝土尽快进行封锚（图 5.4.2-8）。

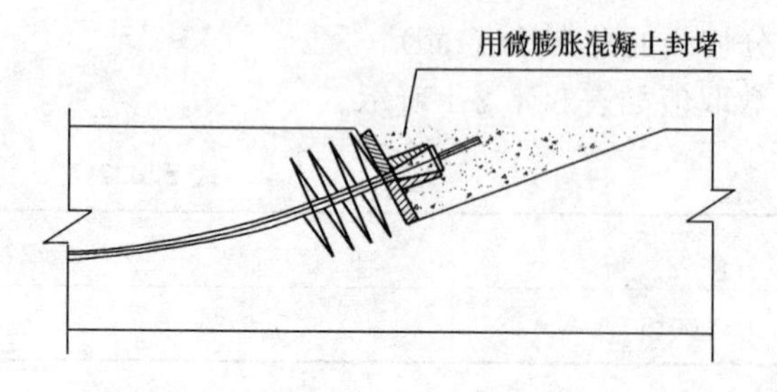

图 5.4.2-8　张拉后预应力筋张拉端处理

5）材料与机具

(1) 预应力筋（表 5.4.2-2）：

钢绞线尺寸及性能　　表 5.4.2-2

钢绞线结构	钢绞线公直径(mm)	强度级别(N/mm^2)	截面面积(mm^2)	整根钢绞线的最大负荷(kN)	伸长率(%)
1×7	ϕ15.2	1860	140	260.4	3.5

钢绞线进场时必须附有产品合格证书，产品质量必须符合国家现行标准《预应力混凝土用钢绞线》GB/T 5224 中的有关规定，并按规定送检复试。

预应力筋按照工程需要分类编号，直接加工成所需长度，对一端张拉的预应力筋把锚固端直接挤压成型。

(2) 预应力锚固体系

缓粘结预应力紧张拉端采用单孔夹片锚具，由单孔锚锚具、承压板、小螺旋筋组成。

固定端：采用单束挤压锚，由挤压锚具、锚板、小螺旋筋组成。

预应力锚具应符合《预应力筋用锚具、夹具和连接器》GB/T 14370—2000 及《预应力用锚具、夹具和连接器应用技术规程》JGJ 85—2002 的规定。

(3) 机具设备

主要施工机械准备及需用量计划（以鄂尔多斯机场改扩建工程新航站楼工程为例，其总建筑面积 119149m²，框架梁为缓粘结预应力框架梁，预应力筋总量约为 1200t。

4. 结果状态

该工程缓粘结预应力按选定的方案进行了实施，其中梁的加腋处理有效地解决了普通钢筋较密、预应力梁较窄、并且部分预应力梁与钢骨柱斜交，造成梁内预应力筋穿过钢骨柱时存在很大困难等一系列问题，从实际施工情况来看，该措施简单有效，极大地加快了使用进度，确保了施工质量，对于预应力筋矢高的控制非常有利，且最大限度的避免了在十字钢骨翼缘上开洞，确保了劲性柱的完整性。

5. 问题分析与改进

1) 外保护套的保护措施改进

通过先期进场的第一批材料观察，在运输过程中产生了一些缓胶粘筋的外包护套破损，造成缓粘结剂的滴漏。

解决方法：我们会对缓粘结筋运输采取保护措施，通过最底层和车厢四周先垫木方和聚苯乙烯泡沫板等方式，减小运输路上的破损；装卸过程采用有效措施，减小吊装带对缓粘的破损。

2) 外保护套破损后修补方法的改进

在运输和装卸过程中采取了保护措施后，为进一步保障，我们将安排专人对缓粘结筋进行检查，对于存在的个别破损处及时进行修复，尤其刚刚卸车的缓粘结筋，及时修补运输中破损的外包护套；修补好的缓粘结筋才可以穿筋。

最初本工程采用塑料胶带包封，效果不好，经过研究改进，最终外包护套的封堵主要采取热熔胶棒，通过热熔胶枪加热热熔胶棒，将破损点修补，速度快，胶棒与原材粘结力大，通过现场使用证明效果很好。

端部滴漏可以用快凝胶粘结并用胶带纸缠绕。

3) 缓粘结筋两端的封堵

通过现场观察，缓粘结筋两端的滴漏是很容易发生的，尤其固定端挤压锚处，缓粘结剂会从 7 根钢丝的缝隙滴漏，经过研究改进，这一问题已经得到了有效解决。

封堵方法：对于张拉端，我们专门加工了封堵帽，封堵后没有发现有滴漏，效果很好；固定端采用快凝胶先将钢绞线间的缝隙密封，然后再安装挤压锚，这样就不会有粘结剂从钢丝间缝隙流出，其次，再用快凝胶将外包护套和钢绞线粘为一体，通过试验，已经验证这一方法是可以将固定端封闭的。

4）穿筋过程中须采取有效保护

穿筋要注意保护缓粘结预应力筋，禁止在钢筋上拖拉缓粘结筋，交叉作业时要有专人看守，避免其他工种工作中伤及缓粘结筋；万一有外包护套破损应该及时反映，有专人及时用热熔胶棒修补。

同时，现场预应力筋下部设半圆形波纹管，波纹管应可靠固定；穿筋过程中在预应力筋下方铺设彩条布，待穿筋完成后将彩条布抽走。这样，即使存在局部“漏油”现象，也不会对混凝土观感造成影响。

5.5　施工方案后评价

从总体上看，在目前我国预应力技术的应用已走在了世界领先领域，尤其是混凝土预应力技术，在新材料应用、新产品设计等领域都有了很大发展；但是施工手段的改善，施工机具的改进，如钢绞线喷塑打油后的定长打捆、机械化预应力筋前台布筋、非预应力筋在张拉端口的定尺定长优化等，将是这一行业发展的趋势和方向。

第6章 大跨度空间钢结构施工方案优选与后评价

6.1 大跨度空间钢结构安装工程特点

大跨度空间结构是体现一个国家建筑科学技术水平的重要标志，也是一个国家文明发展程度的象征。近三十年来，我国的大跨度空间结构得到了快速的发展。一些新型的大跨度空间结构，诸如组合网格结构、空腹网壳结构、预应力网格结构、斜拉网格结构、弦支网壳结构、折叠式网壳结构、空间索桁结构、索穹顶结构及索膜结构等相继问世或引入国内，特别是北京奥运会、上海世博会及广州亚运会的成功举办，为大跨度空间结构的发展和应用提供了新的机遇和挑战。近几年来，空间结构的形式不断创新，科技成果十分丰富，各种形态各异的空间结构，空间网格结构、空间立体桁架和张弦结构等大跨度空间钢结构由于自重轻、刚度好，建筑造型丰富，在体育场馆、展览馆、航站楼、影剧院、车站、大型商业建筑、飞机库、煤棚与仓库等建筑中得到了广泛的应用。

大跨度空间钢结构的安装，应根据结构受力和构造特点，在满足质量、安全、进度和经济效果的要求下，综合考虑施工技术条件和设备资源配备情况综合确定合理的施工工艺。常用的施工方法有高空散装法、分块（段）吊装法、滑移安装法、整体提升法、整体顶升法等。

近年来，一些较新的施工方法提出并在实际工程中得到了应用，如悬臂安装法、攀达穹顶体系、折叠展开式整体提升法、张拉弦钢拱架施工法等。随着钢结构工程的日趋大型、复杂化，单一的施工方法已经不能适应单项工程的需要，一个单项工程中往往采用多种不同的安装方法，称为“组合安装法”。

6.2 大跨度空间钢结构安装技术难点

6.2.1 施工支撑体系设计及卸载技术

大跨度空间结构施工中，应用最广泛的施工方法是高空分段或分块吊装法，这类施工方法最主要的一个技术措施就是临时支撑体系的合理设置。临时支撑体系保证施工过程顺利进行和施工过程的安全性，临时支撑体系提供永久结构在未成形前的支撑依靠，使得永久结构与临时支撑结构组成一个共同作用的混合结构体系，临时支撑体系已成为结构施工系统的一部分并直接起着传递荷载的作用。

大跨度空间结构安装，应根据结构体系、吊装单元分割、下部结构情况以及施工现场的条件不同，合理地选择和设计临时支撑体系，确保可操作、安全、便利和经济可行。

1. 临时支撑体系可按如下分类。

按支撑结构形式可分为：实腹式、格构式、组合式支撑等。

按支撑材料可分为：型钢支撑、钢管脚手架、贝雷架支撑、网架支撑等。

按支撑的作用方向可分为：竖向支撑、水平支撑、斜撑等。

2. 临时支撑体系的构成

由基础连接、主体结构和支撑构造三部分构成。基础连接部分的功能是将临时支撑的主体结构有效固定在下部结构上，并有效传递临时支撑的荷载。主体结构是临时支撑的本体，是支撑体系强度、稳定的提供者。支撑构造部分是待安装构件的支托，起到承上启下的作用。

临时支撑体系的选形和布置需要综合考虑安装方案、需支撑的结构形式、下部结构、施工现场环境等技术条件，分析以下方面：临时支撑自身的强度、变形及稳定性；下部混凝土结构的承载安全；临时支撑装拆的方便性；临时支撑的经济性。

临时支撑体系的卸载过程，实质上是将施工用混合结构体系转换为理论设计的永久结构体系的过程，所以也称为结构体系转换过程，是永久结构在临时支撑点处支座约束的动态减弱直至消除的变化过程。结构体系转换过程的计算，就是寻求安全合理的循环卸载过程，以保证卸载过程中永久结构和卸载过程的安全。

支撑架设计的技术条件来源于支撑卸载分析的结果，支撑卸载分析给出整体、分级同步的卸载过程中各个支撑点在各个卸载子步的反力情况。统计每个支撑点在所有步骤中的最大反力就是施加在支撑塔架上的使用荷载。同时，在安装过程中由于安装顺序等使得施工过程中主桁架承受的风荷载也很大，并作为一个水平集中荷载施加在塔架的柱顶。因此，主桁架在安装过程中所受的风荷载也是支撑塔架受力分析的一个控制工况。

大跨度复杂钢结构常常造型独特，屋盖的外形、高度等也决定其安装过程中支撑结构的顶面整体外形、高度，这也是支撑体系设计的一个技术条件。

3. 临时支撑体系设置方案比选

在临时支撑体系方案研究和制定过程中，应根据工程特点、安装方案、现场条件等对不同类型的支撑体系进行方案比选，通过综合经济技术比较最终选定合理的支撑体系布置。各种类型的支撑特点如下：

1）独立钢管支撑

独立钢管支撑是一种常规的支撑方式，其优点是支撑受力明确可靠，作支撑的钢管可从市场租赁。但其缺点是单点受力大，支撑所在位置的结构必须进行大量加固，支撑用钢量大，对高度较高的钢管支撑还需采取侧向稳定措施，支撑安装拆除必须使用起重机，而且结构成形后，在其内部拆除、搬运支撑本身也是难题。

2）满堂脚手架支撑

满堂脚手架支撑是混凝土结构施工模板支撑的常用方式，在钢结构施工中也有应用。其优点是：支撑点力的分布比较均匀；脚手架搭设方便快捷，不需机械，脚手架可从市场租赁。其不足是：节点的可靠性较差，搭设质量难控制。单点受集中荷载能力比较差，另外，脚手架用量也十分庞大。

3）格构式支撑塔架

其优点是支撑受力明确可靠，单点支撑力大，抗扭刚度大，支撑塔架可采用标准段模数化的方式，方便现场加工、制作和安装，支撑塔架与柱顶系杆桁架可形成抗侧力体系，经济性好。其不足是需专门设计、制作和安装，支撑所在位置的结构须进行加固，支撑安装拆除必须使用起重机。

4）螺栓球节点网架支撑

螺栓球网架是一种常见的空间结构形式，但用于临时支撑还不很常见。其优点首先是采用网架作支撑，使支撑可以形成完整的结构体系，支撑的刚度和可靠性较高；其次，支撑力可以扩散，对下部结构的单点支撑反力较小，可以避免或减少对下部结构的加固；再有，和脚手架一样，装拆比较方便，不需机械。用钢量相对其他方案可能较小，可以周转使用，但需专门设计、制作和安装，一次投入较大。

4. 支撑体系设计计算

临时支撑体系考虑支撑的重复使用按永久结构进行设计，杆件截面选用规格应尽量减少，尽量选用标准塔架，节点拆除简便不损伤杆件。荷载考虑静荷载和动荷载，支撑体系计算内容包括结构静力分析计算、结构抗风分析、结构温度应力分析、结构侧向刚度分析和结构整体稳定性分析。

5. 抗侧力体系的形成

支撑架主要考虑的水平侧力为风荷载。除支撑架自身需抵抗风荷载外，主要考虑支撑于塔架塔身上的主桁架受风作用。为增强各支撑塔架整体协同抗风的能力，在各支撑架顶部应设置格构式柱顶系杆作为水平支撑体系。另外，为提高整结构柱顶平面支撑系统的抗扭刚度，在角部区域设置隅撑。

6. 临时支撑体系的安装

大跨度钢结构屋面安装经常是在下部混凝土结构施工完成后进行，临时支撑安装前首先要考虑下部结构的安全，经计算确定下部混凝土的承载安全和裂缝不超限等，根据计算结果必要时采取加固措施。

临时支撑需要埋设埋件时，下部结构混凝土施工时预先进行支撑埋件的埋设。支撑埋件采用锚栓与预埋钢板分次预埋的方法，如图 6.2.1 所示。这种方法施工简便，易于埋件位置及标高调整。在下部结构顶层施工时，先预埋锚栓，在支撑安装前进行预埋钢板安装，调整好位置与标高后再用细石混凝土灌浆。

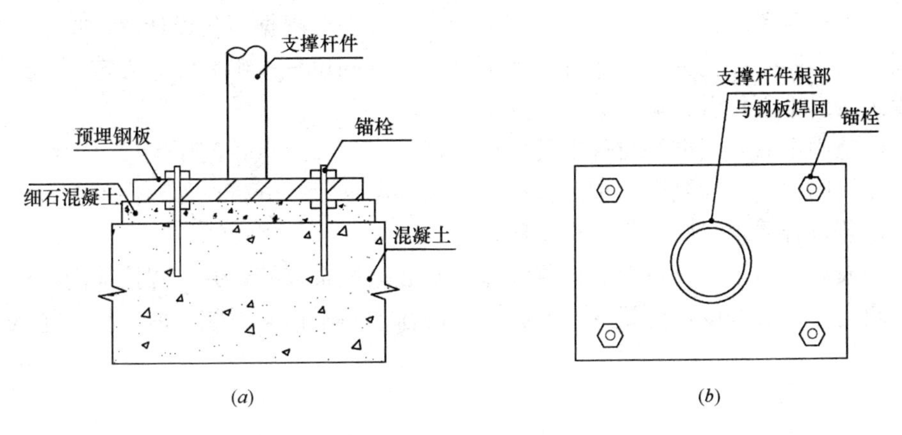

图 6.2.1 支撑埋件示意图

6.2.2 钢结构施工测量控制

1. 钢柱的安装测量校正

钢柱的测量校正主要为平面位置、标高和垂直度三项内容，按照先调整标高，再调整位移，最后调整垂直度的顺序按照规范规定的数值进行校正。同时为保证安装精度，避免因温度变化对钢柱垂直度校正产生的偏差，钢柱的测量校正统一在日照变化小的傍晚进行。

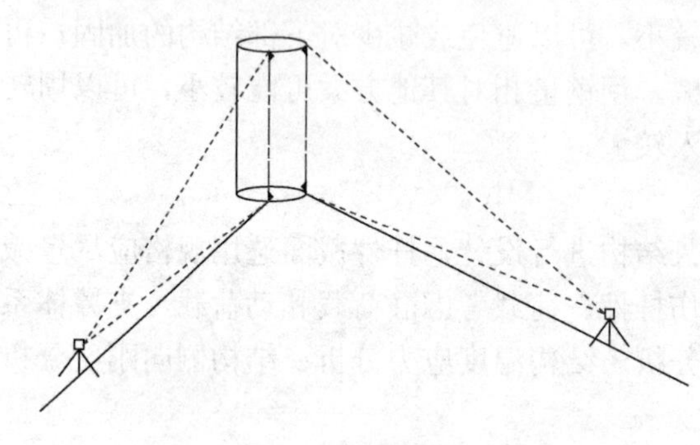

图 6.2.2　钢柱垂直度校正示意图

1）标高的调整：每安装一节柱后，对柱顶进行一次标高实测，误差超过偏差时，采用螺栓千斤顶进行调整，偏差过大时分两次或几次进行调整。

2）轴线位移校正：以传递至下节柱柱顶的轴线为基准，安装钢柱的底部对准下节钢柱中心即可。

3）垂直度校正（图 6.2.2）：把钢柱的成 90°的两条控制线引出，在控制线上架设两台经纬仪，照准钢柱的中轴线同时监测，直到两个方向的轴线上下为同一垂直线。

垂直度校正调节主要是依靠揽风绳，直至焊接完后，按以上观测方法对钢柱进行复测，对钢柱的测量数据要认真记录。

2. 桁架地面拼装测量

根据桁架的几何结构及深化设计详图，利用经纬仪在拼装场地上放出桁架的地面投影控制线，将边界杆分段（拼接）点、腹杆相贯处作为控制特征点，在拼装平台内放出各特征点的地面投影点，最后将设计三维坐标转换成相对坐标系，采用极坐标法用全站仪检查复核。

利用全站仪在胎架设置点精确测定胎架位置，做出十字线。胎架搭设完毕后，用水准仪校正胎架上部调节构件顶面高度，确保同一水平构件下部所有胎架顶平；并用水准仪确定特征点胎架的标高，根据理论数据对胎架进行调整，使误差在微调范围内。

使用钢尺检测单个待拼件的长度、端面的几何尺寸，根据深化设计图，将下弦杆、上弦杆及腹杆吊上胎架按构件号排放好，保证待拼构件的位置准确后临时固定，吊线锤检测弦杆分段拼接点平面位置并调整。

构件调整固定后，根据待拼件上的点位标记及地面投影点，使用钢尺、吊线锤等进行检测，用点焊固定并将检测数据记录保存，与设计图纸比较分析，如构件不符合要求，则进行调整；若符合要求，则进行焊接工序。

焊接完成后，对桁架进行全面检测，将检测数据记录存档，并与焊接前的检测数据对照分析，确定其变形程度，分析变形原因，以便在下一个桁架拼装中能够尽可能减小拼装误差。

3. 桁架安装定位、挠度测量

在支撑架定位点上放置标高调节装置，开始吊装节点并就位，再利用全站仪，通过三角高程测量，后视水准基点，将标高传送至支撑架顶部，利用标高调节装置进行微调。

桁架下弦杆的中心线在水平面上投影为一直线，故桁架直线度的控制从下弦入手。在桁架下弦底部弹出中心线；安装时桁架弦杆、Y形柱控制在同一竖向平面内，并严格两径向桁架间的角度间距。

杆件、节点直线度、标高调校完毕后，吊车脱钩，然后再利用全站仪进行复测，发现问题应及时解决。

对支撑架卸载拆除，对穹顶挠度进行监测，进行记录，与原设计挠度进行对比，发现问题及时解决。

6.3 大跨度钢结构安装方案优化与创新

钢结构安装应综合考虑工程的结构状况，施工现场的实际情况以及总工期的要求，优选施工安装方案。在进行方案优选时，综合考虑各类安装方法的技术要点，通过各种方案的剖析、比较，再将图纸深化设计时间与材料采购时间尽量重叠，工厂内构件制作与吊装施工时间衔接好，尽量加长搭接工期，选择能满足工期要求又能保证制作、安装精度及安全的最佳施工方案。

6.3.1 高空散装法技术要点

1. 确定结构安装方案，包括合理的拼装顺序，控制好标高及轴线位置，保证拼装的精度，减少累积误差。

2. 临时支撑结构的设计与设置，及确定临时支撑的拆除方法、顺序。

3. 施工方案优点：安装固定，大大加快施工速度，显著降低工程造价。

6.3.2 分块（段）吊装法技术要点

在分块（段）吊装法施工中，影响结构体系及施工系统受力性能的关键技术有：

1. 分块及分段单元的划分方式及单元的刚度。

2. 结构的拼装顺序与控制方法。

3. 起重设备的吊装能力。

4. 临时支撑设置及拆除方法。

6.3.3 整体安装法优点及技术要点

1. 优点

1）结构在地面整体拼装，高空作业少，有利于保证工程质量。

2）可与下部工程同时进行，工期短。

3）临时支撑少。

2. 技术要点

在整体安装法施工过程中，影响结构体系及施工系统受力性能的关键技术有：

1）提升吊点（或顶升支点）的确定，包括数量和布置。

2）提升或顶升过程的同步性，提升过程中可能产生的突然动力作用。

3）结构体系边界条件的变化。

3. 提升法安装的关键技术是

1）提升移位的同步控制，即各提升点的高差控制。

2）应对支撑结构及待安装的结构进行提升阶段结构验算。

4. 顶升法安装的关键技术控制点是

1）顶升移位的同步控制，即各顶升点的高差控制。

2）顶升安装时尚需控制其垂直度。

3）同样应对支撑结构及待安装的结构进行顶升阶段结构验算。

6.3.4　滑移法施工过程中，影响结构体系及施工系统受力性能的关键环节

1. 顶推点的确定，包括数量和布置。
2. 滑移轨道及导向轮的设置，包括数量和位置。
3. 拼装支架的设计与搭设。
4. 牵引力及牵引速度的设计与同步控制的精度；滑移过程中可能存在的卡轨力作用。
5. 结构体系边界条件的变化。

6.3.5　折叠展开式

采用“折叠展开式”整体提升施工技术成形，大部分构件的安装工作都在贴近地面处进行，施工更加方便，保障施工安全，并且节省大量脚手架，保证安装质量，同时也便于质量监督管理。不仅是结构主体，而且内外装修、电气设备、部分屋面体系等也可在地面安装，减少高空作业，增加了施工安全性。

6.4　案　例　介　绍

6.4.1　某机场新建航站楼钢屋盖工程

1. 案例背景介绍

1）工程概况

新建航站楼分成候机主楼和指廊两大部分，建筑面积约 50000m^2，新航站楼主体为混凝土及钢结构，其中主楼大厅屋盖水平投影长约 192m，进深约 60m，最高点 40m，由两榀大跨度钢结构主拱箱梁将屋面结构悬挂，并与纵向的中心拱和其他构件共同形成了稳定空间结构体系，形成主楼二层无柱空间。钢屋盖结构参数见表 6.4.1。

主拱采用变截面箱型梁，截面尺寸 1800～1400×1400×25，落地跨度 205.44m，两榀主拱相互倾斜，底部两拱脚之间的水平距离 50m，顶部间距 12m。拱脚采用钢筋混凝土结构，截面尺寸 13×18×7.5m，采用 C30 微膨胀混凝土。每根拱拱脚之间设有预应力钢拉索与拱形成“弓”形的稳定结构体系。指廊长约 510m，宽 27m，由箱型钢柱与弧形钢梁组成，整个屋顶曲面与钢拱结构曲线相互呼应。大厅与指廊之间连接部分为连廊，连廊长 144m，宽 17m，为单曲面结构。外部装饰装修大部分为玻璃幕墙，幕墙的结构体系为钢结构，与主体钢结构连接。

钢屋盖结构参数 表 6.4.1

结构参数	屋盖跨度（m）	纵向长度（m）	钢结构量（t）
主楼	60	205.44	2800
登机长廊	27	510	1600

2）工程特点及难点

（1）主拱跨度大，达 205.44m，且为斜平面，给结构施工带来新的挑战。

（2）由拱形梁和钢管组成的空间结构，变截面大跨度箱型和 H 型弧形钢结构梁的焊接制作难度大。

（3）拱脚锚固形式的选择和与钢筋混凝土基础钢筋的连接是本工程一重点。

（4）现场拱架拼装工作量大，拼装精度要求高。

（5）已施工完成土建结构的影响，对场地布置、道路、吊机行走路线和吊装高度的制约。

（6）空间钢管桁架结构体系单榀桁架吊装时抗倾覆性能差，且由于屋顶整体为曲面，而在结构安装过程中结构在各阶段的受力状况均与完工状态有较大差别，安装过程各阶段结构的内力、稳定性、位移的计算分析是确保整个结构最终成形以及施工安全性的重要方法，因此对结构各阶段不同安装工况下的验算是本工程实施的重点。

（7）高空焊接作业量大，焊接应力及变形对结构影响大。

（8）钢结构工程的工期要求为 60 个日历日。如何在这么短的时间内保质保量按时完成图纸深化、构件制作、运输及现场拼装、结构安装等一系列工作，满足业主要求是本工程的难点。

2. 过程描述

1）方案的制定过程中研究比较了五种施工方案。

（1）跨内综合安装，该方法是最传统的结构安装施工方法，即起重机跨内开行，根据结构形式、构件大小、重量选择机型和起重性能，以构件为吊装单元，从上到下，由前向后按顺序安装柱、梁、屋架、支撑等，方法简单，适用于一般结构工程，但高空作业强度较大，精度控制较难，工作效率不高。

本工程如采用跨内安装，起重机械须停机楼面，机械开行路线范围内对楼层框架进行临时加固，将产生大量的加固措施费用。

（2）跨外安装，此法必须在跨外有机械停机、构件堆放场地和运输道路，方能采用单机、双机和多机抬吊进行大流水或综合安装。登机长廊跨度 27m 且临空侧有施工场地，可以采用跨外综合吊装。

（3）整体吊装，整体吊装法是指大跨度钢结构在地面的胎架上拼装成整体后，使用一台或多台起重机进行吊装就位的施工方法。

整体吊装法整个结构的焊接和拼装全部在地面的胎架上进行，减少高空作业，有利于保证施工质量，提高施工进度。但对于整个结构的就位全靠起重设备来实现，所以起重设备的能力和起重移动的控制尤其重要。对于本工程 205m 大跨度屋面来说，多机抬吊起重设备的能力不能达到。

（4）整体提升，整体提升法适用于一般机械难以胜任或结构复杂、超大空间结构、超高构筑物等特殊工程。减少高空作业，质量容易控制，工期短，安全度高，但必须根据主体结构受力情况及相应强度、刚度条件，以及竖向结构和有宽敞平坦场地等条件下方能采用提升法工艺。

对于本工程来说，主楼大跨度主拱箱梁在楼面上整体拼装后提升到位具有可行性，但二层混凝土楼面不可能承受屋架结构和大型机械的组合荷载，否则必定要对楼层框架进行大面积临时加固措施。所以不宜采用。

（5）分段吊装，是将结构按其组成特点及起重设备的能力在地面拼装成小拼单元，分别由起重设备吊至设计位置就位，然后拼装成整体的安装方法。这种施工方法大部分焊接和拼装工作在工厂或现场地面进行，减少了高空作业量，所需临时支撑相对较少，有利于提高工程质量，并且加快了施工进度。通过吊装单元的合理划分，可以降低起重设备的等级，大大降低了成本。

由于场地和起重设备的限制，本工程屋面结构两榀 205.44m 跨度主拱箱梁适宜分段进行吊装。

2）技术路线和施工方法的确定

综合多方案及结构分析计算、荷载比较，根据结构特点、现场条件、工期要求，确定了“工厂分段制作、地面单元拼装、临时支撑稳定、大型机械跨外综合安装”的总体技术路线，并针对主楼、登机廊的不同情况分别采用以下的技术路线和施工方法。

（1）主楼，确定采用“工厂分段制作、地面拼装、临时支撑稳定、大型机械跨外分段安装”的技术路线，并针对构件的结构特点，选择有针对性的方法。主拱箱梁分为 21 段在工厂制作，分段处设置临时支撑，起重设备在跨外从两拱脚开始分段吊装，直至跨中合龙，支撑卸载。钢柱、屋面梁分段制作，楼面拼装，起重设备跨外综合安装。

（2）登机廊，确定采用“分段制作、地面拼装、跨外综合安装”的技术路线，按结构温度缝分三个流水段同时安装。

3）综合施工方案的优点

（1）集成应用现代施工技术，根据结构特点和条件，选用适宜的施工工艺和方法，合理选用施工设备，化难为易，变特殊为常规，将高、重、大化为低、轻、小，采用组合施工工艺解决安装难题。

（2）利用已完工混凝土结构允许荷载选择合理的临时支撑位置和形式，降低吊装难度，避免了结构的大量加固，减少了施工措施费用。

（3）最大限度地利用常规施工机械设备，进行多条线平行作业，既确保总工期，解决了设备资源，又降低了成本。

（4）工厂分段制作、现场地面拼装、节间整体安装。大量减少高空作业，确保质量和安全。

（5）在方案选择阶段进行混凝土结构、钢结构的使用与施工阶段各工况全面的分析计算，比较论证方案的可行性，为方案确定、工程的顺利完成提供了保证。

3. 关键施工技术

1）钢结构拱桁架体系安装（图 6.4.1-1）及支撑架体设计

根据航站主楼的结构体系分析，斜平面主拱同时承担屋面竖向荷载和水平荷载及幕墙风荷载，主拱平面外稳定由相连的三角形桁架保证，相连的三角形桁架是通过主拱箱型梁

ZG1、中心拱 ZG2 及大厅屋面拱梁 WL1 在 G 轴、K 轴柱顶位置通过钢管拉杆支撑相连接，形成两个变截面的三角形桁架，最后在两根主拱箱型梁 ZG1 的顶部中间采用三根钢管支撑连接，从而形成稳定的空间结构体系。

结合设计结构节点详图可知，应首先安装周边钢柱及钢柱间连梁，然后安装中心拱梁 ZG2 和大厅屋面拱梁 WL1，WL1 钢梁一端安装在 G 轴、K 轴钢柱上，另一端与中心拱梁 ZG2 相连，中心拱梁 ZG2 两端与 19 轴、33 轴上箱型梁 LXL1 连接，在主拱未能形成三角形桁架之前，整个屋面钢结构的中心部分荷载全由中心拱梁 ZG2 来支撑。综上因素确定在中心拱梁 ZG2 的下面设置支撑，考虑到与中心拱梁 ZG2 的节点全部在 20—32 轴上，中心拱梁 ZG2 在每条轴线下方设置一个承重支撑架，共 13 个。

根据对本工程结构体系的受力分析，主拱箱型梁 ZG1 为主要受力杆件，安装未合龙前不能作为结构体系的主支撑构件。在安装主拱箱型梁 ZG1 时，必需设置承重支撑架，在分段吊装时自重也必需外加支撑体系来完成，在主拱箱型梁 ZG1 的投影弧线上设置 20 个支撑点（图 6.4.1-2），另在安装两端的弧形悬挑梁时也需各设置三个承重支撑架。

图 6.4.1-1 现场主拱安装支撑图

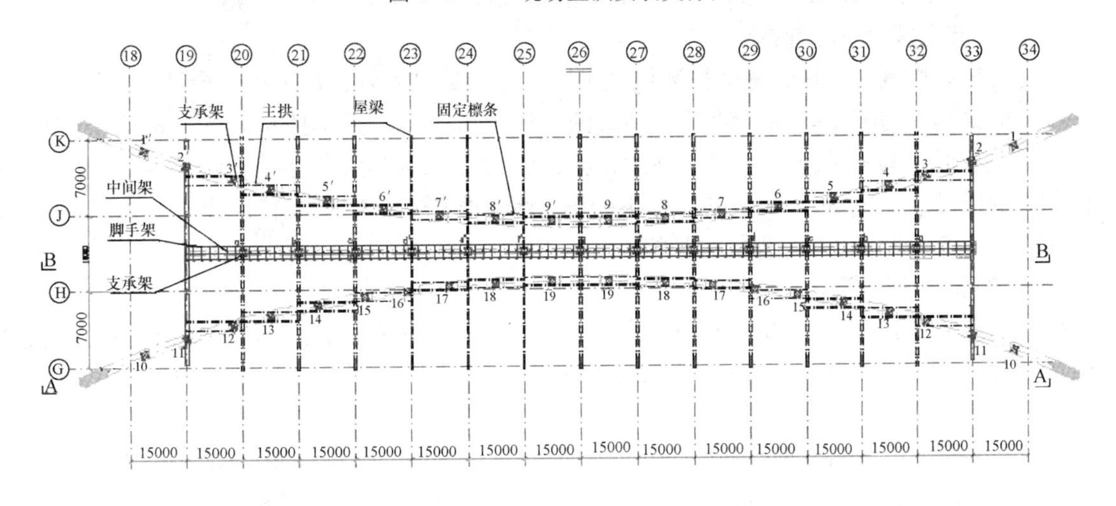

图 6.4.1-2 支撑体系设计平面图

钢架的主拱为高空分段拼装，吊装前需搭设高空安装支承架及作业平台，以满足施工及安全要求。针对工程的结构特点及施工顺序和方法并考虑到机场处于该市郊区旷野，风量比效大，提高安全系数，经计算主拱支承架采用 6m 为一个标准节的格构柱，承载能力较大（42m 该支承架可支撑 38.6t 荷载），现场根据不同主拱安装形式及施工顺序进行支承架的布设。支撑体系设计平面图见图 6.4.1-2。

每榀斜主拱分为 21 段，分段点位置基本上在每两横轴中间附近，即在各撑杆与斜主拱相交点附近，斜主拱下各支承架设置在每两轴中间，既能符合斜主拱承重定位拼装要求，也满足各撑杆的安装施工。每个支承架搭设前，该跨屋梁已安装完毕，支承架上部临时采用檩条将支承架与屋梁连接固定，必要也将支承架顶端用缆绳与屋梁上的檩托板拉牢，以确保支承架上部稳定性；同时在支承架屋梁与楼面之间中部用缆绳与楼面锚固板拉牢固定，缆绳上设有葫芦以便于调节，并在支承架下部焊上 ϕ48 短钢管，用脚手钢管将支承架下部连牢，确保支承架体的整体稳定性。斜主拱下支承架布置见图 6.4.1-3。

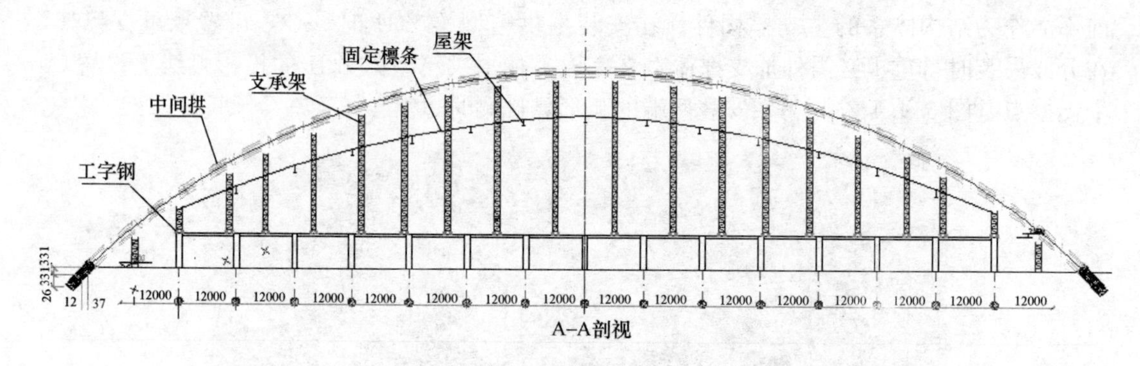

图 6.4.1-3　主拱支撑架体立面布置图中心拱支承架体设计

根据施工要求中心拱共分成 14 段，在每个分段点横向轴线处设置一个支承架，每个支承架高度随拱高而变，以架顶低于拱底 1m 为宜。考虑到架体的稳定性，以及中心拱先行安装的方便，沿纵向在各支撑架之间搭设一路 2.8m 宽的三排脚手架，脚手架纵距 1.8m（支承架处为 1.5m），步距为 1.5m，并沿高度每隔 3m 与各支承架箍。

2）安装机械设备的选择

进行吊装机械的选择时考虑吊装机械吊装单体重量最大时、在工作半径最大时的起重参数。根据钢结构施工图和设计对主拱梁的分段要求，本项目单体重量最大的为主拱梁 ZG1 最重单段，其重量约 15t，在吊装机械工作半径最大时吊装单体重量最大的 26 轴、G 轴上的钢柱 ZZ2（约 8t），吊机的工作半径约 54m；根据以上的吊装特定要求，采用 7707 型 300T 履带吊机作为本工程的主吊机。

3）安装总体流程

（1）在 19 轴～20 轴、32 轴～33 轴，首先进行钢柱及钢柱之间的连梁安装和中间拱梁 ZG2 两端第一段的安装，为保证结构的稳定，同时对 20 轴和 32 轴上的四根屋面梁 WL1 进行拼装安装。

（2）为了使屋面结构形成稳定的体系，所以对两端第二段中间拱 ZG2 进行安装，并进行 21 轴和 31 轴的四根屋面梁 WL1 和钢柱的拼装安装，同时对 20 轴～21 轴，31～32 轴屋面梁 WL1 之间的连梁 ZXL1 和水平剪刀支撑进行安装。

（3）安装 22 轴～21 轴，30 轴～31 轴的屋面结构梁安装，同时做好吊装主拱梁 ZG1 的安装准备工作。

(4) 采用300T覆带吊在19轴和33轴外侧进行ZG1主拱梁的安装，同时安装GL1连梁，并在楼面上进行G轴上钢柱和23轴和29轴的屋面钢梁的拼装。

(5) 在靠G轴的ZG1主拱梁装完第五段时，250T覆带吊行驶至K轴的外侧，进行靠K轴的ZG1主拱梁第五段的吊装，同时对23轴～22轴，29轴～30轴靠G轴的屋面梁及钢柱等的安装。

(6) 300T覆带吊在K轴外侧，对中间拱ZG2和靠G轴的其余的屋面梁柱等进行吊装，同时做好ZG1的吊装准备。

(7) 300T覆带吊在K轴外侧，吊装靠G轴的ZG1主拱梁第六段，同时对23轴～22轴，29轴～30轴靠K轴的屋面梁及钢柱等的安装，并做好吊装靠K轴的ZG1主拱梁第六段准备工作。

(8) 300T覆带吊在K轴外侧，吊装靠K轴的ZG1主拱梁第六段，并进行吊装靠G轴的ZG1主拱梁，在不影响吊装靠G轴的ZG1主拱梁时，靠K轴的屋面梁及钢柱等的安装遂间跟进安装，靠G轴的ZG1主拱梁提前一段合拢。

(9) 对靠K轴的屋面梁及钢柱等的安装，并进行靠K轴的ZG1主拱梁合拢，同时对两端的HXL1进行安装，并做好安装两端悬挑结构的安装准备工作。

(10) 对两端悬挑结构的安装，檩条、墙梁及拉杆支撑等次结构的安装收尾，檩条、墙梁及拉杆支撑等次结构的安装，主要是在安装主结构的同时进行安装，油漆及防火涂料的施工。

4) 典型构件吊装方法

吊装主拱中的ZG1-5箱型梁，该箱型梁为主拱中最重的梁，重为21.79t，吊装时将300T覆带吊布置在19轴、33轴外侧，在G轴和H轴之间，根据计算得安装ZG1-5段时，吊机的工作半径为29.6m，根据利玛7707型300T覆带吊额定起重量表得，吊机选择主臂长度为88.4m时，30m半径时的吊装能力为30.33T，能满足ZG1-5的吊装要求。

在K轴吊装ZG1主拱梁中，吊装ZG1-6段时，吊机的工作半径为最大，计算得安装ZG1-6时的工作半径为39.95m，重量为16.5t，吊机41m工作半径时的起重能力为18.9t，所以能满足对ZG1-6段的吊装能力：

在K轴吊装靠G轴的钢柱和屋面梁时，首先考虑单件最重，吊机工作半径最大的安装情况，选择26轴的钢柱重量为7.835t，屋面钢梁重量为11.3t，安装26轴的钢柱时，吊机的工作半径为57.5m，安装屋面钢梁时吊机的工作半径为48.5m，且考虑到二层混凝土结构的影响，吊机在工作半径50m时，起重量为12.5t，在工作半径58m时，起重量为8.6t，所以300T覆带吊能满足靠G轴的钢柱和屋面梁的吊装。

5) 支撑体系卸荷

在卸荷前，整个钢结构荷载分别由钢柱、支撑架及主拱承担，卸载时支撑架上所承受的荷载逐渐过渡到钢柱和主拱上，最终形成稳定的承载体系。卸载过程是使屋盖系统缓慢协同空间受力的过程，卸载时应遵循“变形协调、卸载均衡”的原则，采用从中间向两边逐步卸荷的方案，先卸载中间拱的支撑架，卸完后再进行主拱的卸荷，两榀主拱同时由中间向两端进行。

在拱架下各支撑架支撑点的H型钢梁上设置一个螺旋千斤顶，在每个螺旋千斤顶的顶部利用ϕ219的钢管做套筒，再在钢管的顶部做与拱架角度相同的支托作为临时支撑；

调节螺栓千斤顶的高度，使支托支撑在拱架的底部，顶紧到位；在每根 H 型梁千斤顶的落位处设置钢板卡码，固定千斤顶，防止千斤顶在支撑 H 型钢梁上滑落和失稳。所有支撑点上临时千斤顶支撑到位、顶紧后，按照从中间到两边的顺序逐渐拆除原临时的支撑，让拱架逐步落位在千斤顶支托上；中间拱卸完后进行两主拱的卸荷，两榀同时进行卸荷，卸荷时仍由中间向两端进行，即每次同时卸四个支撑架，卸荷顺序及参数下中间拱类同，直至全部卸完。

由于屋架卸荷落位过程是使整个屋盖缓慢协同空间受力过程，此间屋架发生较大的内力重分布，每次落位后架的内力就有可能发生重新分布，为使每次落位的屋架具有足够的时间进行内力重新分布，每次卸载间隔时间为 6h，卸荷过程中现场进行监测。

6.4.2　内蒙古某市机场航站楼钢屋盖工程

1. 案例背景介绍

1）工程及结构概况

该机场航站区扩建工程新航站楼（图 6.4.2-1）工程，总建筑面积 116808m²。航站楼主体结构类型为预应力钢筋混凝土框架结构，屋面结构形式为空间大跨度管桁架和网架结构，整个建筑钢结构分为 6 个独立的温度区间。其中中间区间为跨度为 108m 的穹顶，建筑两翼翼展达 490m。

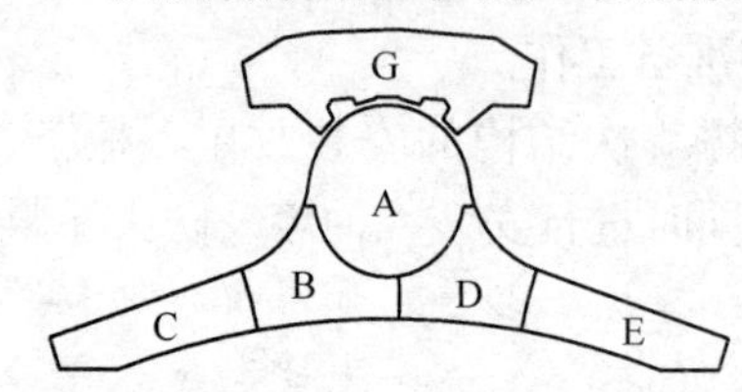

图 6.4.2-1　航站楼建筑分区示意图

其中中间区间为跨度 108m 的穹顶，由 24 榀主桁架、2 道环形桁架、主桁架间单层网壳和穹顶中心 20m 跨度的单层球壳组成，桁架节点采用相贯焊接，杆件最大截面为 ϕ325×20，用钢量约为 1574.00t，A 区入口边缘悬挑 16m 的钢雨棚，由 77 榀平面桁架和桁架间的连系杆件组成，杆件截面最大为 ϕ406×12，用钢量约为 298.28t；B 区为多柱支承的多跨空间曲面网架结构跨度约 27 米，采用螺栓球与焊接球混合节点，网架高度为 1.5m，用钢量约为 336.72t；C 和 D 区为横向单跨空间曲面网架结构，跨度为 27.2m。采用螺栓球与焊接球混合节点，网架高度为 1.5m，总用钢量约为 465.21t。所有区域支座均采用“Y”形支承，由箱形柱通过成品万向转动支座与桁架（网架）下弦节点相连。

2）工程特点及难点

（1）本工程管桁架和网架结构空间跨度大，其中中间区间跨度达 108m，且为空间管桁架结构，给施工造成难度。

（2）B 区为双层曲面网架结构，C 和 D 区为横向单跨空间曲面网架结构，跨度约 27m，节点采用螺栓球与焊接球混合节点，网架高度为 1.5m，对拼装精度要求高。

（3）支座均采用“Y”型支承，由箱形柱通过成品万向转动支座与桁架（网架）下弦节点相连。所以管桁架、网架的安装是本工程重点及难点。

2. 过程描述

根据本工程结构特点和实际情况，安装制定方案研究了以下几种方案进行比较。

1）A 区、B 区屋盖采用分条分块法安装，此方法是将网架分成条状或块状单元，分别由起重设备吊装至高空设计位置就位，然后拼装成整体，由于本工程跨度较大，分割后不能保证刚度和受力状态一致，很难控制安装质量、精度，并且由于吊装构件增加，交叉作业较多，给安全造成隐患。

2）整体吊装，本工程A区屋盖跨度达108m，总重量约1574t，起重设备很难满足吊装要求。

3）高空散装法，是将网架的构件吊至设计位置直接进行拼装，此种方法需要在施工区域下搭设满堂红脚手架，脚手架上满铺脚手板作为施工平台，造成钢管等周转材料使用量大，搭拆脚手架工期长。且支撑体系容易发生位移、沉降影响网架的安装精度。

4）A区滑移安装，B、C、D区楼面拼装——整体提升安装，本工程A区屋盖为圆形穹顶，跨度达108m，在中间、四周搭设滑轨，对称滑移安装，B、C、D区由于是双曲面和空间曲面结构，采用楼面拼装——整体提升可以很好地控制安装精度。

通过对以上方案进行比对，A区屋盖为跨度达108m的圆形屋顶，考虑到采用分条分块安装法和整体吊装法均达不到质量、安全要求，所以最后确定安装采用滑移安装施工方案。B区为双层曲面网架结构，跨度约27m。由于是双曲面的空间结构，采用高空散装法、分条分块法施工很难达到精度要求，所以最后选择采用楼面拼装——整体提升法进行安装。

3. 关键施工技术

1）主结构滑移施工

考虑到本工程钢结构结构形式、几何形状及场地条件的影响，施工时拟采用旋转累积滑移的方式进行。考虑到结构的受力情况、控制精度等方面的影响，拟采用液压爬行滑移技术替代液压牵引技术，通过控制角速度来控制滑移同步，设计适用于圆形轨道的专用滑板和导向板构造。

结合现场的实际条件，确定采用绕中心圆的三条圆形轨道滑移的方式进行安装就位，即在外环土建支座轴线的内、外侧各布置一条滑移梁及轨道，轨道沿支座两侧圆弧方向布置，半径分别为52m和56m，轨道间距4m。在A区穹顶内的滑移支撑胎架上布置一条滑移轨道梁及轨道，半径为10m。

钢屋盖整体安装采用对称旋转滑移安装法。整个A区穹顶屋盖分为12个中心对称的滑移单元，滑移单元在C24～C1轴线间和C12～C13轴线间定点高空拼装。当一个对称的滑移单元拼装完成后，利用液压同步推进系统将其整体沿逆时针方向旋转滑移15°，然后进行下一单元的高空定点拼装，再逆时针方向旋转滑移15°，依此类推，拼装完的屋盖结构累计旋转滑移11次，而后将第12个屋盖结构单元原位组拼，再将整个屋盖主结构完成合拢。

（1）加工制作

对于长度较大的主结构构件采取分段出厂，中心圆顶区域的桁架散件出厂，铸钢件独立出厂，次结构均单件加工进场，工厂进行桁架整体预拼装。

（2）现场地面拼接

对于分段出厂的主结构构件，现场将组焊，现场拼装成单榀桁架后吊装；铸钢件现场独立吊装或者与主结构构件连接拼装后吊装；次结构在现场地面与主结构构件拼装或独立拼装成“米”字形吊装。

(3) 设置中心区支撑

在 A 区穹顶中心区直径 26m 范围内搭设满堂支撑脚手架，作为中心区滑移轨道的支撑及中心区球壳安装平台。同时，此平台还作为安装完毕后进行整体卸载操作的平台。

(4) 高空吊装及对接

在 C24～C1 轴线和与之对称的 C12～C13 轴线位置对称设置高空拼装胎架，搭设高空拼装平台。对 A 区穹顶 24 片桁架进行高空对称定位拼装，每两片形成一个“门”型中心对称的整体。

每次高空拼装完毕的桁架滑移后，腾出 C24～C1 轴线和与之对称的 C12～C13 轴线位置，在此位置进行下两榀桁架的吊装，直至整个安装完毕。

钢结构吊装采用“低空组拼，高空对接”的总体吊装施工思路。

每榀桁架吊装示意图如图 6.4.2-2 和图 6.4.2-3。

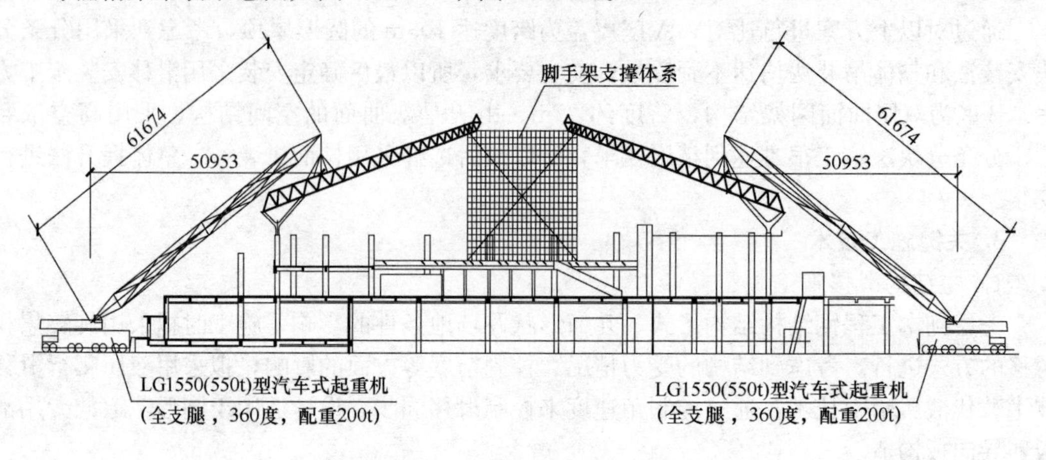

图 6.4.2-2　单榀桁架吊装示意图

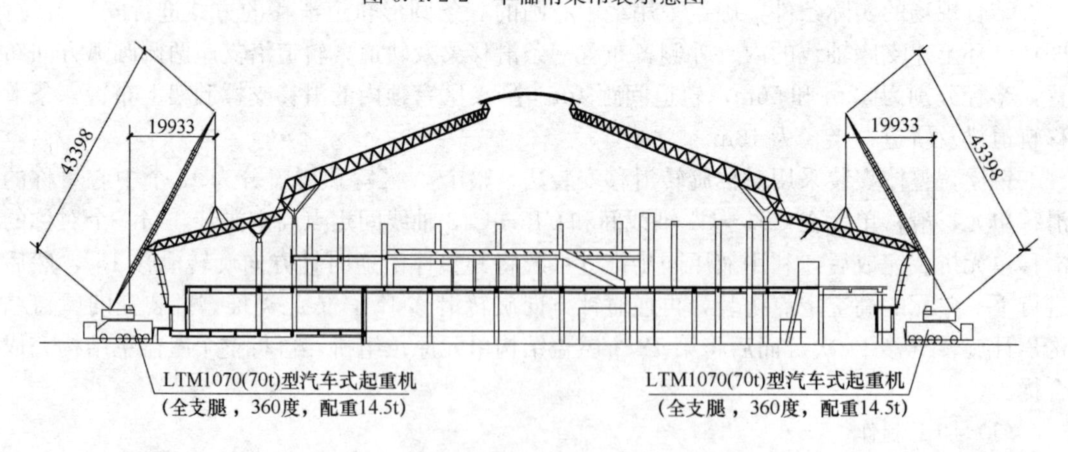

图 6.4.2-3　雨棚单榀桁架吊装示意图

(5) 累计旋转滑移

累计滑移采用三条滑移轨道，轨道沿支座两侧圆弧方向布置。A 区穹顶屋盖 24 片结构形成 12 个中心对称的滑移单元，钢屋盖整体安装采用对称旋转滑移安装法。

2) 钢网架的整体提升

网架拼装方法为由一边向中心同时开始拼装。拼装过程中严格控制各小拼单元尺寸，直至全部网架拼装完毕，测量挠度与几何尺寸。

（1）网架拼装

①先在地面组装5-6跨的单元网架，用100吨两台吊车，先把5-6跨组装的网架吊到支座上，再把外口的网架组装好，在空中与先吊上的网架对接，这样就组成了5-6跨长60m的单元网架。

②人字形网架是由杆件、螺栓球及配件拼装而成。采用滑轮或绳索将人字形网架吊起，在空中与先吊的球进行连接，网架单元的安装由中间位置向两边延伸拼装，上下弦同时安装，跟踪检测安装尺寸。在每个螺栓球上的各个杆件全部安装后，要及时检查螺栓是否拧紧到位，不可有松动和缝隙，各螺栓球支座要求平稳放置。网架在安装下一个网格时要复查前一个网格节点高强螺栓是否拧紧到位，不得有松动。网架构件全部安装完成后，检查每一个螺栓球节点，测量上下弦轴线，水平标高及挠度，其偏差必须在允许范围内，然后安装支托，拧紧支座螺栓，直至网架全部安装完成。

网架构件从制作到安装应逐一进行标识。

（2）网架施工顺序：

下弦节点→下弦杆→腹杆及上弦节点→上弦→校正→拧紧螺栓

①下弦杆与球的组拼：连接下弦球与杆件的高强螺栓螺纹一次拧紧到位。

②腹杆与上弦球的组装：腹杆与上弦球的组合就成为向下三角锥，腹杆与上弦球连接的高强螺栓是全部拧紧的，腹杆下端连接下弦的三只螺栓只能拧紧一只，另两只是松的，主要是为上弦杆的安装起松口作用。

③上弦杆的组装：三根上弦杆组合即成向下三角锥体系。上弦杆安装顺序应由内向外。根据已装好的腹杆体排列。高强螺栓先后拧紧。

④网架用高强螺栓连接时，按有关规定拧紧螺栓，并应按钢结构防腐蚀要求进行处理。交工验收时，应检查网架的纵横向边长偏差，支撑点的中心偏移和高度偏差。

针对本工程的具体情况，B、C、D区分别采用10根、6根、8根拔杆进行整体提升。以B区为例，拔杆与网架的相对位置如图6.4.2-4所示。

钢网架提升到设计位置之后，就可以和“Y”字支撑通过Y向转动支座连接，达到理论的受力状态。

6.4.3 内蒙古某市游泳馆钢屋盖工程

1. 案例背景介绍

该体育中心游泳馆工程主体结构采用框架-剪力墙体系，屋面结构为大跨度空间钢管桁架结构体系，屋面分为AB区和C区两个分区（图6.4.3-1），固接于圆形布置并呈15°角外倾的36根钢骨混凝土柱之上。

AB区屋盖为规则的圆形结构，直径134m，由中心加强环、36榀片式主桁架、主桁架支撑系统和主环桁架组成。中心加强环高8m，直径8.963m，重量88t；主桁架内侧高度8.963m，外侧高度5.674m，重量27t；主环桁架长8.5m，重量3.62t。

C区屋盖由14榀主桁架及与之相连的次桁架组成，每榀桁架两端通过大型节点支承于混凝土柱上，最大跨度为58.9m，支座标高23.5m，单榀桁架最大重量97.9t。

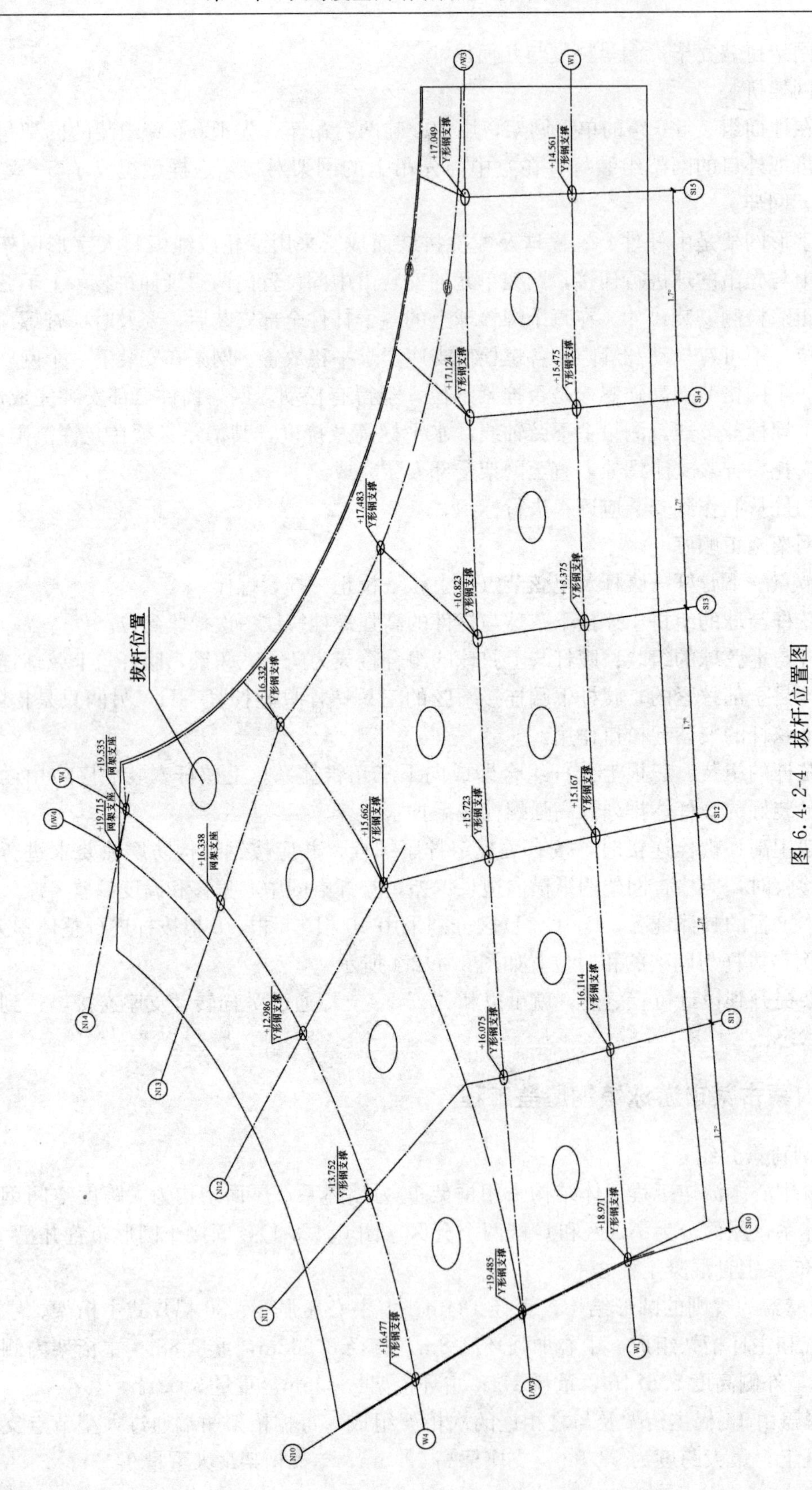
拔杆位置
Y形钢支撑
网架支座
+17.049
+14.561
+17.124
+15.475
+17.483
+16.823
+15.375
+16.332
+19.535
+19.715
+16.338
+15.662
+15.723
+15.167
+12.986
+16.075
+16.114
+13.752
+18.971
+19.485
+16.477

图 6. 4. 2-4　拔杆位置图

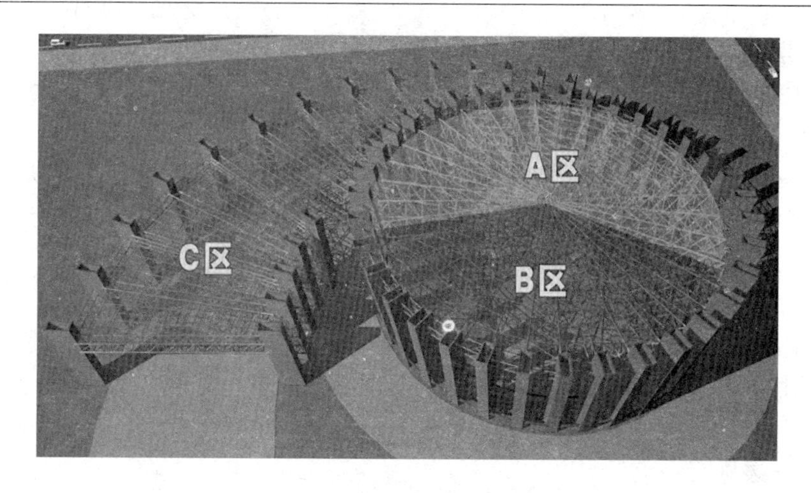

图 6.4.3-1 钢屋盖分区图

整个屋盖除中心加强环采用矩形截面外，其他结构均由 ϕ114×6～ϕ600×22mm 钢管通过相贯线焊接而成，钢材材质为 Q345B 和 Q345C。

2. 过程描述

针对本工程的结构特点和施工难点，结合施工现场的场地条件，可能适用于 AB 区屋盖的安装方案有两种，即高空拼装对称累积滑移法（图 6.4.3-2）和综合吊装法（图 6.4.3-3），因 C 区屋盖场内不满足安装条件故采用跨外吊装法进行安装。

图 6.4.3-2 滑移法安装

图 6.4.3-3 综合吊装法安装

1）高空累积滑移法

在屋盖中心位置搭设中心支架安装中心加强环，在加强环四周沿环向布置内圈滑移支架，在支架顶部采用 P43 钢轨布置滑移轨道，外圈滑移轨道借助混凝土柱进行铺设。在 1～3 轴线和 19～21 轴线间搭设高空拼装平台，在拼装平台上拼装两榀主桁架及支撑系杆作为第一个滑移单元，利用液压同步滑移装置进行顶推滑移，接着在拼装平台上拼装第三榀桁架，依次进行滑移，直到安装完成。

2）跨外吊装法

在屋盖中心位置搭设中心支架安装中心加强环，支架周边用钢丝绳进行固定。用两台 400t 履带吊对称安装两榀主桁架，焊接固定，逐榀安装其他主桁架，同时用布置在屋盖周边的汽车起重机安装主环桁架、系杆和支撑系统。

3）施工方案确定

我们针对上述两种方案在安全可靠、质量保证、工期控制及成本投入等方面进行分析和对比，结合安装工况的力学分析，选择综合吊装法作为本工程安装方案。

3. 关键施工技术

主要吊装工程量计算

选择吊装方案后，首先对待吊装的结构重量进行计算，确定出吊装单元或构件的重量，同时，还应确定出各吊装单元或构件的位置，用以确定吊装单元距吊装机械的作用距离以确定吊装距离，然后根据吊装单元的重量和工作幅度选择起重设备。具体的吊装参数见表 6.4.3-1 和表 6.4.3-2。

主桁架吊装参数表　　**表 6.4.3-1**

序号	名称	重量（t）	长度（m）	吊装距离（m）	备注
1	AB 区主桁架	28	65.8	40	
2	中心加强环	88	8.96	66	分 4 段吊装

AB 区环桁架吊装参数表　　**表 6.4.3-2**

序号	名称	重量（t）	长度（m）	吊装距离（m）	备注
1	环桁架	10.5	12.12	10	

6.4.4　某文化会展中心张弦梁钢屋盖工程

1. 工程概况

文化会展中心（图 6.4.4-1）由会展中心、图书馆和文化活动中心三部分组成，框架剪力墙结构，总建筑面积 25025m^2，建筑高度为 23.3m。其中一、二展厅为张弦梁屋盖，面积 6500m^2。

张弦梁屋盖（屋盖构件参数见表 6.4.4-1）由 14 榀跨度为 48m 的张弦 H 型钢主梁、2 榀 48m 跨的桁架梁和 H 型钢次梁连接形成整体平面结构。单榀张弦梁由 H 型钢梁、钢索、撑杆和铸钢节点组成，重约 26.9t，最大安装高度为 19.1～20.094m；桁架梁重约 37t；屋盖结构总重量 678.5t。

钢结构所用钢材均为 Q345B 级钢材，钢索采用挤包双护层扭绞型拉索，高强度钢丝屈服强度大于 1410MPa。张弦梁形式如图 6.4.4-2 示：

图 6.4.4-1 文化会展中心

图 6.4.4-2 张弦梁

屋 盖 构 件 参 数　　表 6.4.4-1

构件名称	数量（榀）	跨度（m）	H 型钢规格	平面高度（mm）	重量（t）
张弦梁	14	48	700×250	4325	376.6
H 型钢桁架	2	48	—	4098	74
次梁及其他	—	8	300×250	300	227.9

2. 工程特点及难点

张弦梁是由 H 型钢主梁、钢撑杆和预应力钢索组成的平面构件，因此该工程施工不同于普通钢屋架，结构形式的新颖也给施工增加了技术难度：

1）张弦梁分段制作现场拼装，最大板厚 100mm，焊接难度大；

2）作为平面结构，张弦梁主梁、撑杆、钢索间为铰接，安装过程中平面度要求精度高；作为预应力传递的节点，铸钢节点需进行有限元分析，且制作及安装精度要求高。是该工程实施过程的难点之一。

3）屋面处于建筑物中心，土建结构完成后方可进行屋盖安装，场地狭小，起重高度大，施工工艺受到制约。

4）作为长细平面构件，张弦梁在屋盖体系形成前，各施工阶段平面内及平面外的稳定直接影响施工安全和结构体系的建立，因此各阶段的模拟仿真验算是本工程实施的重点。

3. 过程描述

1）总体施工思路的确定

平面张弦结构是一种较为新型的结构形式，国内尚无成型的规范标准为依据。通过对图纸的学习和设计者的沟通，将工程的整体施工思路确定并分解如下：

（1）在设计模型的基础上进行预应力仿真模拟，确定预应力施工方案并由专业公司完成预应力施工。

（2）在设计院外观设计的基础上，进行铸钢件设计外观并进行节点的有限元分析后完成最终设计，同时有专业的铸造厂家进行铸造。

（3）根据设计图纸进行钢结构构件的深化和拆图，并在工厂分段制作，现场拼装、安装。

2）方案的设计与研究

在完成屋面体系深化设计的同时，进行了施工整体方案的设计，并以屋面体系安装为主线，研究比较了 3 种施工方案。

方案一："搭设满堂架子，高空拼装，整体张拉后拆除架体"，该方案施工预应力张拉工艺可以一次完成，屋面结构体系形成后逐步拆除支撑架，可以解决张弦梁在施工过程中的单榀稳定性问题。但架体高度高，周转材料用量大，搭设周期长，不经济；同时由于场地的局限性，架体搭设完成后，吊装机具无运行空间，钢构件就位时难度大；张弦梁结构形式的限制，高空焊接量、焊缝检测难度和索具安装难度均大幅度增加。

方案二："场外拼装，整体滑移，分阶段张拉"，该方案应用技术先进，安全可靠，不占用室内场地。但是屋架周边的混凝土维护结构已经完成。如果进行构件滑移需要完成后装导轨、加固联系梁、搭设拼装平台等准备工作，投入相对较高。且单榀张弦梁滑移不能保证张弦梁平面外稳定性；两榀以上组合后滑移时，结合张弦梁结构形式，滑移前需拆除预应力索曲线至 H 型钢底的部分平台，进行下一单元滑移时再次修复。单榀张弦梁场外高空拼装时间长，影响工期，同时也需要投入大型吊装机械。

方案三"地面拼装，单榀吊装，分阶段张拉"，该方案优势在于建筑物内有地面拼装的条件，地面拼装过程中的焊接质量比较容易控制；可以分批次拼装、吊装，形成流水施工便于施工管理。不足之处是整体吊装需要投入大型机械设备。构件平面稳定和屋面安装完成预应力施加前的构件稳定是该方案的技术难点。

3）施工方案的确定及分析

综合以上几个方案的优势和不足，根据结构特定、现场条件、施工工期要求，通过对施工质量、安全和各项经济指标的分析，确定了"方案三"为最终方案，并进行了细化，确定了张弦梁屋盖的整体技术路线和施工方案，即："工厂分段制作、地面拼装、大型机械分批吊装、分批安装次梁形成临时体系、分阶段施加预应力、最终安装屋面剩余构件，形成屋盖结构体系并终张拉"的技术路线和施工方法。

4）方案优点分析

（1）该方案，应用 ANSYS 有限元分析软件进行施工过程的仿真模拟技术，为张弦梁的吊装至屋面结构体系提供有利的技术支撑和安全保证。通过技术攻关，采取适当的技术措施，解决张弦梁吊装过程至屋盖结构体系形成前的稳定性问题。

（2）工厂制作可严格控制制作进度，确保张弦梁的几何尺寸的精度；地面拼装，减少高空作业，确保张弦梁的拼装质量和施工安全。

(3) 分批制作，分批拼装，分批安装，有利于工程施工的流水作业，最大限度的利用常规施工机械，集中吊装，解决长期占用大型机械的问题。

4. 关键施工技术

1) 屋盖体系预应力模型的建立及结构节点的细化

(1) 建立满足设计的设计意图和计算模型；

该工程张弦梁为平面张弦结构（图 6.4.4-3)，铰支与混凝土柱顶，通过张弦梁梁头采用地脚螺栓连接于混凝土柱顶，并通过高强螺栓和张弦梁梁身连接使张弦梁支点位置更接近于铰支，减少张弦梁对混凝土柱产生不利的拉力；确定钢撑杆的角度，使撑杆与曲线索间的夹角为 90°，确保预应力的有效传递。

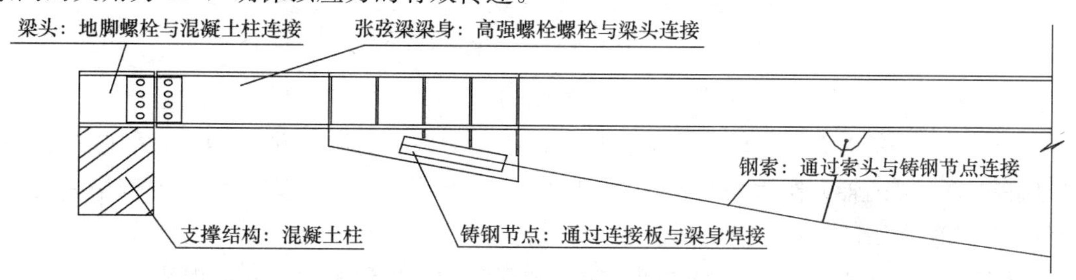

图 6.4.4-3 张弦梁节点要求简图

同时，根据仿真模拟计算结果，具体分析张弦梁制作、拼装过程中的精度，为施工提供依据。如：张弦梁的轴线顺直度；H 型钢梁与撑杆、钢索的平面度；钢撑杆安装平面内位置的允许偏差等

(2) 利用有限元分析软件对构件及节点进行正常使用状态下的分析，使结构节点更加合理。

通过对张弦结构的原理和张弦梁结构自身的受力分析，预应力索和张弦梁连接的节点是重要的受力构件之一，其安全性能决定张弦梁受力的合理和安全性能，结合设计给定的基本样式，通过有限元分析软件进行外形设计和节点的细部设计，确保铸钢节点的工作安全合理，最大限度减少应力集中。

2) 张弦梁的预制及拼装

由于施工场地有局限性，对张弦梁进行分批制作进场拼装（图 6.4.4-4)。

图 6.4.4-4 拼装架布置图

该工程张弦梁共计 14 榀，分为两次拼装，第一次完成 8 榀分别为 ZXL-3 (2 榀)，ZXL-2 (2 榀)，ZXL-1 (4 榀)，展厅两侧各布置 4 榀，一次拼装，同一阶段吊装；第二次完成 6 榀 (ZXL-1)，第二阶段吊装。

根据张弦梁的构造尺寸，以展厅中心线为轴对称布置张弦梁拼装胎架，胎架的高度大于张弦梁弦高 500mm，每榀张弦梁分别设置 4 各支撑点，支撑点同时作为拼装焊接的操作平台。支撑点之间用钢管脚手架连接，确保操作平台的整体稳定。

3）吊装方案的设计

(1) 吊装验算及吊装方案的设计

张弦梁在吊装过程中，H 型钢为长细构件，吊装时吊索在钢梁轴线方向产生的轴力是使钢梁失稳的主要原因，经验算，直接采用 8 点对称吊装，不采用任何辅助措施（图 6.4.4-5），吊索对梁身产生的轴力足以使钢失稳破坏。

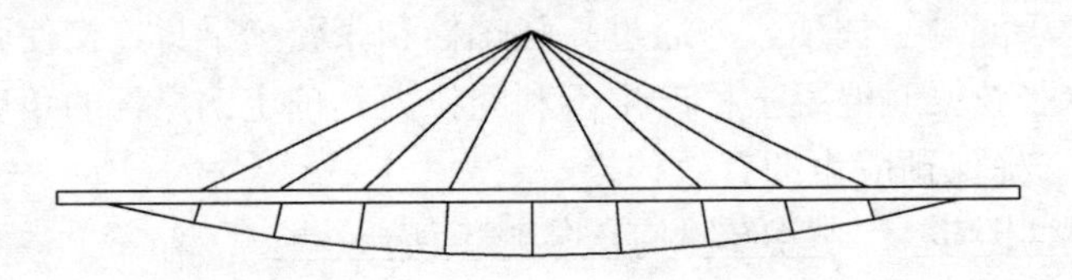

图 6.4.4-5　无辅助设备吊装简图

考虑到改变吊索方向是解决吊装过程中产生轴力叠加的最佳方法，因此采用吊装扁担可以解决张弦梁因轴力作用失稳。同时利用 ANSYS 程序进行内力分析，模拟吊装过程，进行了吊装时钢梁的稳定性和弹塑性变形分析及验算：

方案一（图 6.4.4-6）：三根竖向拉索（两端分别一根拉索，中间一根拉索）吊装。

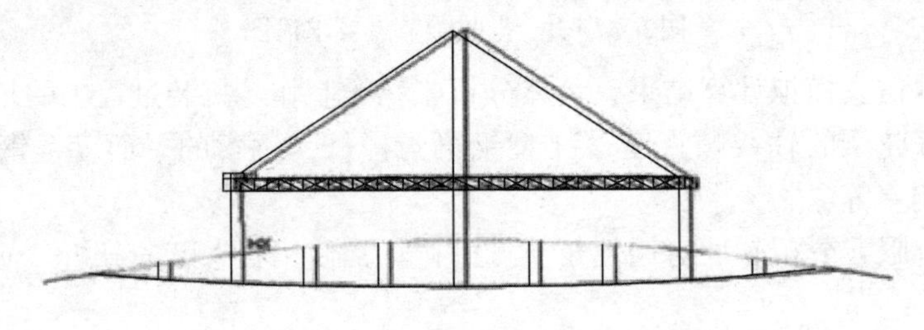

图 6.4.4-6　方案一变形分析云图

方案二（图 6.4.4-7）：两端拉索吊装，中部加三根刚性杆做支撑。将扁担与梁邦扎（用卡环卡住）在一起，然后进行吊装。

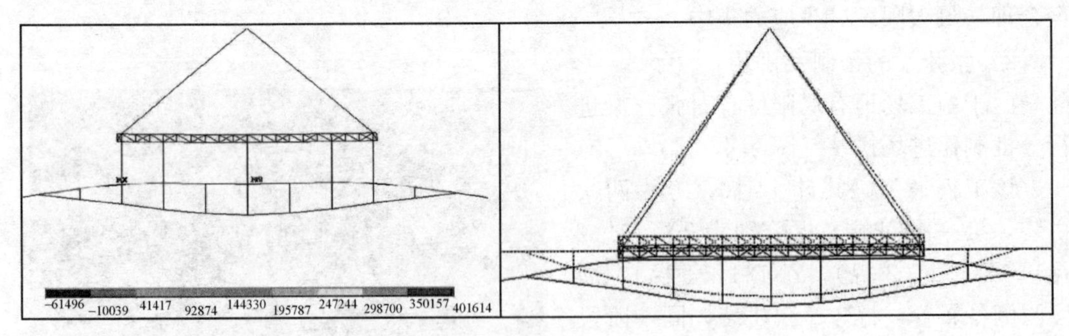

图 6.4.4-7　方案二变形分析云图

方案三（图 6.4.4-8）：采用三部分索吊装，分别在两端和中间，每部分有三根索。

通过对三种方案的综合分析，结合施工工艺控制的难易程度，确定“方案三”为张弦梁吊装的最终方案，即：采用吊装扁担，九点点吊装。

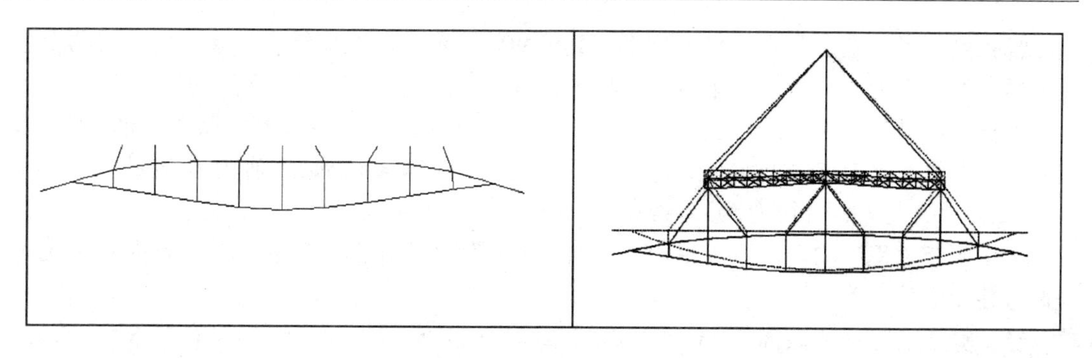

图 6.4.4-8 方案三变形分析云图

(2) 吊装扁担设计

在进行吊装方案论证前，首先根据吊装方案，对吊装扁担进行了初步设计，初步设计及基本构造要求如图 6.4.4-9 所示：

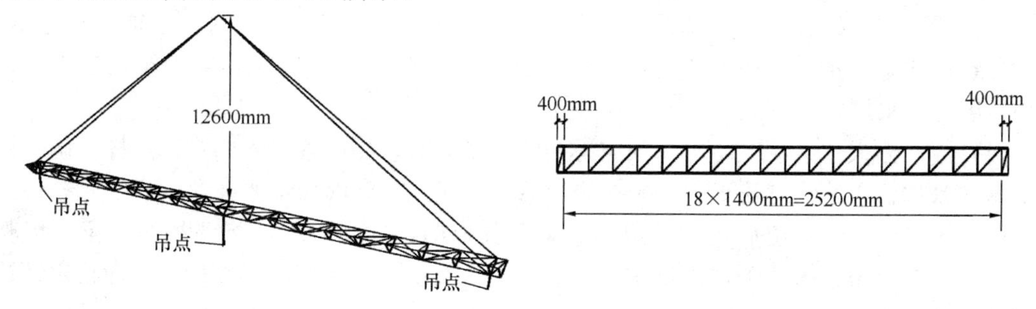

图 6.4.4-9 扁担构造图

吊装扁担桁架的主钢管为三角形基本单元，和连接这些单元的水平弦杆、支撑钢管为桁架顶面和斜面处的斜向支撑。桁架主钢管采用 168×12、支撑钢管采用 89×4、材质均采用 Q235B。并对其受力及变形进行了分析，分析结果如图 6.4.4-10 所示。

通过吊装模拟分析结果为：吊装过程中，桁架中杆件的最大拉应力为 160MPa，最大压应力为 102.86MPa，均小于其屈服强度 215MPa，并基本处于弹性阶段，且变形量在允许范围内，能满足吊装使用要求。

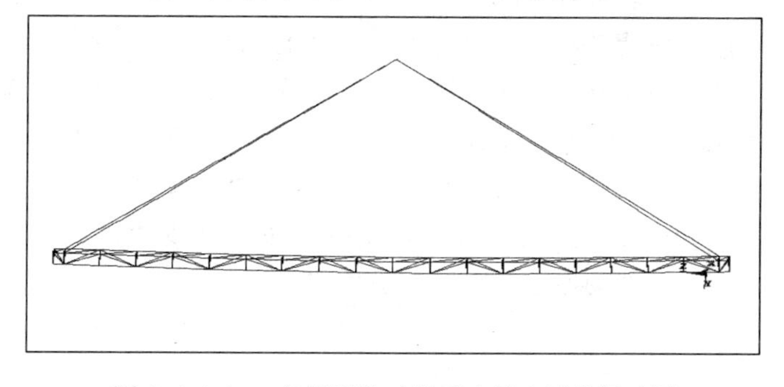

图 6.4.4-10 扁担吊装时的受力及变形分析云图

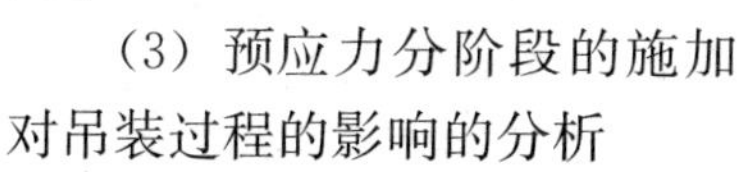

(3) 预应力分阶段的施加对吊装过程的影响的分析

预应力张拉分为两次张拉，初张拉为提高吊装前张弦梁的竖向刚度，初步完成张弦梁平面结构体系的建立，初张拉在吊装前完成，拉力值为终张拉值的 5%；第二次张拉为吊装完成后的结构张拉，为减少张拉过程中张拉力的累积带来不利的影响，二次张拉在张弦梁及次梁吊装安装（高强螺栓预拧）完成后，次梁翼缘尚未焊接、屋面檩条及屋面板等尚未安装时进行。

张弦梁初张拉应力产生的轴力会影响其平面外稳定，因此应结合吊装分析，对两个极限过程产生的内力进行最不利组合，验证本工程中采用的吊装方法是否合理：

①在地面进行初张拉后吊装时钢梁的稳定性和弹塑性变形及验算：张弦梁两端铰支，施加5%的预应力后在地面上的内力，经模拟验算钢梁的最大轴力其值约为 $N_1=213.18$kN，最大弯矩值约为 $M_1=143.36$kN·m。

②将两个过程中的内力进行最不利组合，验证钢梁在吊装时的整体稳定性及在吊装时的弹塑性变形情况

经验算最危险处的截面为H700×250×20×36平面内外稳定性均符合要求。且在最危险截面处的最大内力为：仅为屈服强度的8%左右，在弹性范围内，不会产生塑性变形，满足要求。

即：预应力分阶段施加的工艺与该吊装方案之间的影响在控制范围内，整体方案可行。

4）吊装就位后的构件稳定措施

张弦梁吊装就位后，在梁自重和初张拉应力的作用下，对H型钢产生轴力和弯矩，容易导致该状态下张弦梁平面外失稳。其失稳的主要原因就是H型钢梁长细比过大，为解决该问题，采用如下方案：

（1）第一榀张弦梁就位后，在预应力钢索张紧以前，在梁轴线方向搭设支撑，确保钢索处于初张拉状态，此时与地面拼装初张拉后状态相同，能够保证张弦梁的安全状态；

（2）第二榀吊装就位后，在预应力钢索张紧以前，安装次梁，将两榀张弦梁连成整体，然后松钩，张弦梁处于在自重作用下的工作状态；由于连接次梁以后，平面稳定计算长度为次梁的间距，小于吊装过程平面外稳定验算的计算长度，能够保持张弦梁的安全；

依次类推完成张弦梁的吊装和次梁的安装，然后拆除第一榀张弦梁的支撑，整个屋面体系初步形成，状态安全。

5）安装机具设备的选择

（1）吊装机具的确定

进行吊装机械的选择时考虑吊装的总起重量、工作半径及吊装高度等。根据钢结构施工图纸和吊装方案要求，最大起重量为“张弦梁自重量+扁担重量+吊索重量”=30.5t，起重高度为38.5m，工作半径为 $R=15.3$m；经过结构吊装计算采LTM1200/2型汽车起重机（德国）进行吊装作业。（200t汽车吊在臂长为41.5m；作业半径为20m；起重高度为30.5m；起吊重量为35.5t）能够满足吊装要求。其他次梁等构件采用25t汽车吊配合。

（2）吊装场地地基承载力的验算

200t汽车吊工作重量69t，配重97.5t，总重量166.5t，设支腿钢垫为1.5×1.5m，以最不利情况单腿着地计算，最大受力166.5t，要求地基承载力为166.5×10kN/2.25=740kPa，地基为经振动夯实的级配碎石地基，承载力约为：750～900kPa，满足要求。

6）安装总体流程

屋盖主结构整体吊装以球形报告厅为轴，分2个阶段四个流水段完成。

（1）第一阶段：Ⓙ→ Ⓕ轴，依次完成ZXL-3（1榀）、ZXL-2（1榀）、ZXL-1（2榀）的吊装，并临时固定，为第一流水段；继而完成Ⓛ→ Ⓟ轴，依次完成ZXL-3、ZXL-2、ZXL-1的吊装，并临时固定，为第二流水段；

（2）第二阶段：Ⓔ→ Ⓑ轴，依次完成ZXL-1（2榀）、HJ-1（1榀）、ZXL-1（1榀）为

第三流水段；Ⓠ→ Ⓣ重复第三流水段顺序，为第四流水段。

整个过程采用 200t 汽车吊完成主钢构吊装，25t 汽车吊配合完成次梁的安装。

7）典型构件的吊装方法

工程吊装分批进行，第一组吊装的主要构件见表 6.4.4-2。

主 要 构 件 **6.4.4-2**

构件名称	起吊时回转半径	就位时回转半径	构件名称	起吊时回转半径	就位时回转半径
ZXL-3	18m	16m	ZXL-1	18m	4m
ZXL-2	20m	12m	ZXL-1	20m	4m

汽车吊站位于 G～F 轴间正中线与 9 轴的交点上，各构件的起吊（图 6.4.4-12）、就位的回转半径在 4～20m 之间，符合 200t 汽车吊的性能要求。吊装时，由地面胎架垂直起吊，待超出地面所有障碍物后进行空中旋转（图 6.4.4-13），并就位。

ZXL-3 吊装就位（图 6.4.4-14）后，缓慢松钩，观察临时支撑件的稳定，并搁置与临时支撑架上，然后进 ZXL-2 的吊装。ZXL-2 就位后（图 6.4.4-15），汽车吊在保持张弦梁 H 型钢水平后，静止等待，并用配合的 25t 吊车安装连接两个张弦梁间的次梁不少于 4 榀，并均匀分布，安装完成后匀速松钩，并进行下一榀张弦梁的吊装。ZXL-1 重复以上步骤，至第一组构件全部吊装完毕。吊装布置如图 6.4.4-11 所示。

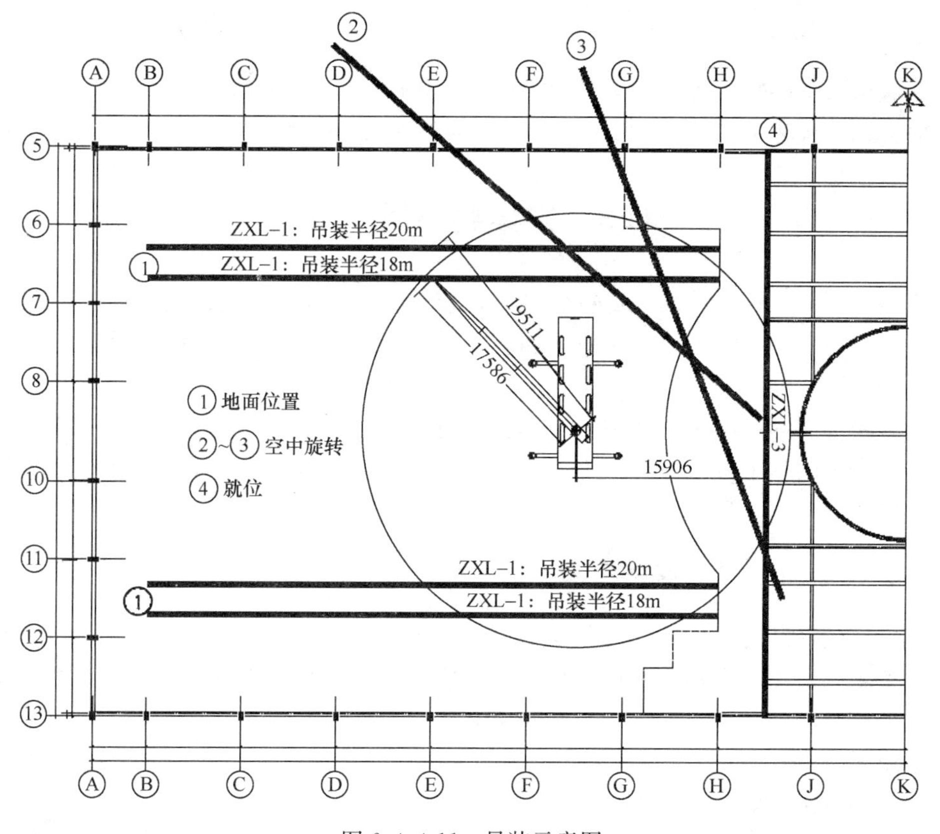

图 6.4.4-11 吊装示意图

图 6.4.4-12　起吊

图 6.4.4-13　空中旋转

图 6.4.4-14　ZXL-3 就位

图 6.4.4-15　ZXL-2 就位

屋面构件全部安装完成后，拆除 ZXL-3 的临时支撑架，并进行预应力张拉，当张拉应力和应变均达到要求后，屋面结构的整体结构体系建立完成。

6.5　方案实施后评价

大跨度空间钢结构建筑的外观造型独特，结构形式多样，承受的荷载较大，构件的尺寸和重量也相对较大，施工难度相应增加。同时，由于结构安装过程中与设计和正常使用状态的受力不同，如果安装方案不合理，极易导致结构在安装过程中造成安全事故。

针对大跨度空间钢结构的结构形式和受力特点，选择经济、高效、适用的施工方案，采用科学、合理的施工方法进行施工，是保证大跨度空间钢结构工程的施工安全的重要前提和必要步骤。

6.5.1　某机场航站楼钢屋盖工程

某机场航站楼结构跨度大，主受力结构为与地面成 64°夹角的主拱，安装难度较大，安装精度要求高，综合采用了钢拱脚精确定位技术、分段安装及卸载技术等多种技术措施保证结构的安装质量。该工程已完工并使用五年，使用情况良好，并先后获得中国钢结构金奖、鲁班奖等多项奖项。

1. 大截面钢拱脚精确定位技术

航站楼两榀主拱共四个拱脚，每个拱脚长 6600mm，底板为 40×1936×1680 钢板，单根拱脚重 10.532t，拱脚底板标高−3.619m，混凝土基础的顶标高为−0.5m，部分拱脚埋设于混凝土基础内。

原设计中拱脚锚栓预埋于基础混凝土中，因锚栓为倾斜布置，很难对锚栓精确定位并保证设计要求的角度，施工操作困难（图 6.5.1-1）。

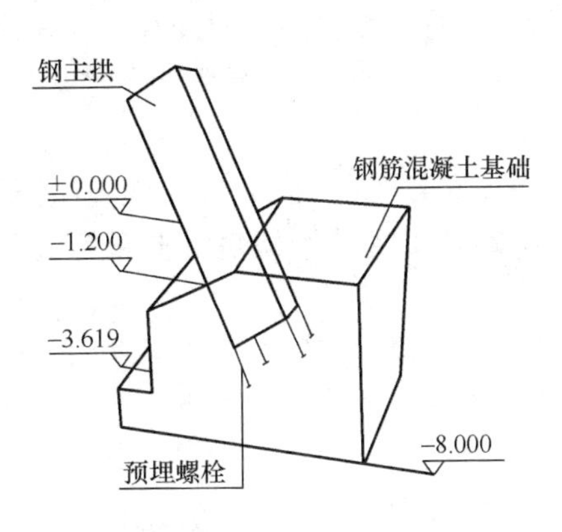

1钢主拱
2钢拱底板
3锚栓定位板
4锚栓
5连接板
平面钢板6

图 6.5.1-1　原设计拱脚安装方式　　图 6.5.1-2　深化设计后拱脚安装方式

针对拱脚原设计图定位与安装难的问题，在深化设计过程中提出在拱脚底板上增加过渡板和水平底板的方式，同时，改变原设计中锚栓预埋于基础混凝土的形式，在主拱底板的下表面增加锚栓定位板的连接方式（图 6.5.1-2），经与设计单位沟通得到设计人员的认可并进行了确认，使拱脚安装的定位精度和可操作性得到很大的提高。

通过施工实践证明，钢拱脚深化设计方案精确可靠、先进合理，对保证主拱的安装精度发挥了重要作用，在双向倾向构件的精确定位安装方面做出了有益的探索。

2. 分段安装及卸载技术

航站楼箱型变截面主拱跨度大，结构重量大，与屋盖结构连接复杂，采用分段安装、分段卸载的施工方案，每榀主拱分为 17 个安装段，分段位置在两榀主拱横向撑杆附近。根据对本工程结构受力体系的分析，主拱为结构主受力构件，但在合拢前不能作为支撑屋面结构，因此，在每个分段处设置承重支撑胎架。

支撑胎架设置完成后，采用利码 7707 型履带吊进行分段吊装。

钢屋盖在进行卸载前，整个屋盖荷载由钢柱、主拱和支撑胎架共同承担，卸载时支撑胎架上承受的荷载逐步过渡到钢柱和主拱上，最终由结构自身承担钢屋盖的荷载。

卸载过程遵循“变形协调、均衡卸载”的原则，采用从中间向两端卸载的方式，从主拱的中间同时向两端进行卸载，每次同时释放四个支撑点，直至全部完成。

6.5.2　内蒙古某市机场航站楼钢屋盖工程

鄂尔多斯机场主航站楼屋盖圆形穹顶结构跨度达 108m，环桁架重达 368.5t，径向主桁架重达 130.23t，安装难度较大，在综合考虑了各种可能的安装方法后，最终选择高空累积旋转滑移法安装圆形穹顶钢屋盖，实践表明此方法经济、高效，在经济效益、技术效益和缩短工期等方面均取得了显著的效果。

针对屋盖结构杆件连接为相贯线节点，节点数量众多，每一节点杆件相贯较多的特点，以保证杆件装配精度作为施工重点内容，在图纸深化设计时充分考虑杆件连接及焊接要求。

1. 高空累积旋转滑移法安装技术

鄂尔多斯机场航站楼建筑中心位置为直径 108m 的穹顶，由 24 榀三角形截面主桁架及中心环桁架组成，混凝土柱顶标高 21.8m，内环桁架标高 45.364m。针对结构特点，如采用高空散装法需要搭设满堂脚手架，需要大量的钢管，而且施工时间长，耗资巨大。经分析比较，采用高空累积旋转滑法，既能满足结构安装需要，又能减少辅助设施的费用，同时能够加快施工工期。

在内环桁架下方（半径 10m）、中间环形支撑胎架（半径 24.479m）和混凝土柱顶（半径 54m）设置滑移轨道，在结构外环轨道和中间环形支撑胎架轨道上布置液压顶推爬行器，内环上安装轮子做从动旋转运动。

采用逆时针方向滑移，利用计算机控制的液压同步顶推爬行器，第一次滑移同时拼装两个区间（30°）进行滑移，以后每次左右同时累积结构的 1/24 区间（15°），累计滑移 10 次，直至 24 榀主桁架及其间网壳全部安装到设计位置。

该工程现已经竣工验收，实践表明，高空累积旋转滑移法施工较大地提高了施工效率，节省辅助安装设施的费用，为以后类似工程的施工提供了借鉴和参考作用。

2. 杆件相贯节点图纸深化技术

对照结构施工图，建立钢结构建筑物的整体模型，可以采用 AutoCAD 进行平面放样建模，可采用 Tekla Structures、StruCAD 或 ProSteel 等三维实体建模软件建立钢结构三维实体模型。

放样建模应严格依照结构施工图的要求，保证构件的尺寸和相对位置关系。模型建立完成后进行碰撞检查，发现有干涉的构件，及时与设计单位联系，进行设计变更。

在节点深化设计时按照“主管贯通、小管贯大管、薄壁管贯厚壁管”的原则，对所有相贯节点进行三维实体建模，制定出管件相贯连接的顺序编号，按照编号的顺序依次进行管件端部相贯线数控切割，保主次管与主管相接。同时，合理调整管件间的间隙，预留足够的焊缝长度，增大焊接空间，减少焊接死角，满足相贯节点的焊接要求（图 6.5.2-1）。

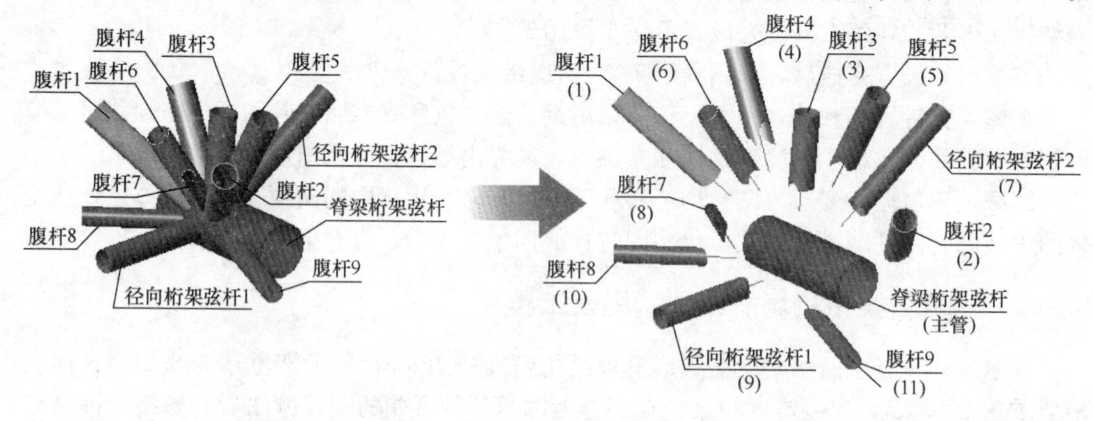

图 6.5.2-1　多管相贯节点相贯顺序图

3. 铸钢节点校核验算与深化设计

钢屋盖空间桁架结构与下部 Y 型柱连接部位采用铸钢节点，铸钢节点外形美观，承载力高，但其在铸造和焊接过程中形成异常复杂的分布应力，为保证结构安全，采用有限元分析软件对铸钢节点的极限承载能力进行验算。

利用 ANSYS 对节点进行有限元分析计算，得到铸钢节点的应力和变形云图（图 6.5.2-2），比较铸钢节点的有限元分析结果和节点荷载设计值，说明节点的设计满足规范要求。

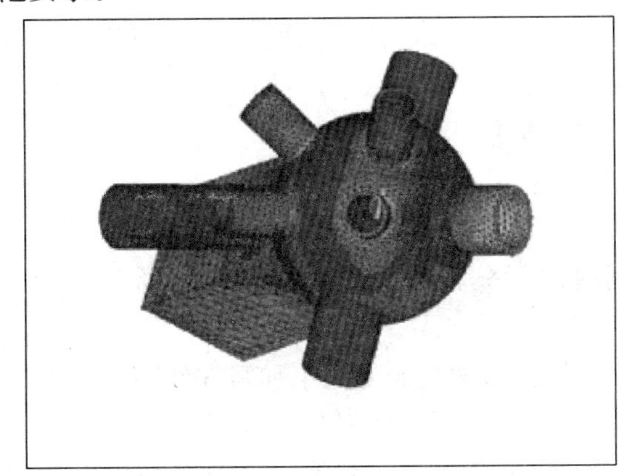
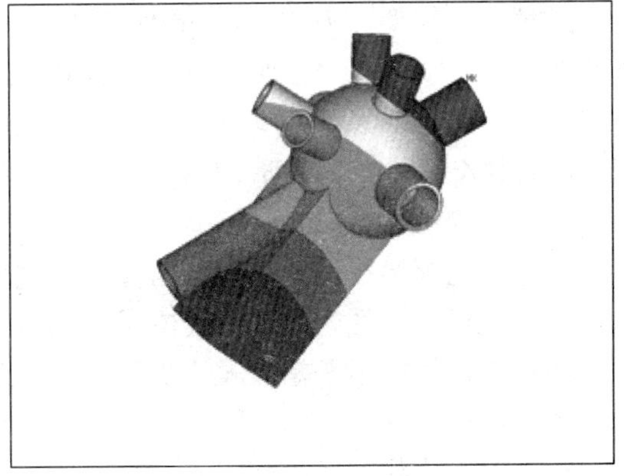

图 6.5.2-2 铸钢节点应力和变形云图

铸钢节点上杆件的轴线为空间任意方向，平面二维图纸不能完全描述节点上杆件的长度和角度，因此，应采用 AutoCAD 或 Solidworks 等软件进行三维实体建模，根据模型计算出杆件的实际长度、杆件间的夹角和杆件端部间距等参数。

6.5.3 某游泳馆钢屋盖工程

游泳馆钢屋盖由 36 榀平面主桁架和中心加强环、环桁架及支撑组成，跨度 134m，屋盖安装标高达 30m，中心加强环重达 80 余吨，因工期紧张，已进行开挖游泳池、训练池并施工观众看台，无法在场内施工。

根据结构特点和施工场地条件，可能适用的安装方法有跨外吊装法和高空累积滑法。针对上述两种安装方案，从安全可靠、施工质量、施工工期和施工成本等方面进行综合分析与比较，最终确定采用跨外吊装法施工。

在安装过程中以吊装单元的划分、吊装机械的选择和施工过程模拟为施工重点，采用相对保守的跨外吊装法顺利完成了该游泳馆钢屋盖的施工作业，施工过程安全可靠，质量状态良好稳定，施工工期较计划工期明显提前。

1. 划分吊装单元

如何划分吊装单元是采用吊装法施工时首先要解决的问题，吊装单元过大，需要大吨位起重机械，经济效益变差，吊装单元较小，高空拼装作业过多，不易提高施工效率和保证施工质量。因此，在减少构件高空拼装工作量和吊装次数，同时兼顾起重设备的经济性的原则下，划分钢屋盖的吊装单元。本工程中采用如下方式划分吊装单元：

1）中心加强环重 80t，吊装幅度 70m，采用整体吊装需要的起重机械吨位过大，故采用在跨外拼装、分片吊装的方法，外环分三片进行吊装，环内钢梁分块进行吊装。

2）AB 区主桁架不分段，对每榀主桁架进行整体吊装。

3）AB 区与 C 区搭接处，将轴间环桁架和柱端预埋段分别作为一个吊装单元

4）AB 区其余环桁架将轴间环桁架及一个柱端预埋段共同作为一个吊装单元。

5）C 区各桁架均不分段，每榀桁架作为一个吊装单元。

2. 选择起重机械

本工程选用一台 400t 履带起重机（CC2400-1 型）吊装 AB 区双榀主桁架、环桁架和柱端预埋的环桁架，另一台 400t（CC2400-1 型，SWSL 工况 42m 主臂＋66m 辅臂）履带起重机吊装 AB 区的中心加强环、单榀主桁架及桁架间系杆、支撑，AB 区与 C 区交接处的内环桁架及柱端预埋的环桁架。选用两台 150t 履带起重机（CCH1500 型，主臂长＝45m，辅臂长＝36m）辅助吊装各安装区域的次构件。

3. 主桁架吊装施工模拟

为保证主桁架在吊装过程中的安全，利用有限元分析软件 MIDAS7.8 对径向主桁架起吊后的变形和杆件内力进行校核。

在校核计算中不考虑拉索的变形，在吊点的位置施加平面外约束和竖向约束，不考虑拉索的作用。

荷载取风荷载、振动荷载、结构自重、吊点的提升力等，在施加自重荷载时，考虑 1.05 倍的增大系数，同时考虑到吊装过程中的动力效应，取动力系数为 1.2。

主桁架在提升阶段的位移和杆件应力见图 6.5.3-1 和图 6.5.3-2。

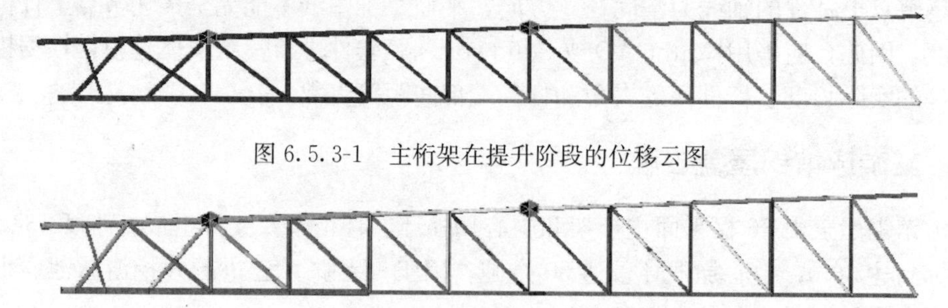

图 6.5.3-1　主桁架在提升阶段的位移云图

图 6.5.3-2　主桁架在提升阶段的应力云图

随着国家经济实力的增强和人民群众文化生活需求的提高，大跨度空间钢结构在文娱、体育、机场等领域的应用越来越广泛，但是，其新颖的造型和复杂的结构给施工带来了新的挑战，安装方法也各不相同。因此，必须根据工程特点、结构形式、支撑方式、场地条件和施工能力，选择安全可靠、技术先进、质量稳定、经济合理的施工方案，保证安全、优质、按期完成施工任务。

第 7 章　金属屋面工程施工方案优选与后评价

7.1　金属屋面工程特点

随着钢结构建筑的蓬勃发展，特别是一些大跨度会展中心、机场航站楼、火车站、体育馆等公共建筑对钢结构的依赖与日俱增。对于此类建筑的要求不仅仅是功能式的适用，更加要求体现出建筑的艺术性。但国内原有的传统围护材料，特别是屋面材料在造型的适应性、防水性、耐久性方面已无法满足设计要求。金属屋面自国外传入国内后，以其轻质高强、良好的防水性和可适应各种造型屋面等优点，在国内钢结构场馆类工程中得到了长足发展。

现在金属屋面主要包括：铝镁锰板、镀铝锌板、钛锌板、压型钢板等系类产品，其中铝镁锰板在实际工程中应用最为广泛。现在金属屋面施工工艺已比较成熟，但是金属屋面在一些造型独特的大面积屋面施工前，还需进行二次深化设计，明确施工段和板材搭接位置以及部分细部做法，以保证施工质量节约施工成本。

金属屋面根据板材材料不同可分为：铝镁锰板、镀铝锌板、钛锌板、不锈钢板、锌铜钛合金板、太古铜合金板等系列。根据结构形式不同可分为：直立锁边系统、立边咬合系统和平锁扣系统。

1. 直立锁边系统特点（图 7.1-1）：

1）成熟的结构传力维护系统，适用于坡度≥1.5°的屋面或墙面，历史悠久，应用广泛。

2）现场制作，大跨度(≤200m)单板可通长无驳口、无钉孔，施工简单，锁合牢固。

3）优异的排水防渗性能、独特的抗热膨胀性能及安全的抗风压性能。

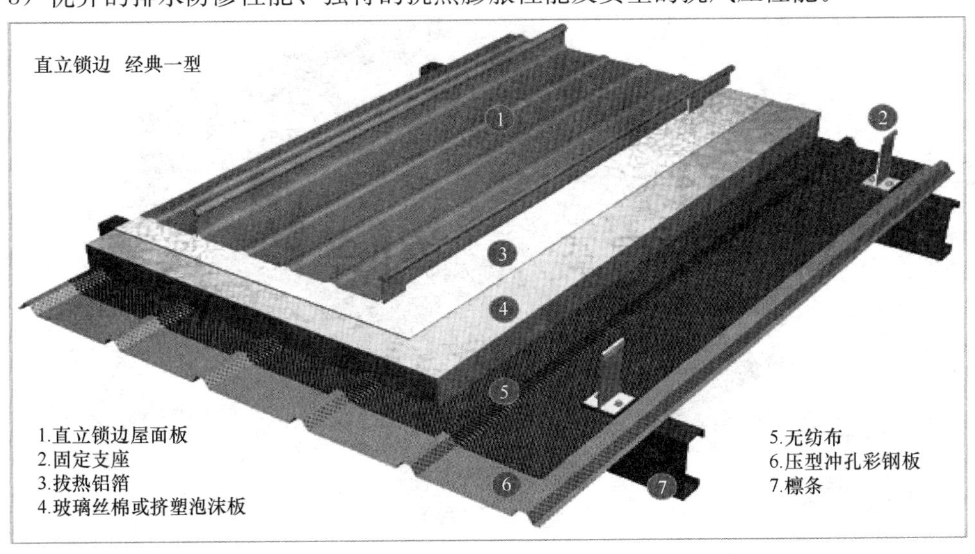

图 7.1-1　直立锁边系统典型结构

4）先进的二次成型（瓜皮工艺和扇弯工艺），轻松解决双曲面或单曲面的覆盖难题。

5）高品位、低能耗，实用、美观、环保。

2. 立边咬合系统特点（图7.1-2）：

1）典雅美观；整体轻盈飘逸，局部细腻流畅；适应于各种不同的建筑风格；

2）整体结构性排水防水，立边双咬合的排水坡度需≥10°，立边单咬合的排水坡度需≥30°；

3）科学的仿生态循环通风构造，有效提升建筑的寿命和价值；

4）轻巧的三维面层构件，满足特异造型；

5）施工安全、快速、精确。

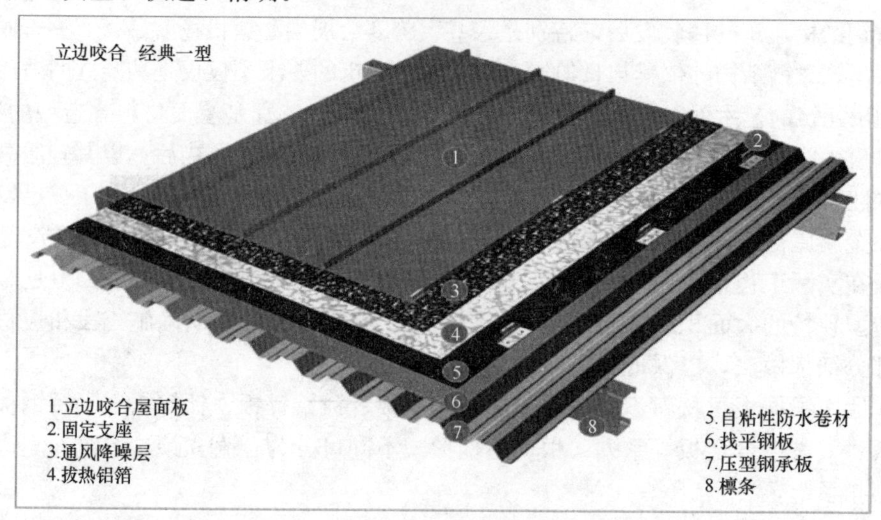

图7.1-2　立边咬合系统典型结构

3. 平锁扣系统特点（图7.1-3）：

图7.1-3　平锁扣系统典型结构

1）层次感强，视觉效果突出，古典建筑风格；

2）安装简便，用扣件固定在下层支撑结构上，无须繁杂的机械安装；

3）瓦片平锁扣系统几乎可以适合在任何形状的建筑物表面安装，实现建筑设计的几何多样化；

4）适用于≥30°以上的坡屋面、墙面，通常情况下底层支撑系统需铺设防水材料。

7.2　工程施工重点和难点

1. 主次檩条安装精度控制为本工程重点之一

主次檩条的安装精度直接影响支座安装精度，从而影响屋面板安装精度及锁边效果。施工前需对主体钢结构进行实体测量，根据测量结果和屋面设计檩条空间位置标高确定主次檩条安装措施，从结构部分开始控制安装精度。由于石家庄机场改扩建工程屋面整体造型为一条不规则曲线，给主次檩条安装定位造成了很大的难度。主次檩条在檩拖上调整位置（图 7.2-1）和标高，是一件复杂而系统的工作，需要进行反复校核调整，测量工作量很大。

图 7.2-1　主次檩条位置拉线调整

2. T 形固定座安装是本工程施工的重点之一

铝板扣在 T 形固定座上，并与之咬合。因此，T 形固定座的安装精度直接影响铝板的安装质量，T 形固定座的强度，直接影响屋面板的抗风性能。所以必须保证 T 形固定座的安装质量和强度。在安装 T 形固定座时，应提高专用定位工具的精度，同时，严格按照 T 形固定座的精度要求进行验收，固定 T 形固定座的直攻螺丝的规格和数量必须与设计一致。

3. 铝板锁边也是本工程施工的一个重点

锁边过程为机械屋面板子母扣与固定支座的咬合过程，这就要求屋面板子母扣与固定支座安装位置准确。固定支座安装标高和直线度直接影响屋面板的锁边效果和安装完毕后屋面板与支座的摩擦阻力。标高误差较大易造成部分支座无法卡入屋面板锁扣内，致使屋面板漏锁（图 7.2-2）。固定支座直线度偏差较大，强行锁边容易导致屋面板直立边顶部和侧面破裂，造成漏水隐患，同时也会导致屋面板与支座之间阻力增大，影响屋面板热胀冷缩过程的应力释放。

图 7.2-2　强行锁边导致屋面板破裂

铝板通过肋与 T 形固定座连接，因此锁边质量还关系到铝板的抗风能力。铝板的锁边锁扣既不能过紧又不能过松，锁边过紧会直接影响到铝板在热胀冷缩时铝板的滑动摩擦系数，使之滑动困难甚至 T 形支座卡死或磨穿铝板造成屋面漏水，锁边过松直接影响屋面板的抗风性能，降低屋面板的抗风反力系数。故认真反复调节锁边机，并进行试验，直至锁出的边松紧度合适。锁边前，先检查板肋是否已扣好。锁边时，必须有专人在锁边机前进方向一米之内用脚用力踏在板肋上，使板肋接合紧密。对于锁边质量不合格的铝板，应拆开重新锁边，对于板肋已损坏的应予更换。

4. 屋面板与天窗连接的节点处理是金属屋面工程施工技术的难点和重点之一

铝合金屋面系统的特点是屋面没有外露螺钉，整个屋面采用咬合和焊接连接，屋面整体性好，漏雨可能性极小。屋面开孔时，破坏了屋面板的整体性，使漏雨的概率大大提高，因此，此类节点施工前，施工人员与设计人员应对其泛水构造进行研究，如有不合理之处，尽早提出修改。应安排有丰富经验和责任心强的员工完成此项工作，严格按设计施工，保证泛水的搭接长度和搭接顺序正确。在此类节点施工时，质检人员应全过程跟踪，并作好隐蔽验收记录。

5. 扇形铝板焊接是金属屋面工程施工的重点之一

扇形板的纵向搭接节点的连接方式为焊接与扣接相结合。扣接质量较易保证，铝板焊接质量就成了节点防水的关键。要保证焊接质量，一个环节是操作人员的技能，一个环节是焊接设备，另外一个环节是焊接参数。参与金属屋面工程铝板焊接的人员，我们选择了有至少三个类似工程施工经验的专业人才担纲此项施工任务，并采用先进的薄铝板材专用氩弧焊机。在正式焊接前，必须进行焊接试验。选用性能先进、稳定的氩弧焊机是保证焊接质量的前提之一。焊接时，应精确调整焊接参数，并选用直径合适的铝焊条。

6. 屋脊施工是金属屋面防水控制重点部位

屋脊分为两种：与屋面板平行的屋脊（图 7.2-3）和与屋面板垂直的屋脊（图7.2-4）。

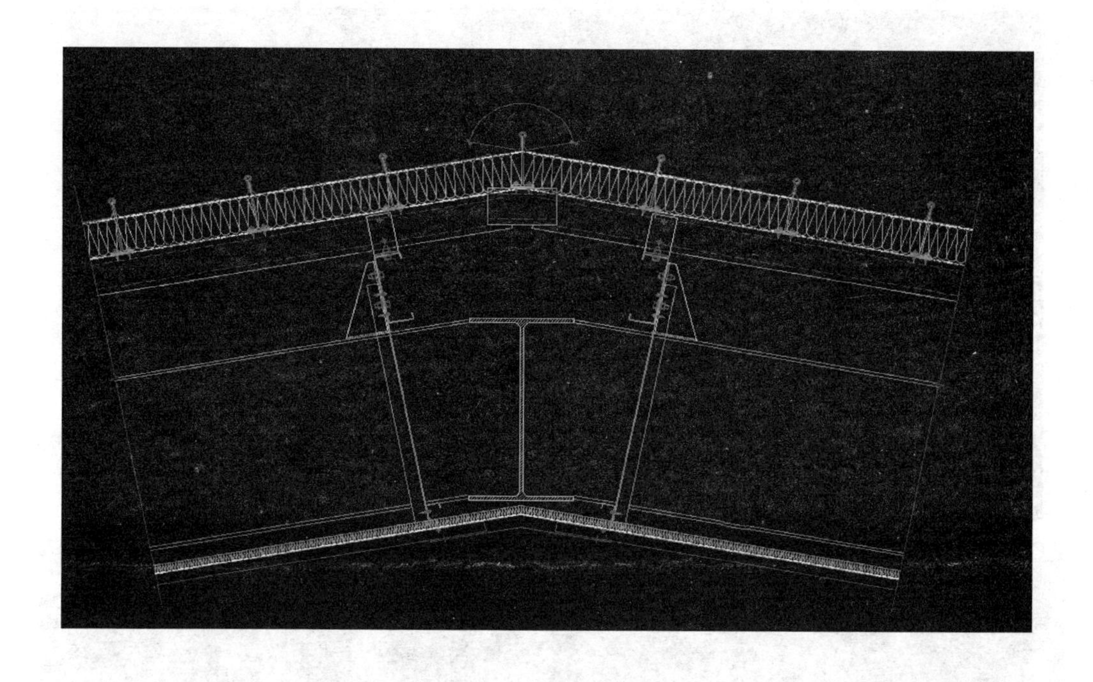

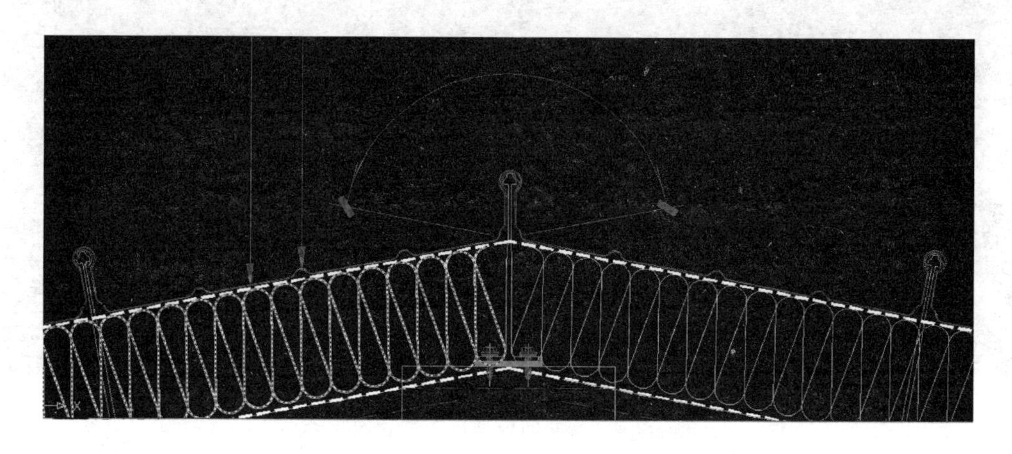

图 7.2-3 与屋面板平行的屋脊做法

两种屋脊构造做法如图所示。与屋面平行的屋脊位置屋面板加工过程中需特殊处理，其板肋与板面夹角需根据屋脊角度确定，确定方法为：（360°屋脊夹角）/2。屋脊板加工过程中根据计算的屋脊板面与板肋夹角，在计算机中输入数据，并进行试加工和试拼装，确保加工数据符合要求后再进行加工制作。

与屋面板垂直的屋脊，首先用将屋面板相吻合的铝合金密封件和屋面板板肋用铆钉固定，然后塞入密封泡沫，同时安装铝合金 Z 形支撑件，再将屋脊板与铝合金密封件用铆钉紧固，铆钉间距和规格应符合设计要求。

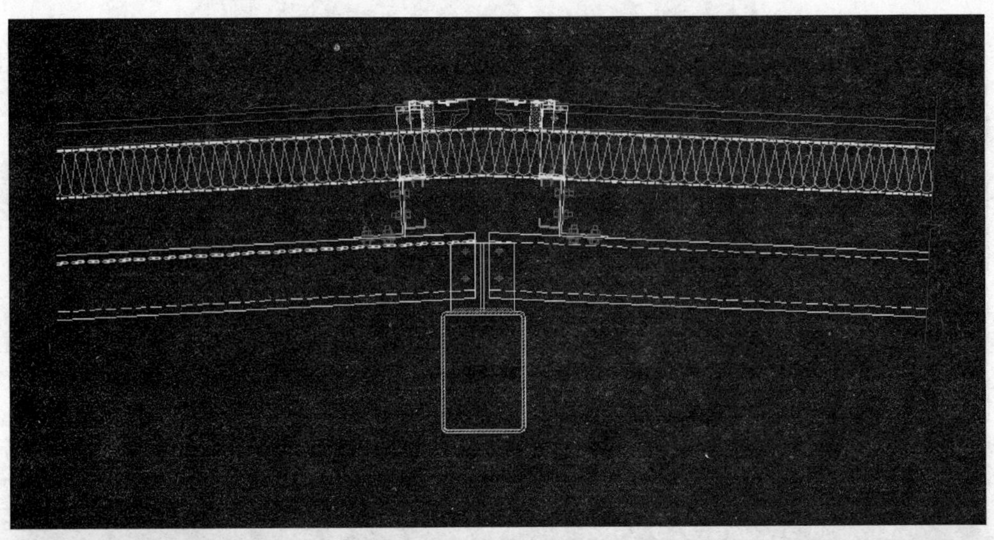

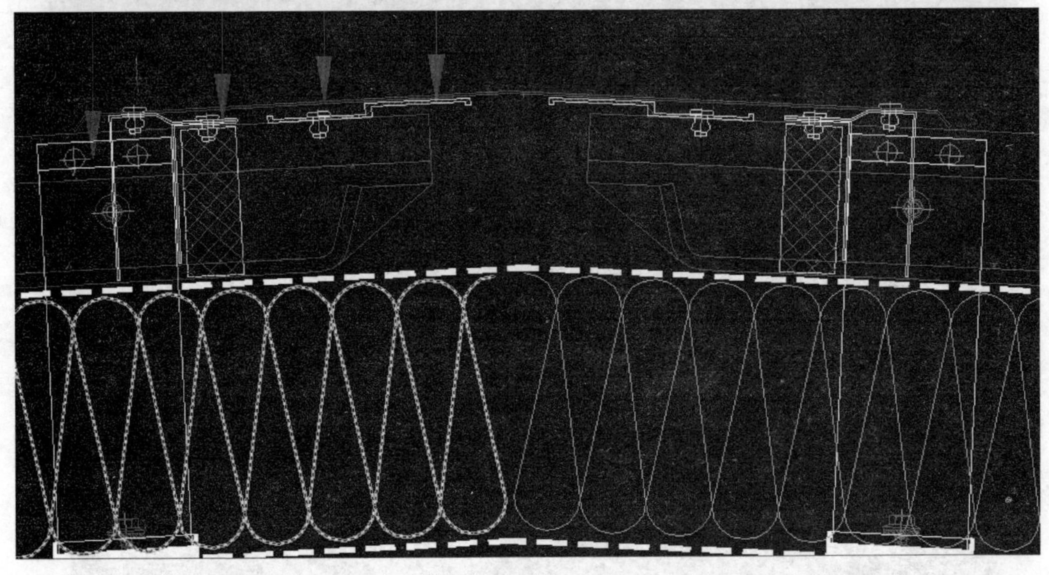

图7.2-4　与屋面板垂直的屋脊做法

7.3　施工方案优选与创新

7.3.1　方案一

1. 施工工艺流程

板材进场→搭设施工平台→天沟安装→下层板安装→保温棉铺设→屋面板安装→屋脊帽盖安装→山墙泛水安装→天沟防水处理

2. 施工工艺

1）板材进场验收应检验材料规格、尺寸、厚度及质量证明文件是否符合设计要求。

2）利用钢结构屋架做支点，采用钢管搭设操作平台，要求操作平台牢固稳定，脚手板铺设牢固严密。

3）天沟分段安装，采用焊接接缝，为避免焊接时出现变形，接头处先用间接式点焊，直到接头完全平整后再满焊。合格后再进行吊装依次进行焊接。

4）屋面底板施工时先将底板固定在檩条上平面，然后在铺岩棉保温层。在铺设岩棉的同时铺设屋面顶板，在安装屋面板时应注意板的横向平整度，在铺设第一块先用钢卷尺量出女儿墙到钢梁的平行尺寸，并进行定位。

屋面板先用自攻螺丝紧固两端后，再安装第二块板，其安装顺序为先自左（右）至右（左），后自下而上。在铺设3～5片屋面板时，应测量出屋脊和檐口的宽度是否一致，以保证屋面平行。

安装到下一放线标志点处，复查板材安装偏差，当满足设计要求后进行板材的全面紧固。不能满足要求时，应在下一标志段内调整，当在本标志段内可调正时，可调整本标志段后再全面紧固。依次全面展开安装。在紧固自攻螺丝时应掌握紧固的程度，不可过度，过度会使密封垫圈上翻，甚至将板面压得下凹而积水。紧固不够会使密封不到位而出现漏雨。

板得纵向搭接，应按设计铺设密封条和设密封胶，并在搭接处用自攻螺丝或带密封垫得拉铆钉连接，紧固件应拉在密封条处。

5）收边：屋面（含雨篷）收边料搭接处，须以铝拉钉固定及止水胶防水。

屋面收边平板自攻螺丝头及铝拉钉头，须以止水胶防止。

屋脊盖板及檐口泛水（含天沟），须铺塞山型发泡PE封口条。

7.3.2 方案二

1. 施工工艺流程

测量放线→主次檩条安装→天沟安装→钢丝网安装→固定支座安装→铺防潮层及玻璃纤维保温层→屋面板安装→细部处理

1）测量放线

屋面施工前首先需对主体结构施工误差进行实体测量，并根据实测数据和屋面设计值，进行屋面主次檩条安装方案设计，确定檩条安装位置及标高。对结构施工误差较大部位采取专项措施，制定增高（或降低檩托）标高，加大调节孔尺寸等措施，以确保施工中主次檩安装精度。

2）主次檩条安装

主次檩条安装采用塔吊吊装，高强螺栓连接安装于檩托上。由于主檩不同的安装位置其长度不一，种类较多，在安装前先将主檩按其安装位置进行材料就位，搬运时要轻拿轻放，防止破坏檩条表面面漆；檩条就位后要依其标牌逐一核对其尺寸、安装部位是否正确。

第一根主檩就位时依设计图纸控制好其安装尺寸，调整纵向檩条底端距连接板中线距离，卡入连接板部位的檩条其出连接板中线位置在可调节范围内，为保证纵向檩条安装完毕后其伸缩性能，两檩条连接部位要留有2cm的间隙；在保证了各安装精度后，连接板点焊进行临时固定。在屋面曲面部位的檩条安装完毕后，观测其整条轴线的弧度是否平滑、顺畅；如满足设计要求再进行连接板加焊最终固定。

施工段内檩条安装完毕后应及时进行檩条空间位置的复测检查，通过采用拉线全站仪测量的方法确定檩条空间位置及屋面坡度是否满足设计和施工方案要求。如有偏差及时进行调整。各施工段完成后进行施工段之间檩条空间位置测量复核，确保屋面整体坡度和造型符合设计要求。拉线调整后屋面结构布置图如图 7.3.2-1 所示。

图 7.3.2-1　拉线调整后屋面结构布置图

3）天沟安装

首先在工厂分段预支天沟骨架，天沟骨架采用角钢焊接拼装而成。运至现场后用塔吊分段吊装至设计位置，人工调整安装位置后与连接梁电焊临时固定，待整段天沟骨架吊装完毕后，进行最终焊接固定。天沟板采用 2.0mm 不锈钢板氩弧焊连接而成。

4）钢丝网安装

本工程考虑到屋面下均有吊顶，采用了直立锁边典型三系统，底层用钢丝网片作为保温层的支撑，节约了钢板使用量，有效节约成本。钢丝网与次檩条绑扎连接，施工方便快捷。钢丝网要求拉直铺平，固定牢固，防止铺设保温层后出现较大变形。

5）固定支座安装

在安装 T 型固定座时，应提高专用定位工具的精度，同时，严格按照 T 型固定座的精度要求进行验收，固定 T 型固定座的直攻螺丝的规格和数量必须与设计一致。

固定支座与次檩条采用不锈钢螺钉安装，普通螺钉容易与檩条和支座发生电化学反应，腐蚀支座，从而影响屋面系统受力。本工程采用铝合金固定座铝合金牌号为 6061 T6，螺钉为奥氏体 304 型不锈钢螺钉。

为防止铝合金固定支座成为屋面系统的热桥，影响屋面整体的保温性能，铝合金支座下需设置塑料隔热垫。同时由于屋面板作为接闪器，需根据规范要求在固定支座和次檩条间设置防雷跨接。屋面细部做法如图 7.3.2-2 所示。

6）铺设防潮层及玻璃纤维保温层

现在钢丝网片上铺设一层铝箔防潮膜，再在防潮膜上铺设 100 厚玻璃纤维保温层，保温层铺设完毕后再铺设一层防水透气膜，要求防潮膜和保温层铺设平整严密。

7）屋面板安装

屋面板加工

屋面板半成品为卷材，成品板采用专用压板机现场压制而成。金属屋面板加工由专业

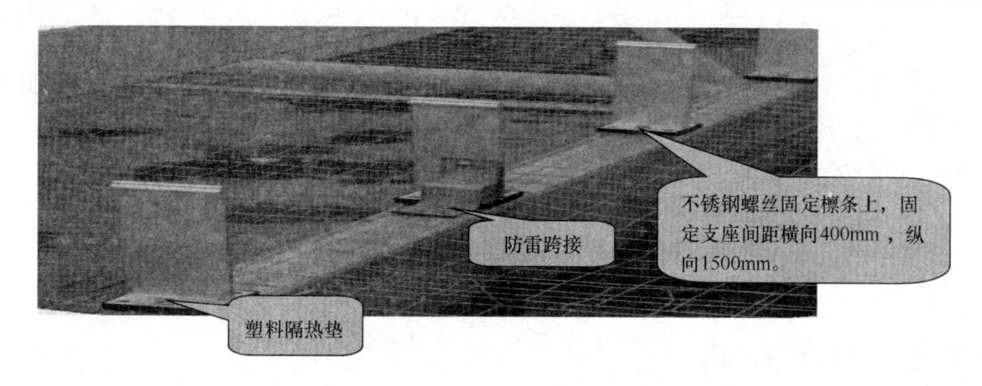

图 7.3.2-2 屋面细部做法

公司专用压型机械现场加工，压型板的压制由计算机模块设定的程序进行压制，肋高、大小肋口及加筋肋尺寸保持一致。生产压型板的原材料为卷板，卷板须堆放在支架的附近，不能随意放置。卷板堆放在架空的支架上，保持通风和干燥，避免因潮湿影响卷板表面质量。卷板每卷重约 3t，选用汽车吊或叉车上料，吊具选用工作负荷为 4t 的扁平聚酯结构吊装布带，而不要使用钢丝绳，以免起吊过程中把卷板的板边勒压变形。面板制作时应按设计分区进行编号，编好号后按安装的先后顺序分类码放，以便于施工。面板生产加工如 7.3.2-3 图所示。

安装时施工人员将板抬到安装位置，将小肋边依次压进固定座，然后下一块板大肋扣在小肋上，将大肋边用力压入前一块板的小肋边，听到“咔”声说明大肋已卡住了小肋，再用手动锁边夹间断进行固定锁边。锁边前先检查金属屋面板大肋扣住小肋上，确认肋边紧密接合，再进行锁边。锁过的边连续、平整，不能出现扭曲和裂口。在电动锁边机前进的过程中，其前方 1m 范围内必须用力使搭接边接合紧密，可以操作人员站在板肋上操作。当天就位的面板必须完成锁边（图 7.3.2-4），保证夜晚来风时板不会被吹坏或刮走。修剪檐口和天沟处的板边，修剪后应保证屋面板伸入天沟的长度与设计的尺寸一致，这样可以有效防止雨水在风的作用下不会吹入屋面夹层中。

图 7.3.2-3 屋面板就位锁边

图 7.3.2-4 屋面板立式锁边

8）细部安装

屋面板固定

受天气气温影响，屋面板会自由伸缩。一般屋面板固定在金属屋面板高点端头。檐口为固定点，固定点设置在檐口板端的固定座上。

固定方法：在小肋上并排钻两个小孔，穿过固定座的梅花头，以配合铆钉拉铆固定。大肋扣住小肋后将铆钉尾覆盖。

檐口滴水片安装

天沟边及檐口边的屋面板裁剪完成后，即进行屋面板檐口滴水片安装。用大力钳将密封条夹在滴水片与屋面板底部，密封条凸边塞进板肋间隙中，再用铆钉将滴水片与屋面板固定拉紧。

7.3.3　方案对比与优化

1. 板材连接方式

方案一采用铆钉和密封胶连接，方案二采用直立锁边系统(锁边原理如图7.3.3-1所示)，避免了由铆钉连接和打胶防水的方式所带来的漏水隐患。板肋直立，使得其排水断面几乎不受板肋影响，所以有效排水截面较普通板型(图7.3.3-2)更大，加之板肋较高(65mm)，更能保证屋面板在坡度平缓情况下的防水性能，同时对双向弯曲的屋面适应性更强。

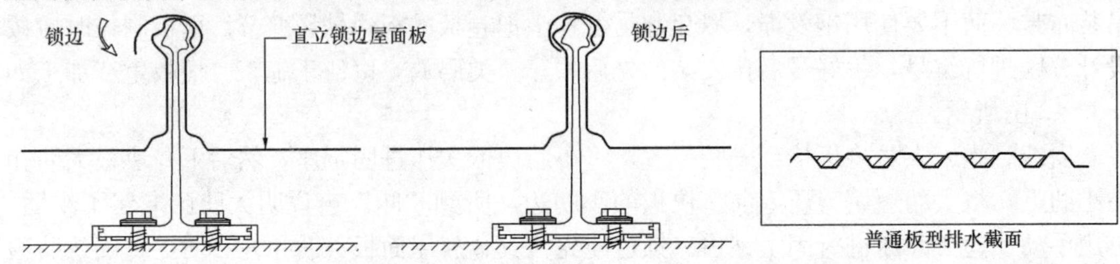

图7.3.3-1　直立锁边板型排水截面　　图7.3.3-2　普通板型排水截面

2. 现场板材运输方案比选

屋面板运输分为三种形式：人工运输、输送带运输和吊车运输。

屋面板压型机摆放在地面上，当压型机出板裁断后，由人工或搭设马道将屋面板搬运到屋面。

根据铁扁担承载能力和计划每次吊运的防水板重量，以及吊运高度和塔吊回转半径，选择适宜的吊车或塔吊运输成型板材。为保证板在垂直运输的过程中不产生变形，采用长度与板长相适合的铁扁担来完成板材的垂直运输。为降低措施费用，采用比较经济的钢管三角桁架作为铁扁担。根据铁扁担长度，在吊装时应适当增加吊点。铁扁担截面如图7.3.3-3所示。

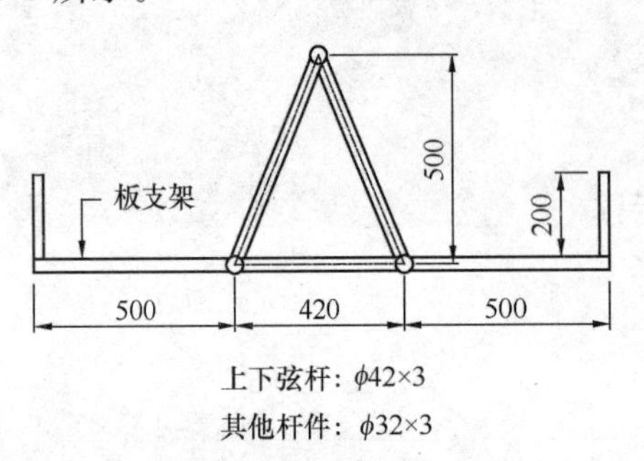

图7.3.3-3　吊装用铁扁担

屋面板还可以采用专门的输送带进行板材输送（图 7.3.3-4），输送带可与压制机出板口相衔接，直接将加工完成的板材运输至屋面，运输效率高，可解决超长板材运输问题。

三种运输方式各具特色，各有优缺点：人工运输效率低，人工使用量大，人工费较高，板材较长时运输困难，但施工灵活可不受场地条件影响，一般用于屋面板在安装位置的水平运输，不建议进行垂直运输。吊车运输，运输效率较高，但对机械占用时间长，需根据板材长度制作铁扁担，不适合超长板材运输。输送带运输效率高，可进行超长板材运输，但需要制作专用输送带，需要适宜的场地条件，不适合高层屋面施工。

图 7.3.3-4　输送带输送彩板带

3. 屋脊

一般屋面板厂家在处理屋脊节点时，只是将屋脊盖板泛水通过自攻螺钉与屋面板板肋连接，再将屋脊盖板边缘剪口下弯封住波谷空隙，这种处理办法（图 7.3.3-5）由于螺钉直接穿透屋脊盖板及屋面板，一旦钉孔出现密封不严，雨水就会从钉孔渗漏入建筑物内。

图 7.3.3-5　屋脊节点的一般做法

在施工过程中先用与板型相吻合的铝合金密封件与屋面板板肋用防水铆钉连接固定，并在密封件后塞入与板型一致的屋脊泡沫密封条，然后将屋脊盖板与密封件用铆钉在中间固定，这样（图7.3.3-6）即使外露的铆钉漏水，雨水也是滴在屋面板上而不是室内，而且密封件及密封条均是工厂预制的定型产品，外观效果及密封效果也远强于现场将泛水剪口下弯的方式。

图7.3.3-6　屋脊节点的改良做法

4. 檐口

在屋面板檐口端部设通长铝合金角铝，一方面可增强板端波谷的刚度，另一方面可形成滴水片，使屋面雨水顺其滴入天沟（图7.3.3-7），而不会渗入建筑物内。在滴水角铝与屋面板之间，塞入与屋面板板型一致的泡沫密封条，使板肋形成的缝隙能够被完全密封，防止因风吹灌入雨水。

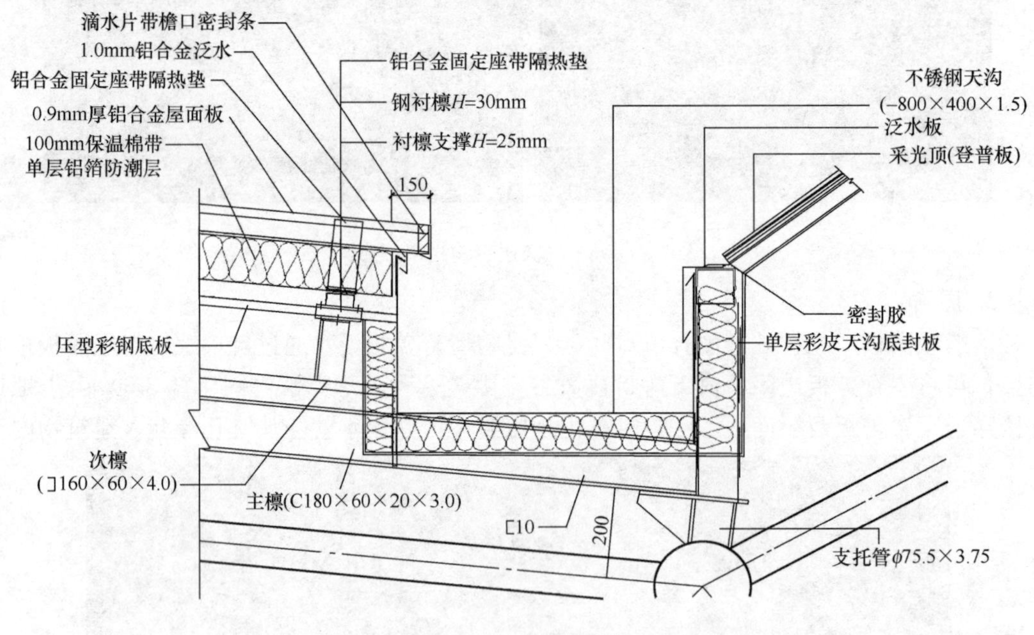

图7.3.3-7　天沟节点

5. 山墙

山墙的方向与板肋的方向相同，因此山墙节点（图7.3.3-8）的设计必须充分考虑屋面板的热胀冷缩，不能因为屋面板的伸缩受限而使节点破坏。因此山墙节点必须谨慎处理。

采用专门特殊设计的山墙配件，既能有效固定屋面板和泛水，同时又不影响屋面板的

图 7.3.3-8 山墙节点

伸缩，有效解决了防水、防风和伸缩之间的矛盾，提升了山墙处的防水抗风性能。

7.4 金属屋面施工工程案例

7.4.1 工程概况

河北某机场航站楼（图 7.4.1）工程屋面为金属屋面工程，大厅部分金属屋面面积为 13000m^2。屋面造型为流线型不规则曲面，外观简洁明快，富有现代化气息。整个屋面系统主要由金属屋面部分、铝单板檐口部分、虹吸排水系统组成。

图 7.4.1 河北某机场航站楼鸟瞰图

大厅金属屋面部分：屋面板采用 0.9mm 厚直立锁边铝镁锰合金屋面，保温层：100mm 厚保温棉，容重 16kg/m^3，上贴铝箔；气密层：PVC 薄膜；支撑层：50×50×1.2 镀锌钢丝网；30mm 厚玻璃纤维吸音棉，容重 12kg/m^3，仅用于穿孔板上方铺设；防尘层：无纺布，仅用于穿孔板上方铺设；底板：镀铝锌 HV-200 压型钢底板，室内 1/3 面积穿孔，2/3 面积不穿孔；屋面次檩条采用镀锌 C 型钢，材质 Q235，用 M12 螺栓固定于檩托板；屋面主檩条采用 H 型钢。

屋面天沟：屋面天沟采用 2.0mm 厚不锈钢板天沟，天沟分段焊接连接，搭接接长大于 50mm（小于等于 65m 设置）。

金属屋面系统自重：0.20kN/m^2；屋面活载：0.50kN/m^2；基本雪压：0.30kN/m^2；

基本风压：0.35kN/m²；屋面局检修活载标准值：1kN。

7.4.2　过程描述

铝镁锰板与其他材质板材相比较有轻质高强、易于加工、广泛的适用性等优点而且施工工艺成熟，在金属屋面系统中占有最大的市场份额。根据实际工程的屋面坡度和屋面设计形象要求可选择直立锁边系统、立边咬合系统和平锁扣系统。本工程屋面坡度随曲线变化而不同，金属屋面系统采用铝镁锰板直立锁边系统（图7.4.2），可很好地满足屋面坡度多变的造型要求。

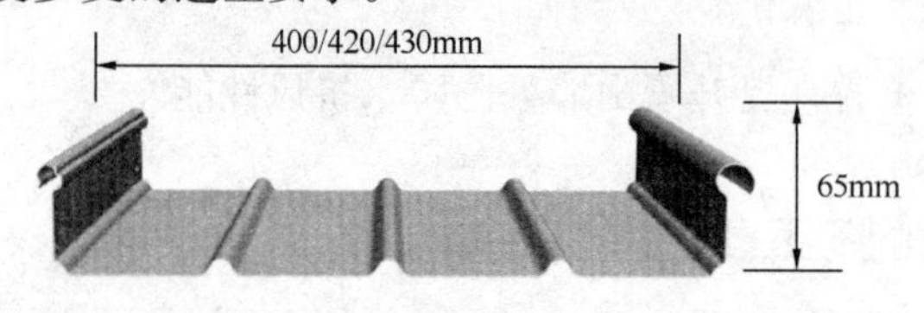

图7.4.2　直立锁边折型板

根据铝镁锰板加工工艺、材质力学性能和屋面坡度变化的特点，进行板材设计选择为：400/65铝镁锰屋面板，板肋直立，使得其排水断面几乎不受板肋影响，有效排水截面较普通板型更大，且此种板型板肋高达65mm，可以保证屋面板在横向倾斜情况下的防水性能，同时对坡度平缓的超长屋面适应性更强。

本工程施工前进行了一系列的前期策划和深化设计工作，通过对加工方法、运输方案、现场安装方案及细节深化设计和优化等工作，确定了现场加工、输送带运输以及细部节点构造及施工操作要点等内容。为后期施工提供了良好的技术支持和前期准备。

7.4.3　关键施工技术

1. 屋面施工

考虑利用主体钢结构搭设吊架脚手架平台，平台支点设在钢结构梁上，平台比安装操作点低1.5m，底部用密眼安全网全封闭，工人站立和操作部位满铺脚手板。如图7.4.3-1所示。

2. 檩条安装

檩条采用塔吊集中吊运至安装面，并按自西向东方向依次安装，檩条安装精度应符合屋面施工要求。由于屋面为不规则曲面，在两个方向坡度变化不一致部位，应适当减小檩条长度，避免结构安装精度偏差过大，无法满足屋面板安装要求。

图7.4.3-1　屋面结构施工

3. 钢丝网及防水透气膜铺设

在铺设前必须认真清扫底板基层，基层应平整。

首先对钢丝网布置在钢檩条上，平整顺直，接缝紧密。

将防水透气膜依次展开铺设，每片透气膜搭接处不小于50mm。

4. 铝合金固定座安装

铝合金固定座是将屋面风载传递到钢结构的受力配件，它的安装质量直接影响到屋面板的抗风性能；铝合金固定座的安装误差还会影响到屋面板的纵向自由伸缩，因此，将铝合金固定座安装作为本工程的关键工序，铝合金固定座安装主要有以下几个施工步骤。

1）放线

用经纬仪将轴线引测到钢檩条上表面，作为铝合金固定座安装的纵向控制线。

铝合金固定座的数量多少决定着屋面板的抗风能力，所以铝合金固定座沿板长方向的排数严格按图纸设计。

2）安装铝合金固定座

安装铝合金固定座时，其下面的隔热垫必须同时安装。本工程中每个铝合金固定座需要对称打两颗直攻螺丝。打直攻螺丝时，先打入一颗直攻螺丝，然后对固定座进行校正，再打入第二颗螺丝。应控制好螺丝的紧固程度，避免出现沉钉或浮钉。

3）复查铝合金固定座位置

用目测的方法检查每一列铝合金固定座是否在一条直线上，如发现有较大偏差的铝合金固定座，在屋面板安装前一定要纠正，直至满足板材安装的要求。铝合金固定座如出现较大偏差，屋面板安装咬边后，会影响屋面板的自由伸缩，严重时板肋将在温度反复作用下磨穿。

5. 屋面板加工

本工程选用的直立锁边屋面板可采用现场压型生产的方式，其生产设备仅为一个约10m长的集装箱，能够非常方便灵活地搬运和移动，并在工地现场能根据工程的实际需要生产任意长度的屋面板，不受运输条件限制，使得屋面板在纵向没有搭接，减少了漏水机会，提高了屋面的整体性和美观性。

6. 屋面板垂直运输

本工程屋面板的垂直运输选择输送带运输，输送带直接与加工设备的板材出口衔接，既解决了超长板材的运输，又提高了板材运输效率，使加工好的板材第一时间进行安装，减少了中间环节对板材变形的不利影响。

7. 屋面板安装

1）放线

在铝合金固定座安装质量得到严格控制的条件下，只需放设面板端定位线。对于本工程而言，板端定位线即伸入天沟的距离作为参考，但应略大于设计的出天沟长度，以便于裁边。这就需要在生产板时充分考虑板的长度。

2）就位

屋面板抬到安位置，就位时先对准板端控制线，然后将搭接边（大肋）用力压入前一块板的搭接边（小肋）。检查搭接边是否能够紧密接合，如不能应找出问题，及早处理。

3）固定点

为了使屋面板的伸缩方向合理，我司对不同形式屋面的固定点作了明确规定，本工程屋面固定点在最高点的屋脊处（图7.4.3-2）。必须按安装手册中规定的位置对每一块屋面板进行固定。

固定点的作用是为了不让板滑走。如果屋面布局没有特殊的要求，每块屋面板均应在固定点固定住，以防板滑动。

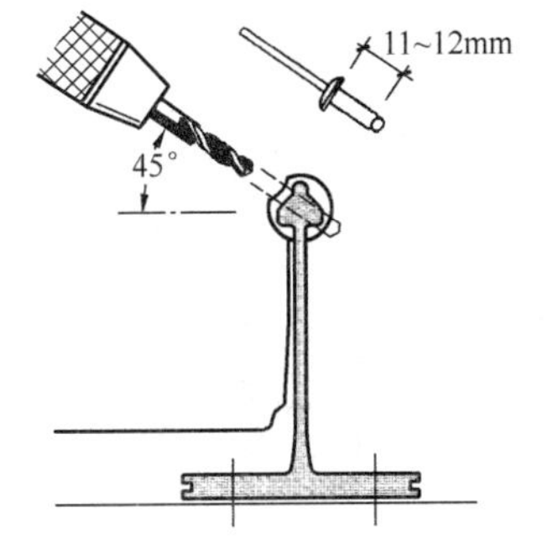

图7.4.3-2　屋面板固定

在小肋上钻一个小孔，穿过固定座的梅花头，以配合铆钉的固定。用11～12mm的铆钉。铆钉的前端会被下一块板的大肋隐藏住。

4）咬边

面板位置调整好后，安装端部面板下的泡沫塑料封条，然后进行咬边。要求咬过的边连续、平整，不能出现扭曲和裂口。在咬边机前进的过程中，其前方1m范围内必须有人用力使搭接边接合紧密。对本工程而言，咬边的质量关键在于在咬边过程中是否用强力使搭接边紧密接合。当天就位的面板必须完成咬边，保证夜晚来风时板不会被吹坏或刮走。咬边操作如图7.4.3-3所示。

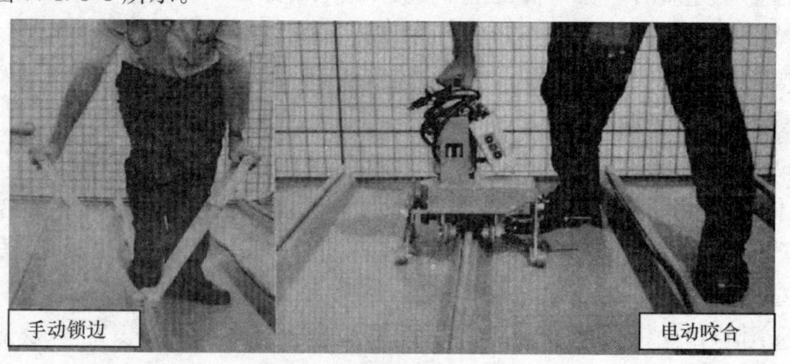

图7.4.3-3　屋面板咬边施工

5）板边修剪

板边修剪采用无齿锯。修剪位置均以拉线为准，修剪檐口和天沟处的板边，修剪后应保证屋面板伸入天沟的长度与设计的尺寸一致，这样可以有效防止雨水在风的作用下不会吹入屋面夹层中。

6）折边

折边的原则为水流入天沟处折边向下，否则折边向上。折边时不可用力过猛，应均匀用力，折边的角度应保持一致。

8. 屋脊安装（图7.4.3-4）

屋脊分两种，一种平行屋面板的，一种为垂直屋面板的，工程中多见与垂直于屋面板的屋脊。

1）垂直屋面板的屋脊安装

用屋脊折边工具将屋面板的端头上弯。

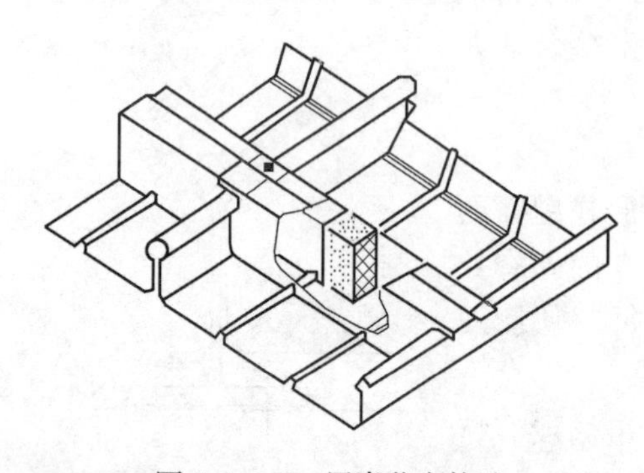

图7.4.3-4　屋脊节点构造

在起点线处，将屋脊密封件卡到屋面板上，用一个铆钉将其固定到板肋上。固定点不能离固定座太近。

将密封条放在屋脊密封件背后的一侧，以避免紫外线的照射。

最后屋脊板与屋脊密封件采用铆钉进行锚固，屋脊板之间打密封耐候胶，要求打胶均匀饱满连接牢固。

2）平行屋面板的屋脊安装

屋脊部位屋面板为异形板，屋脊处板肋与屋面板夹角应根据屋脊角度确定：板肋与屋面板夹角=（360°—屋脊夹角）/2。屋脊板加工过程中根据计算的屋脊板面与板肋夹角，在计算机中输入数据，并进行试加工和试拼装，确保加工数据符合要求后再进行加工制作。屋脊板安装同屋面板安装。

9. 收边泛水安装

1）底泛水安装

泛水分为两种，一种是压在屋面板下面的，称为底泛水；一种是压在屋面板上面的，称为面泛水。天沟两侧的泛水为底泛水，必须在屋面板安装前安装。底泛水的搭接长度、铆钉数量和位置严格按设计施工。泛水搭接前先用干布擦拭泛水搭接处，目的是除去水和灰尘，保证硅胶的可靠粘接。要求打出的硅胶均匀、连续，厚度合适。

2）面泛水安装

每个区域两侧边的檐口处的收边泛水均为面泛水，其施工方法与底泛水相同，但要在面泛水安装的同时安装泡沫塑料封条。要求封条不能歪斜，与屋面板和泛水接合紧密，这样才能防止风将雨水吹进板内。

7.5　金属屋面施工工程后评价

通过深化设计和精心施工，我单位对金属屋面施工总结了一整套施工技术和施工经验，针对易渗漏、不规则等部位的细节处理采取专项措施，根治了屋面漏水和屋面板变形损伤等质量问题。同时也使屋面整体线条流畅，沟檐部位整齐划一，建筑造型更趋完美。

1. 防止屋面板变形损伤措施工艺评价

针对屋面板变形损伤的问题，我单位制定了专项措施，从结构施工开始确保各构件设计位置与施工安装位置相一致，从结构网架、桁架、主梁到安装主檩和次檩位置必须严格复核，保证其准确位置。固定支座位置通过安装尺定位，并拉线复核固定支座直线度和标高偏差。针对不规则曲线坡面，应根据坡面形式和坡度相应减短次檩长度，并应根据屋面形式建立三维模型，校核各部位构件安装位置，防止次檩长度过长，部分位置固定支座标高偏差过大，最终导致屋面板锁边破损。超长屋面板通过采用橡胶复合支座，减小支座与屋面板摩擦力，改善因温度变化涨缩而使屋面板损伤的情况。本工程超长板材（单块屋面板长度超过75m）的屋面板固定支座，采用了Eclip复合固定座（该支座表面为工程塑料）。因为直立锁边系统（图7.5-1），固定座仅限制屋面板在板宽方向和上下方向的移动，并不限制屋面板沿板长方向的自由度，因此屋面板在温度变化时能够在固定座上自由滑动伸缩，不会产生温度应力，这样便有效解决了温度变形问题，保证了屋面板各项性能的可靠性。而对于超长板材，铝合金支座与屋面板摩擦系数较大，板与固定座产生的摩擦力累计向板的

图7.5-1　直立锁边配件

固定点传递，对板的受力产生不利影响，可能造成屋面板变形或固定支点损坏。通过采用Eclip复合固定座有效地减小固定支座和屋面板的摩擦力，Eclip复合固定座与铝合金支座相比可减小摩擦力约70%，且热传递系数也比铝合金支座小。

2. 易渗漏部位施工工艺评价

针对易漏、易渗的屋脊、天沟、屋檐等部位采取专项措施，改善节点做法，进行全方位立体防护，通过几个场馆工程的实践摸索和不断改进，基本解决了屋面渗漏难题。金属屋面的渗漏主要为屋面板与结构之间、屋面板与屋面板之间的缝隙造成，主要是使水体原理缝隙和增强缝隙部位严密性两种思想来解决渗漏问题：天沟部位主要采取加大天沟截面尺寸，增大缝隙与水体的距离；屋脊部位改善节点形式增强屋脊部位防水严密性。

图7.5-2　屋面檐沟结构施工

1）天沟设计（图7.5-2）

大面积不规则曲面屋面排水设计，应采用三维分析软件进行曲面特性分析，确定水流方向，按坡度较大方向设置排水天沟。天沟截面尺寸应适度加大，防止瞬时雨量过大，排水沟下游部位水量过大从天沟和屋面板之间缝隙渗入屋面层内部，导致屋面漏水。我单位通过几个工程实际的经验，在计算排水量所需截面的基础上适度增大天沟截面尺寸，大大减少了天沟处雨水渗漏问题。

2）屋脊部位改良

屋面工程屋脊部位原做法为屋脊盖板泛水通过自攻螺钉与屋面板板肋连接，再将屋脊盖板边缘剪口下弯封住波谷空隙，这种处理办法由于螺钉直接穿透屋脊盖板及屋面板，一旦钉孔出现密封不严，雨水就会从钉孔渗漏入建筑物内。改良做法为：铝单板密封件、钢方通骨架与屋面板板肋用防水铆钉连接固定，并在铝板下塞入与板型一致的屋脊泡沫密封条，然后将屋脊铝盖板与骨架固定，铝板之间缝隙全部采用耐候密封胶填充处理。改良后屋脊部位防水性能得到有效提高，外形也更加美观整洁。

3. 施工过程防风压措施工艺评价

本工程远离城市密集建筑群，四周空旷，风力较大，屋面工程施工期间，外墙结构未完成施工，刚安装的屋面板只进行临时固定，固定点较少，屋面板曾因大风被掀起，造成屋面板损坏。因此屋面板铺设后应当天进行锁边固定，并及时注意天气预报，风力大于5级的天气不应进行屋面板安装施工。因特殊原因无法当天完成锁边固定的屋面板应采取专项措施进行固定，固定方式如图7.5-3所示。

4. 檐口不规则部位施工工艺评价

本工程檐口部位走向为圆形、椭圆形或不规则空间曲线，造型独特，要保证檐口铝单板安装的规范、曲线顺畅难度很大，对此必须依照现场实际情况来进行放线、排版，建立采用三维模型，确定檐口板材加工尺寸，测出每段圆弧板的各方向尺寸及弧度，根据每段圆弧板的尺寸进行现场加工，并编号，再严格按编号进行拼装。我单位在某机场金属屋面

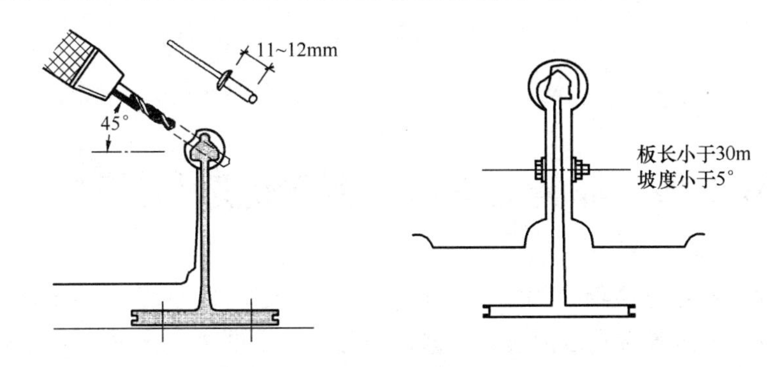

图 7.5-3 屋面板立式锁边固定

施工中，通过三维模型合理划分檐口铝单板区段，并在现场实测实量的基础上，现场加工圆弧形檐口板，并精心施工，使檐口铝单板安装曲线平滑，接口整齐。

5. 经济和社会效益分析

通过对易渗漏部位和屋面板变形损伤控制，大大减少了屋面工程的后期维修费用，通过与以往工程对比，平均每年可节约维修费用 3500 元，按正常使用期 20 年计算可节约费用 70000 元。

本工程采用输送带进行屋面板的垂直运输，很好地保证了施工进度的要求，减小了运输环节的屋面板变形，同时减少了对塔吊等运输机械的占用时间，为工程总体进度作出了贡献。

通过对我单位承接的几个工程施工经验总结和改进，金属屋面的施工工艺更趋完善，其弊端得到有效规避，为几个场馆工程增添了不少的亮彩，得到了业主和社会各界的一致好评。

第 8 章　幕墙工程施工方案优选与后评价

幕墙是一种悬挂在建筑物结构框架外侧的外墙围护构件。它的自重和所承受的风荷载、地震作用等，通过锚接点以点传递方式传至建筑物主框架。幕墙构件之间的接缝和连接用现代建筑技术处理，使幕墙形成连续的墙面。

幕墙的出现始于上世纪初期，当时只用于建筑的局部，且规模较小。到 20 世纪中期，随着建筑技术的发展，幕墙的若干技术问题逐渐得到解决，幕墙才有了较大的发展。幕墙发展到今天，面板除了玻璃外，还采用铝板、不锈钢板、陶瓷板、花岗石板、木板等。用幕墙形式来进行建筑装饰饰面板安装，这样就打破了高层建筑不能使用饰面板进行建筑物外装修的限制，使高层建筑能以幕墙形式采用建筑装饰饰面板进行外墙装修。由于它鲜明的个性和美学的特点，形成了多彩而富于变化的城市景观，幕墙几乎成为现代建筑的标志之一。

8.1　幕墙的种类与发展现状

关于幕墙产品依《建筑幕墙》JG3035 规定：按板面材料可分为玻璃幕墙、金属板幕墙、石材幕墙、组合幕墙等；同时《玻璃幕墙工程技术规范》JGJ 102—2003 规定按工厂加工程度和在主体结构上安装工艺划分位构件式幕墙和单元式幕墙。

1. 玻璃幕墙是当代的一种新型墙体，它赋予建筑的最大特点是将建筑美学、建筑功能、建筑节能和建筑结构等因素有机地统一起来，建筑物从不同角度呈现出不同的色调，随阳光、月色、灯光的变化给人以动态的美。在世界各大洲的主要城市均建有宏伟华丽的玻璃幕墙建筑，如纽约世界贸易中心、芝加哥石油大厦、西尔斯大厦都采用了玻璃幕墙。香港中国银行大厦、北京长城饭店和上海联谊大厦也相继采用。

玻璃幕墙也存在着一些局限性，例如光污染、能耗较大等问题。此外，玻璃幕墙光洁透明的天生丽质并不耐污染，尤其在大气含尘量较多、空气污染严重、干旱少雨的北方地区，玻璃幕墙极易蒙尘纳垢，这对城市景观而言，非但不能增“光”，反而丢“脸”。所用材质低劣，施工质量不高，出现色泽不均匀，波纹各异，由于光反射的不可控制性，导致了光环境的杂乱。但这些问题随着新材料、新技术的不断出现，正逐步纳入到建筑造型、建筑材料、建筑节能的综合研究体系中，作为一个整体的设计问题加以深入的探讨。

2. 到目前为止，金属幕墙中的铝板幕墙一直在金属幕墙中占主导地位，轻量化的材质，减少了建筑的负荷，为高层建筑提供了良好的选择条件；防水、防污、防腐蚀性能优良，保证了建筑外表面持久长新；加工、运输、安装施工等都比较容易实施，为其广泛使用提供强有力的支持；金属板材的优良的加工性能，色彩的多样性及良好的安全性，能完全适应各种复杂造型的设计，可以任意增加凹进和凸出的线条，而且可以加工各种形式的曲线线条，拓展了建筑师的设计空间；较高的性能价格比，易于维护，使用寿命长，符合业主的要求。因此，铝板幕墙作为一种极富冲击力的建筑形式，倍受青睐。

3. 石材幕墙板材大部分为天然材质，具有光亮晶莹、坚硬永久、高贵典雅的特性；天然石材一方面具有良好的耐冻性。石材在潮湿状态下，能抵抗冻融而不发生显著之破坏者，此性能称为耐冻性。岩石孔隙内的水分在温度低到摄氏零下 20°时，发生冻结，孔隙内水分膨胀比原有体积大 1/10，岩石若不能抵抗此种膨胀所发生之力，便会出现破坏现象。一般若吸水率小于 0.5%，就不考虑其抗冻性能。天然花岗石另一方面具有较好的抗压性能。石材的抗压强度会因矿物成分、结晶粗细、胶结物质的均匀性、荷重面积、荷重作用与解理所成角度等因素，而有所不同。若其他条件相同，通常结晶颗粒细小而彼此粘结一起的致密材料，具有较高强度。致密的火山岩在干燥及饱和水分后，抗压强度并无差异（吸水率极低），若属多孔性及怕水之胶结岩石，其干燥及潮湿之强度，就有显著差别。

石材幕墙自重比较大，对于建筑基础产生的影响相对较大。其次石材幕墙防火性能差，尤其在高层建筑，火灾一般均在室内燃起，楼内的大火会使挂石板的不锈钢板和金属结构温度升高，使钢材软化，失去强度，石板将会从高层形成石板“雨”落下，不仅对行人造成危险，也给消防救火造成困难。

8.2　建筑幕墙工程施工控制要点

建筑幕墙在施工过程中需要对各个施工环节重点把关控制，严格按照相关规范以及正规操作流程进行施工，才能保证幕墙整体性能，达到预期效果及功能。

1. 幕墙工程的施工测量应与主体工程施工测量轴线相配合，使幕墙工程的坐标、轴线与建筑物的相关坐标、轴线相吻合（或相对应），测量误差应及时消化不积累，使其符合幕墙的构造要求。

测量放线应同时从正向和相反向进行，以防止误差积累造成超出设计要求的偏差。按每个施工作业面设置垂直、水平方向的控制线并做好标识。严格控制测量误差，保证垂直方向偏差、水平方向偏差、中心位移等均在规范要求范围内，测量必须经过反复检验、核实，确保准确无误，并做好标识。

幕墙测量应按幕墙工程布置图、主体结构轴线、标高进行全面的测量放线。主体结构出现偏差时，幕墙分格线应根据主体结构偏差及时进行调整，同时将各种偏差数据反馈与设计人员；存在较大误差时，由设计人员提出处理意见（方案），报业主、监理及土建施工单位，以便及时协调处理。

幕墙施工中的测量放线主要有两种：一种是新建筑物的幕墙施工测量放线；另一种是旧楼改扩建的幕墙施工测量放线。二者在内容上基本一致，但在基准确认方面却不着很大的不同。新建建筑物幕墙施工的测量放线是从已有的基准中推演开来；而旧楼改扩建幕墙施工的测量放线是先找到并确定基准而后再将基准进行转移和扩展。

对于高层建筑的测量应在风力不大于 4 级时进行。

2. 建筑幕墙预埋件是幕墙的重要构件，它与主体结构的连接节点是幕墙的重要连接节点。幕墙工程施工中预埋件的质量，埋设质量和与转接件的连接质量都对幕墙的性能和使用寿命有着重大的影响。目前在建筑幕墙常见的预埋件有：锚板构造预埋件、槽型预埋件，后置埋件等三个类型。

1）平板构造预埋件

平板构造预埋件由锚板和对称布置钢筋焊接（电弧焊）形成的组件。它是在土建施工时埋设的。

平板预埋件由锚板上焊接锚筋所组成。（锚筋不得采用冷轧钢筋，当锚筋直径≥10mm时采用Ⅱ级变形钢筋，包括月牙纹及螺纹钢筋，见《钢筋混凝土结构预埋件》JSJT-203）早期的做法是把钢筋弯折后直接焊到锚板上，现在基本采用锚板上钻孔后塞焊的方式，后者比较可靠。锚板与锚筋的焊接质量是预埋件的质量关键。要保证焊接质量，电焊操作工必须经培训持证上岗。预埋件的验收也是关键，不仅检查外观质量，防止出现虚焊、脱焊，还要按规定进行锚板与钢筋的焊缝强度检查。

施工过程应避免平板预埋件捆扎不牢，如条件允许可以将锚筋与建筑主体结构钢筋进行焊接。若无可靠连接，在主体结构施工时混凝土浇灌、振捣时就会使预埋件位移、偏斜，导致无法使用。

2）槽型预埋件

槽型预埋件由特殊轧制槽型钢和特殊工字型钢（或钢筋）焊接形成的组件。它是土建施工时埋设的。

槽型预埋件的加工材料和技术要求与平板形预埋件基本相同，允许偏差应符合规范对槽型预埋件的要求，且应注意预埋件的长度、宽度和厚度，槽口尺寸，锚筋长度均不允许有负偏差。

槽型预埋件具有调节性好、连接灵活、无须焊接和易于埋优点，已广泛的建筑幕墙工程上使用，但槽型预埋件与其他预埋件一样，埋设时也容易偏移、倾斜和进入结构墙体内等故障。在施工过程中也同样需要采取与主体结构可靠连接措施。

《玻璃幕墙工程技术规范》JGJ 102－2003 第10.2.3条：玻璃幕墙与主体结构连接的预埋件，应在主体结构施工时按设计要求埋设，预埋件的位置偏差不应大于20mm。

3）后置埋件

由锚板和膨胀螺栓或化学螺栓（代替钢筋）组成。它是在幕墙工程安装施工中形成的预埋件组件。

后置埋件在也建筑幕墙施工中广泛使用，特别在旧楼改建、扩建的幕墙工程大量，甚至全部使用后锚固件。幕墙工程中大量、甚至全部采用后置埋件，加上施工质量如未能得到很好的控制，会给幕墙使用带来安全隐患。

对于置埋固件的施工要求在规范《混凝土结构后锚固技术规程》JGJ 145－2004，有明确的规定。

（1）锚固栓钻孔要求：

孔径直径允许偏差	孔深允许偏差	垂直度允许偏差	位置允许偏差
≤0.5mm	膨胀、扩孔型螺栓：0＋10mm 化学植筋：0 ＋20mm	≤50	5mm

注：1. 钻孔时应避开主受力筋，对于废孔应用化学锚固胶或高强度等级的树脂水泥砂浆填实；

2. 钻孔后用压缩机或手动气筒，清除孔内的粉尘和碎渣，再用丙酮擦拭孔道，并保持孔道干燥。

(2) 锚固栓最小有效锚固深度 h_{min}：$h_{min}/d = 6$，d 为锚固栓直径。

若采用 d 为 12mm 的锚固栓，其最小有效锚固深度应为 72mm。(设防烈度为 7 级，混凝土 C30)，有效锚固的深度应不包含墙面的抹灰层和装饰层厚度。

(3) 注意钻孔最小边距：膨胀螺栓 $C_{min} \geqslant 12d$，扩孔型锚栓 $C_{min} \geqslant 10d$，化学植筋 $C_{min} \geqslant 5d$ (d 为螺栓外径)。

后置埋件用螺栓应提供合格证、材质力学性能报告并进行力学性能复验。后加螺栓必须在现场进行单体拉拔试验和节点（群体）拉拔试验，试验所加荷载应达荷载设计值的 1.5 倍而无明显滑移，必要时应在检测单位进行极限拉拔试验。试验的结果应与设计计算进行校核，要求锚栓承载力设计值不应大于其极限承载力的 50%。

后置埋件不应连接在砖石砌体上，更不得与轻质墙连接。

化学植筋的安装应根据锚固胶施用形态（管装式、机械注入式、现场配制式）和方向（向上、向下、水平）的不同采用相应的方法。化学植筋的焊接应考虑焊接高温对胶的不良影响，采取有效的降温措施，离开基面的钢筋预留长度不小于 $20d$，且不小于 200mm。

化学植筋植入锚孔后，在固化完成之前，应按照厂家所提供的养生条件进行固化养护，固化期间禁止扰动。

3) 出现偏离的预埋件的处理意见

①平板预埋件位置偏离设计位置

出现预埋件偏离时，可以加大（或加长）预埋锚板方法补救。如图 8.2-1 和图 8.2-2 所示。

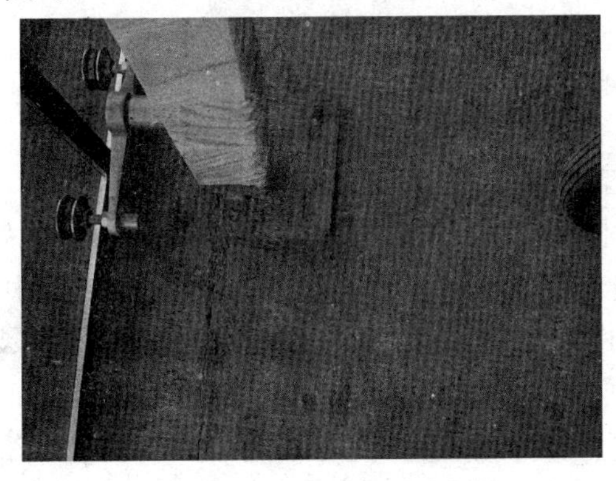

图 8.2-1 预埋件偏移后加焊接、锚栓补片纠正

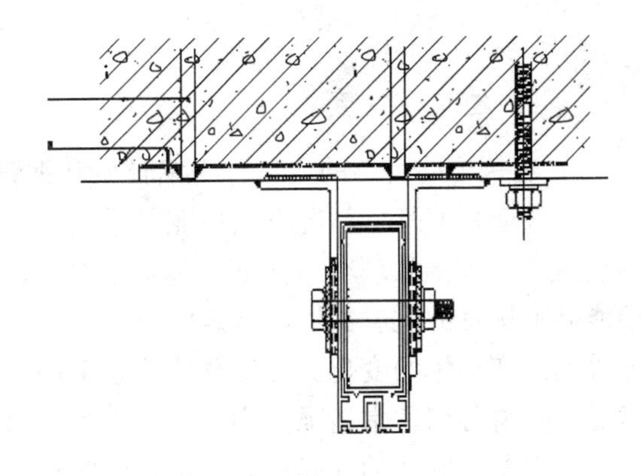

图 8.2-2 加长锚板后使用后置螺栓固定

②预埋件出现偏斜

出现偏斜时，可以变动转接件角度，以适应转接件埋设产生的偏斜（图 8.2-3），也可根据用新的锚板代替（图 8.2-4）。

③预埋锚板下面出现空洞

预埋件下面出现空洞时应该充填水泥砂浆填实。如图 8.2-5 所示。

④后置埋件的化学锚固件防止焊接热影响的措施

在原来的预埋件上增加转接板以减少焊接温度的影响（图 8.2-6）。

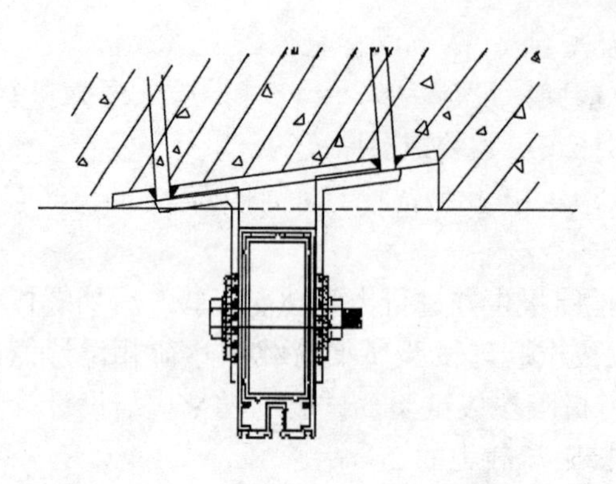

图 8.2-3　改变转接件角度以适应预埋件出现的偏斜

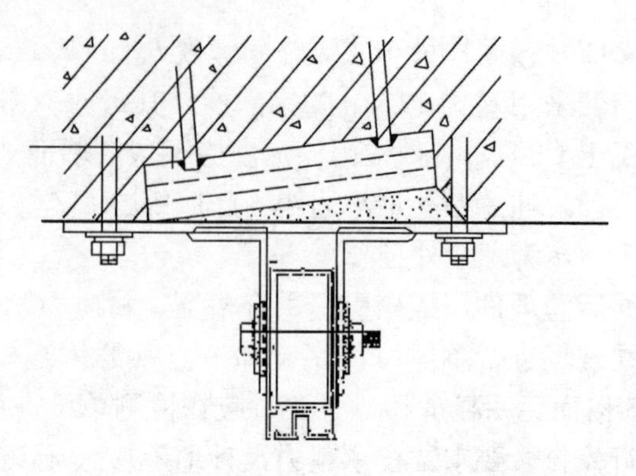

图 8.2-4　用新的锚板代替原先的槽型埋件

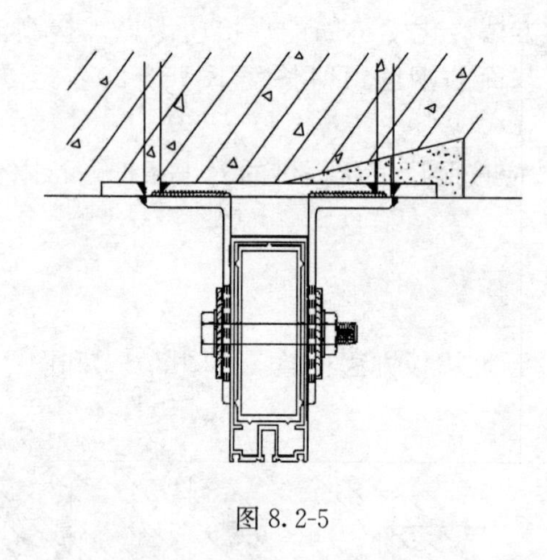

图 8.2-5

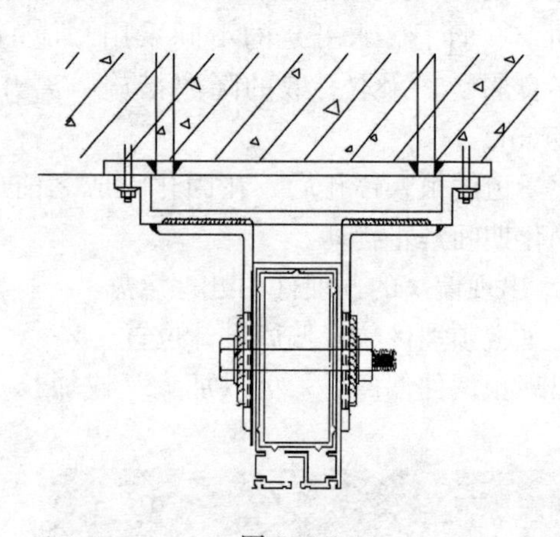

图 8.2-6

3. 建筑幕墙骨架的设置分为铝骨架和钢骨架

在玻璃幕墙通常情况下支撑龙骨采用铝型材作为骨架，铝型材具有较好的可塑性，外观整洁。在大多数环境条件下，包括在空气、水（或盐水）、石油化学和很多化学体系中，铝能显示优良的抗腐蚀性。特定的拉伸强度、屈服强度、可延展性和相应的加工硬化率支配着允许变形量的变化。金属幕墙可以采用铝龙骨也可以采用钢龙骨，根据实际需要进行考虑。石材幕墙通常情况采用钢龙骨作为支撑骨架。

幕墙龙骨安装的准确性和质量，影响整个幕墙的安装质量，是幕墙安装施工的关键之一。通过连接件的幕墙平面轴线与建筑物的外平面轴线距离的允许偏差应控制在 2mm 以内，特别是建筑平面呈弧形、圆形和四周封闭的幕墙，其内外轴线距离影响到幕墙的周长，影响玻璃板块的封闭，应认真对待。立柱一般根据建筑要求、受力情况、施工及运输条件确定其长度，通常一层楼高位一整根，接头应有一定空隙，采用套筒连接方式，以适应和消除建筑受力变形及温差变形的影响。

幕墙横龙骨是分段在竖龙骨中嵌入连接，横龙骨两端与竖龙骨连接尽量采用螺栓连接，连接处应用弹性橡胶垫，橡胶垫应有一定的压缩变形能力，以适应和消除横向温度变形的影响。当完成一层高度时，应及时进行检查、校正和固定。

幕墙防火保温材料应可靠固定，铺设平整，拼接处不应留缝隙。封口安装如有防火要求时，应采用防火胶进行密封，否则均要求耐候胶密封。幕墙龙骨安装用的临时螺栓等，应在构件紧固后及时拆除，防止临时构件对幕墙整体性能产生负面效果。当采用现场焊接或高强螺栓固定的构件，应在焊接完成检验合格和螺栓紧固之后及时进行防锈处理。

4. 建筑幕墙饰面板有玻璃、金属、石材等，分别根据立面整体效果以及建筑师设计搭配理念来进行选择。

幕墙玻璃安装宜采用机械或人工吸盘，故而要求玻璃表面擦拭干净，以避免漏气，保证施工安全。支撑玻璃的构件框槽底部应设两块定位橡胶块，避免玻璃与金属构件硬性接触。玻璃四周空隙宜一致并应符合设计要求，使玻璃在建筑变形及温度变形时可以保证必要的伸缩调整，消除变形对玻璃的不利影响。

在实际工程中，避免镀膜玻璃的镀膜面安反的现象发生。镀膜面安反之后，不仅影响装饰效果而且影响其耐久性和使用寿命。因此，中空镀膜玻璃的镀膜面应在第二面，即外片玻璃的内侧表面。

金属饰面板应按照实际工程造型及设计需要在工厂加工制作完成，并在表面粘贴保护膜。在安装饰面板之前保护膜不能揭开，确保金属板面在运输安装过程中不被划伤。安装饰面板前要在龙骨上拉出两根通线，定好板间接缝的位置，按线的位置安装板材。拉线时要使用弹性小的线，以保证板缝整齐。安装饰面板缝隙应严格按设计要求留设，偏差应控制在允许范围内。

石材饰面板属于天然材料，不可避免的会产生色差问题，所以要求石材饰面板在安装之前进行排版，根据排版位置进行就位安装。石材饰面板与骨架的连接有钢销式（销针式）、通槽式、短槽式（又称两头翻式）、背栓式等方式。

其中钢销式石材面板安装，在销孔处应力比较集中，见图 8.2-7。据已建工程实践证明，在应力集中之处石材局部有碎裂现象。但由于它施工方便，连接件容易加工，价钱便宜。故它适于石材板块较小（$1m^2$ 以下）幕墙高度在 20m 以下的建筑物。

短槽式石材面板安装，先按幕墙面基准线安装好第一层石材，然后依次向上逐层安装，槽内注胶，以保证石板与挂件的可靠连接，见图 8.2-8。石板开槽之后应将石屑清洗，石板与不锈钢（不小于3mm厚）或铝合金（不小于4mm厚）间应用环氧树脂型石

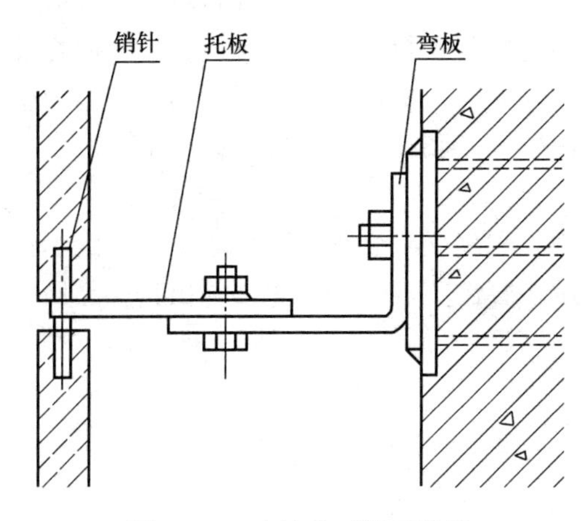

图 8.2-7 小镇式石材干挂件

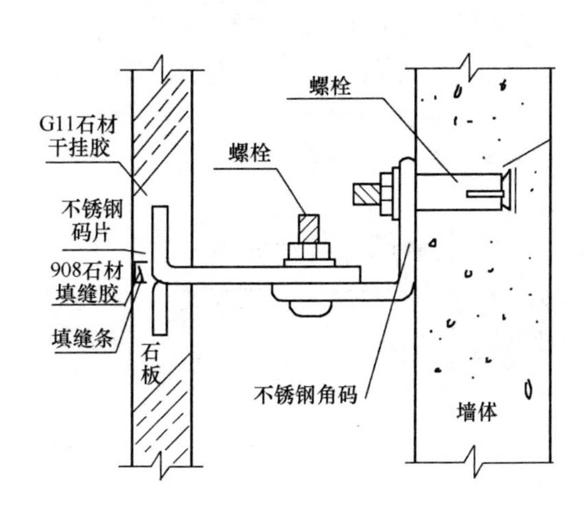

图 8.2-8 两头翻式干挂件

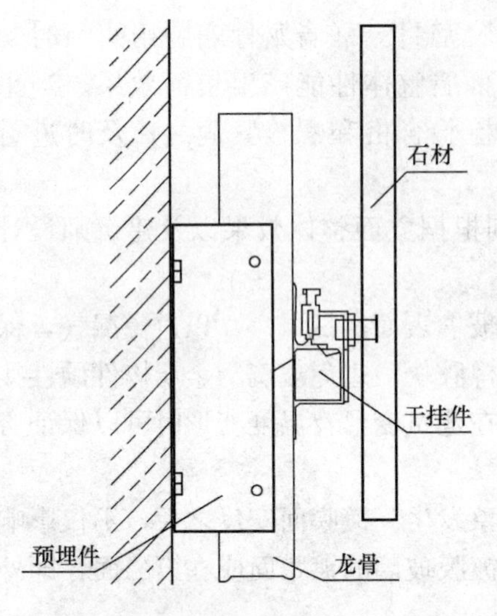

图 8.2-9　背栓式石材干挂件

材专用结构胶粘结，不应适用不饱和聚酯类胶粘剂。由于石材板块使用T型挂件后，石材板块不可独立拆装、不便于维修，部分地区已经禁止适用，可以使用铝合金挂件进行安装。

背栓式石材面板采用双切面磨孔设备进行石材磨孔和锚栓植入，见图 8.2-9。磨孔设备的切削速度应达到 12000 转/分，保证高速无损拓孔。拓孔完成后，安装有弹性不锈钢套筒的锚栓和连接件。在组件完成之后，需要进行抗拉拔试验，试验结果应满足设计要求。

石材安装到每一层的标高时应进行误差的调整，不得累计。

5. 建筑幕墙制作与施工过程中需对打胶技术和作业进行有效控制，以确保幕墙质量。

幕墙所用胶类产品必须在保质期内使用，以保证粘结质量。硅酮结构密封胶施工质量直接影响整体幕墙的施工质量安全；硅酮耐候密封胶施工质量也关系幕墙整体的密封性能以及美观性。

1）硅酮结构密封胶分单组分和双组分两种：

（1）单组分胶可直接从筒状（或肠状）包装中用手动或气动喷枪来注施，气动枪的应调好操作压力（一般不得超过 275.8kPa），防止注胶时产生气泡。

（2）双组分胶须使用专用打胶设备，按规定比例均匀混合（按该产品说明书混合）混合均匀性用蝴蝶试验方法测试，并填写记录。

结构胶应在清洁打胶车间内作业，作业必须使用专用工具。作业应在 10～40℃，相对湿度 40%～80%环境下使用，并不低于 30%，方可获得较佳的粘结效果，具体胶的使用同时还须参考相应产品的使用说明书。在结构胶注胶过程要切实做好注胶记录和日常保养记录。当结构胶固化后出厂前，需进行试样剥离试验。

2）硅酮耐候密封胶施工前应清洗注胶表面灰尘污物。充分清洁间隙缝，不应有水、油渍、涂料、铁锈、水泥浆、灰尘等。充分清洁粘结面，加以干燥。清洁剂可用甲苯或甲基二乙酮。

耐候胶必须按设计图纸施工，保证注胶厚度。为避免密封胶污染玻璃或铝板，应在缝两侧贴保护胶纸。用手动或气动胶枪均匀连接地注入缝隙，保证充满之后，用刮刀用力由上至下将胶刮平，撕去保护胶纸。必要时可用溶剂擦拭。胶在未完全硬化前，不要沾染灰尘和划伤。

幕墙所用胶类必须满足设计要求，幕墙用结构胶和耐候胶必须配套使用，并与配套铝型材、泡沫填充材料、玻璃及其他直接接触材料做相容性实验，胶厂家必须出具产品质量保证书。

8.3　幕墙工程施工控制方式

施工过程中，需要对建筑结构外立面进行放线测量，检查测量结果是否与设计图纸相符合。如果出现偏差，要对偏差进行分析，必要时可以对幕墙制作尺寸进行调整。放线时要使用激光经纬仪垂直标定各区域的控制线，并用水准仪标定各楼层的水平线，弹出分格线，测量过程中要闭合各个控制线。

1. 玻璃幕墙的所有外露金属构件要均匀平整，不能出现任何的波纹、变形以及紧固件的突出、凹进。各构件标高要准确、横平竖直，表面不能有擦伤、划伤等机械损伤，也不能出现斑点、条纹等缺陷。对于施工现场的钢件焊缝，要涂上足够的防锈漆（一般涂两道）。镀膜玻璃安装时要注意方向，以防出现镀膜玻璃方向装反的情况。安装后的玻璃要表面平整，不允许出现翘曲且相邻玻璃板块不能出现台阶。

构件式玻璃幕墙安装玻璃时，玻璃边缘要和龙骨保持一定的间隙，上下左右都要顾及。玻璃间的橡胶条、胶条嵌塞要全面密实，胶条接口处需要用密封胶做填充处理。注胶前要先对玻璃边缘、四边铝框进行清洁，要防止有砂浆、铁锈的存在。密封时要均匀一致、胶缝饱满且平整光滑。同时应注意各层间的保温防火材料要填塞严实。

点式玻璃驳接爪安装之前应全面检查幕墙基础钢座固定情况，确认完全符合要求后安装驳接爪。每组驳接爪按照钢结构上正确孔位调整上下、水平至确定位置，确保驳接爪的距离符合玻璃距离要求。点玻式玻璃幕墙的每块玻璃可以独立安装不受限制，根据现场情况选用合适的安装顺序。玻璃面板与不锈钢驳接爪连接用力矩扳手测量紧固度，保证每点受力均衡。点式玻璃接缝内要采用两面打胶的方式，充分保障玻璃幕墙防渗漏的作用。

2. 金属幕墙根据其外饰面材料的不同各个控制环节也不尽相同。

铝板幕墙通常采用复合铝板、单层铝板或蜂窝铝板作为外饰面。

复合铝板采用上下两层 0.5mm 的铝合金板材中间夹 PE（聚乙烯塑料）热加工或冷加工而成。将原标准材板在工厂内根据实际工程需要进行裁剪制作。复合铝板表面涂料采用滚涂工艺进行涂饰，由于涂饰工艺原因在复合铝板横竖两个方向视角会有颜色色差，因此在复合铝板裁剪制作的时候，需严格保持其方向统一，避免人为色差产生。在折角处采用机械开槽，开槽深度不能破坏外层铝皮，开槽完成之后采用硅酮结构胶粘贴角码进行加强。

铝单板由单层铝合金板材制作，具体形状尺寸应由专业铝板生产厂家完成，固定角码或副框可以由铝板厂家配置，但要严格控制其尺寸和数量；当需要施工现场进行安装固定角码或副框时需重点控制角码或副框底面距铝板板面的距离，用以保证安装之后相邻铝板表面的平整度。

蜂窝铝板采用外侧 1mm 铝合金板材加内侧铝合金板及铝蜂窝黏结而成。蜂窝铝板的固定同样可以采用角码或副框固定方式与幕墙龙骨固定。

角码或副框与幕墙龙骨接触处应加设一层胶垫，不允许刚性连接。铝板固定以后，板间接缝及其他需要密封的部位要采用耐候硅酮密封胶进行密封。注胶时，需将该部位基材表面用清洁剂清洗干净后，再注入密封胶。耐候硅酮密封胶的施工厚度要控制在 3.5～4.5mm，如果注胶太薄对保证密封质量及防止雨水渗漏不利。但也不能注胶太厚，当胶受拉力时，太厚的胶容易被拉断，导致密封受到破坏，防渗漏失效。耐候硅酮密封胶的施工宽度不小于厚度的二倍或根据实际接缝宽度而定。

金属幕墙开缝式安装时，需在外墙板材安装之前进行一道有力的防水设置或者在开缝处塞制三元乙丙橡胶条，开缝式幕墙安装同样需要满足幕墙的各项试验要求。当建筑另做防水保温设置时，幕墙可不考虑其防水性，但幕墙的其他性能均应考虑。

金属幕墙安装后，从上到下逐层将板材表面的保护胶纸撕掉，同时逐层同步拆架。拆架和清洗时应注意保护板材表面，不要碰伤、划伤，最后完成整个幕墙工程的施工。

3. 建筑幕墙的石材主要是天然花岗岩石材，色质的好坏由石材内部晶体结构及所含色素离子所决定的。石材色差问题，是幕墙行业急需解决的，我们做不到完全改变石材的色质，但我们有办法控制石材的色差，达到人们可以理解与接受的程度。

控制石材的色差应从以下几个方面入手。

首先石料开采时要做好标记，注明石材去向，品质规格，最主要的是要注明石材开采位置顺序、方向，相邻石料按顺序编号。尤其是色差、纹理变化比较大的石料，更要注意。石材运输、储放尽量按照开采顺序摆放，以便于在工厂内按序加工。

石材形成是有纹理走向的，虽然说不像树木年轮那样有规律，但随着山体走向，每一块石材结构纹理也是有方向性的。沉积岩更明显。因此，在石材矿料加工板料过程中，一定要保注意石材的切割方向问题。

其次石材排版，将加工好的石材，根据生产批次数量、编号，在空场地内，按照幕墙安装位置顺序，进行排版，清出色差比较大或局部色斑明显的石材面板，以便于补充加工。

石材排版尽量保证同一幕墙、同一批次一次性对比检查。如果受场地限制或批量较大，可以将第一次多加工几件（不少于10%为宜）最大规格板材，放在视觉直观位置，作为下一次排版的参照，参照石材面板作为以后每个批次的标准，直至最后批次加工成安装需要尺寸规格的面板或作为工程维修备板。

最后在安装过程中出现漏板、错板、损坏等，周围板安装后，在施工现场无法补救情况下，要将损坏石材或与周围石材颜色一致或接近的石材返到石材加工厂，加工厂参照配做，切不可随便代替安装。不能因为一块或几块石材出现色差影响整个幕墙效果。

幕墙用石材多为天然花岗岩石材，品种颜色很多，其主要原因是构成其的化学成分不同，除了硅元素外，还含有许多金属元素，如钙、铜、铁、锰等，这些元素构成的物质，在幕墙安装后，容易被氧化，使幕墙石材会变色，同时在阳光紫外线照射下，石材一些结构性物质会老化，也会是石材表面褪色、自然开裂。这就需要在幕墙石材表面进行防护处理，一般情况需要进行六面防护。

4. 在建筑幕墙发展到今天，普通的玻璃幕墙、铝板幕墙、石材幕墙已经不能满足现在业主以及建筑师的想法需求，逐渐延伸出来新型的幕墙面板材料。如瓷砖幕墙、陶土板幕墙等。

1）瓷砖幕墙的连接件是采用专用膨胀栓外加弹性橡胶垫组成的，靠钳具拉合与瓷砖连结成一体。每块瓷砖上有四个挂点，挂件在瓷砖背面可旋转但不能松动。

瓷砖钻孔是在瓷砖背面进行的，同样使用专用工具进行操作。因瓷砖的厚度和技术性能等特点所致，该项钻孔技术尤为关键，钻孔时除了要求准确掌握瓷砖孔洞位置的尺寸外，操作过程中要求不得损伤瓷砖表面。同样，孔位钻好后，还需再用专用扩孔头进一步将孔眼内部扩大，也形成里大外小的孔洞便于安装成型后受力。

瓷砖干挂应遵循自下而上的施工原则进行安装。安装前在墙体两侧拉紧水平拉丝，控制板材的水平位置以及垂直度。

为了保证瓷砖的具有可调节性，一般都要考虑留有自然缝隙。

2）陶板的生产方法是将粘土经过不同配比，与水混炼成近似于雕塑用的陶泥状，经高吨位真空挤压机，通过设计好的模具出口挤出想要的产品泥坯，再经过相似于自然风干的干燥设备蒸发水分，最后经过超过1000℃的高温窑炉烧制而成。

陶土板在施工安装过程中也不可避免的涉及切割、开孔等操作，其应采用机械进行加工，加工后的表面应用高压水冲洗或用刷子清理，严禁用溶剂型的化学清洁剂清洗陶板。

在窗洞口处需要用陶土板收口做窗套时，窗台、窗楣板缝及陶土板与窗框接缝处应填充中性耐候密封胶；陶板胶缝应采用无污染、无渗油的石材专用密封胶。选用前宜进行防污染性试验，确认无渗油现象。

5. 建筑幕墙施工防渗水管理

1）建筑幕墙施工过程中，应分层进行抗雨水渗漏性能检查，以便修补，减免渗漏的可能。幕墙的伸缩缝、温度缝、沉降缝处必须妥善处理好，即要保持立面美观，又能满足缝两侧结构变形的要求。

2）嵌缝硅酮耐候密封胶注胶时应注意充分清洁玻璃板材、玻璃四边铝框、铝合金型材及缝隙，不应有水、油漆、铁锈、砂浆和灰尘等，粘结面应干燥。以确保嵌缝耐候硅酮密封胶可靠粘结。耐候硅酮密封胶在接缝内要形成两面粘结，不要三面粘结，这样胶在受拉时，容易被撕裂，将失去密封和防渗漏作用。为防止形成三面粘结，在耐候硅酮密封胶施工前，用无粘结胶带或聚氯乙烯发泡材料施于缝隙底部，将缝隙底部与胶分开。

3）建筑幕墙立柱、横梁垂直度及安装误差要控制在施工规范要求范围内。立柱接头按构造要求应留有合适空隙，采用套筒法连接，这样可适应和消除建筑挠度变形及温度变形的影响。横梁两端与立柱连接处应垫弹性橡胶垫，橡胶垫应有20%～35%压缩量，以适应和消除横向温度变形的要求，减少幕墙裂缝产生，对提高防水起到很大的作用，同时对于幕墙降噪也有良好的预防性能。

6. 建筑幕墙工程的安全管理

建筑幕墙的安全管理包括施工阶段和正常使用阶段，安全是工程管理的重点，安全责任重于泰山，应做好技术和管理两方面的工作，才能保证真正的安全。建筑幕墙安装都是高空作业，必须有足够的安全管理措施，才能保证施工安全。如在离地面高于3m，则应搭设水平安全网。安装用的施工机具，在使用前应进行严格检验，如手电钻、电动改锥、焊钉枪等电动工具应作绝缘电压试验；手持玻璃吸盘和玻璃吸盘安装机，应进行吸附重量和吸附持续时间试验等。

要保证幕墙工程的使用安全，防雷接地也是必须做好的工作，幕墙是建筑物中最易受雷击和引雷的部位之一，必须设置防雷接地装置，以保护建筑物和人身的安全。施工过程中，应保证防雷装置的各部位的连接点应牢固可靠，满足防雷接地装置设防的设计方案和技术要求。

对于幕墙工程的保护工作能够有效地提高工程的耐久性，所以要对各个构件及玻璃进行保护措施。例如，为防止幕墙遭到腐蚀损坏，可以先使用中性清洁剂、后用清水对幕墙进行清洁。要严禁出现污染、变形以及幕墙周围各管道的堵塞现象。

8.4 幕墙工程施工案例

8.4.1 某机场航站楼扩建工程

某机场航站楼（图 8.4.1）建筑总面积为：54499.45m²。主体结构形式：7.2m 以下为钢筋混凝土框架，7.2m 以上为钢结构。整个航站楼建筑外围墙体 4.00 标高以下全部为实体墙体，外墙干挂石材，4.00～7.20 标高之间墙体部分为干挂石材实墙，部分为低辐射中空钢化玻璃幕墙，7.200 以上标高全部为低辐射中空钢化玻璃幕墙。

图 8.4.1　机场航站楼内景

8.4.2 河北某机场航站楼扩建工程

本工程为二层式框架结构体系，一楼为国内国际进港流线，二楼为国内国际出港流线。建筑面积：55538m²，局部地下一层，地上二层。改扩建后建筑高度 25.10m，极端建筑高度 31.86m。结构类型：框架及钢结构。幕墙形式为玻璃幕墙及铝板幕墙。幕墙采用先进的单索网点式系统，无论是技术难度还是施工难度，在国内外都属前列。玻璃幕墙立面简洁通透，线条流畅，规模宏大，是整个建筑的点睛之笔。

图 8.4.2-1　河北某机场航站楼

图 8.4.2-2　河北某机场航站楼（局部）

8.5 幕墙工程施工方案优选

1. 内蒙古某航站楼扩建工程对玻璃幕墙骨架的选用钢材的优势有：首先钢材的强度（即弹性模量）是铝合金的 3 倍，可以用更细的型材承受更大的玻璃重量，玻璃尺度更大气，建筑立面更通透，尤其是在玻璃横向尺度大的时候，横梁尺寸更小。在一定空间跨度内，还可省掉一些幕墙的结构件。其次钢材的热膨胀系数仅为铝合金的 58%，在钢型材与墙体的连结部位对变形要求更低，密封性能更容易保证。再有钢的热传导率仅为铝的

32%，从材料本身来讲，钢框具有更低的U值（即Kjff），亦即更好的保温性能。

玻璃幕墙骨架采用钢骨架，为保证骨架质量效果，要从材料进场开始控制不要对钢管进行挤压变形，安装前对龙骨进行校核对变形严重的不予使用或调直。竖龙骨安装完毕平整度、垂直度调整好后方可进行最终焊接。横龙骨焊接采用先点焊后采用对称焊接或采用不同的焊接顺序的方式防止龙骨变形。要求焊缝要平滑美观。对不平整的要进行打磨。氟碳漆严格按照规范要求施工，除锈要彻底，涂膜厚度要符合要求防止反锈。

1）玻璃附框粘贴好后，用专用车将玻璃运输到现场进行安装，在运输过程中玻璃应用绳子扎牢，防止玻璃跌倒破损。

2）玻璃的吊装，一般采用专用尼龙扁绳进行吊装，如图8.5-1所示。这样能防止玻璃左右错动，便于玻璃定位，吊装完毕后吊装绳可以从缝中抽掉。

3）吊装过程中要对玻璃四角进行防护。到脚手架内侧时要专人防护防止与脚手架碰撞。吊装到指定高度先放置在木质脚手板处。然后采用吸盘将玻璃运到玻璃安装位置。运输过程中要有防倾倒措施。安装就位后及时安装好玻璃压块将玻璃固定牢固。

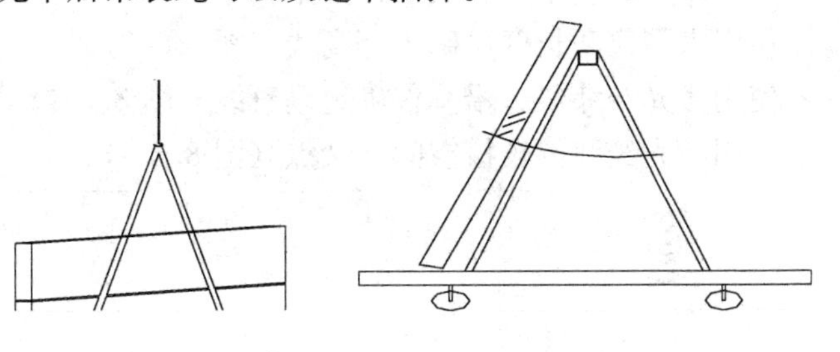

图8.5-1 大板块玻璃运输吊装

2. 河北某机场航站楼扩建工程在主体工程施工的过程中配合土建施工单位进行预埋件设置和校准，在施工现场具备施工条件时，即可以开始即可着手钢结构架支撑体系的施工和吊装，因钢结构支撑体系是本部分幕墙的基本受力和传力基础，因此，钢结构支撑体系的安装是幕墙施工的关键步骤之一。

1）钢索的张拉必须严格按照工艺规程及施工顺序进行（图8.5-2），并在张拉中监测索内力的变化。

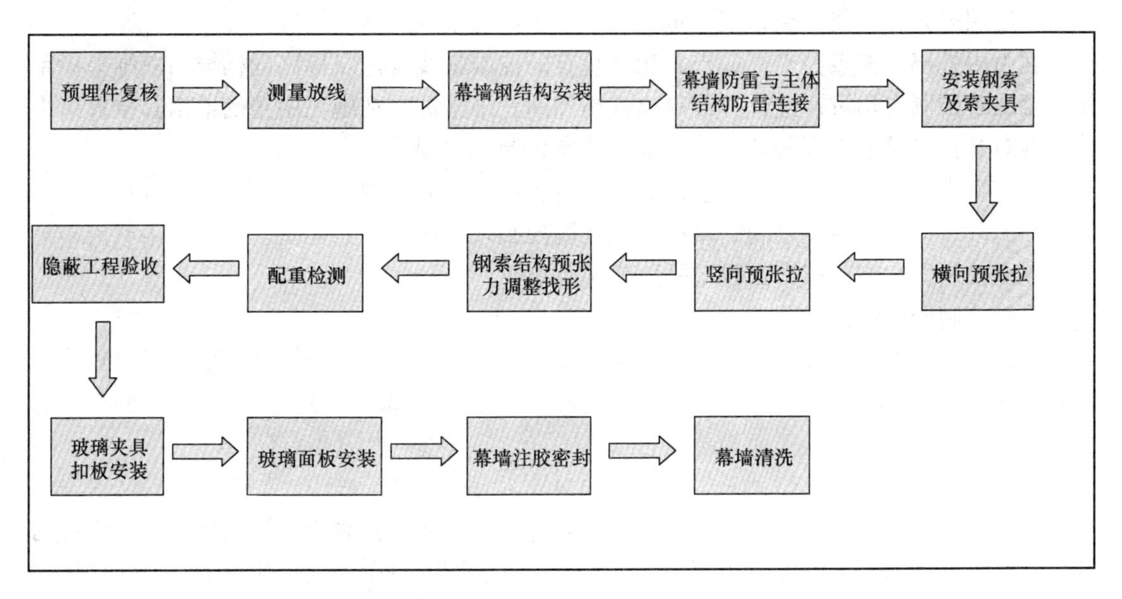

图8.5-2 幕墙安装流程图

2）玻璃安装及配重的增减顺序配合进行。

3）钢索的张拉必须严格按照工艺规程及施工顺序进行，并在张拉中监测索内力的变化。

4）关键措施

(1) 测量放线是确保施工质量的最关键的工序，必须严格按施工工艺进行，为保证测量精度，除熟悉图纸，采用合理的测量步骤外，还要选用比较精确的激光经纬仪、激光指向仪、水平仪、铅垂仪、光电测距仪、电子计算机等仪器设备进行测量放线，测量工作开始之前，必须与总承包方取得联系，由总包方移交控制网点等测量成果以及国家控制点数据。

①控制点的确定原理及工作方案

使用水平仪和长度尺确定等高线（图 8.5-3）。

使用激光经纬仪、铅垂仪确定垂直线（图 8.5-4）。

使用激光经纬仪校核空间交叉点（图 8.5-5）。

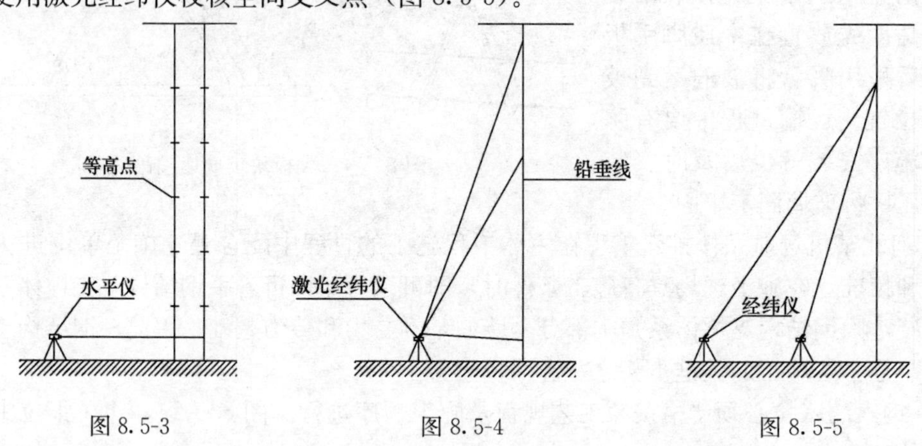

图 8.5-3　　图 8.5-4　　图 8.5-5

②使用激光经纬仪、铅垂仪确定三位空间坐标定位点及精度控制

在由内外部主控点为坐标原点、相互垂直的控制轴线及建筑标高的构成的三维坐标系统，幕墙各控制点均可通过计算或得出其精确的三维坐标，在施工中精确给出其位置指引施工并对其校核是本工程幕墙外形保证和精度控制的关键。

本工程中两个相对独立的作业区分别设定各自独立的主控点和坐标原点，有利于施工的全面展开，但各主控点之间的转换关系及测控必须严格由同一建筑坐标系统中确定。

建立控制网并在一层平面设定平面坐标系统。

平面控制网的测设：

对总包公司提供的控制点和有关起算数据用 SET2110 全站仪分别进行两测回测角测距，检测无误后即将其作为该工程平面控制网的基准点和起算数据。设定轴与轴的交点为坐标原点，建立独立施工平面坐标系。

高程控制网的测设：

首先，对总包公司提供的施工现场控制点与城市水准进行联测，然后用 DSG320 自动补偿水准仪按照四等水准测量规范要求，把高程点引测到每个平面控制点上，并以此作为高程控制网。

③控制点的确定

a. 主控点的确定：

为测量准确、方便、直观。各工作南北对称轴线与北面主控轴线的交点为主控点，在主控点位置上设置主控点标志。

b. 边缘控制点的确定：

选取幕墙边缘外形定位关键点作为边缘控制点

c. 控制单元及精度控制点的确定：

为减少安装尺寸的积累误差，有利于安装精度的控制与检测，将幕墙分成若干个控制单元，每个单元以九宫格的形式划分，九宫格的边缘四个光点就是每个九宫格中九片玻璃的尺寸精度控制点。从测量放线到结构安装调整，玻璃安装调整定位都应按每个单元来进行尺寸控制。

（2）索网的布设工艺和布设顺序

为保证单层索网体系的协调性，本工程索采用多次逐级、横竖双向同时布设张拉的方法施工，索网分四次布设张拉完成。

每根索均为单端张拉施加预应力，每根索在第一次施加预应力时到设计值的20%，由于后次张拉造成前次已张拉的索预应力降低时，应再次张拉保证索的内力不小于设计值的20%。

索网全部布设完成后，将所有索的预应力同步施加到80%。

索网整体调整结束达到定位、尺寸要求后将所有索的预应力同步施加到100%。

索网布设完成预应力施加到设计值100%后，安装横向钢梁的索具夹紧器并调至工作状态。

在施加预应力前，将索端的内力检测器及监测终端调整标定完成并置于工作状态，并对预应力施加全过程进行监测记录。

（3）配置工艺配重

由于幕墙玻璃的自重荷载和所承受的其他荷载都是通过爪件结构传递到主支撑结构上的，为确保结构安装后在玻璃安装时拉索结构系统的变形在允许范围内，必须对爪件进行配重检测。

①配重检测应按控制单元设置配重的重量为玻璃在爪件上所产生重力荷载的1.2倍以上。

$$G_{配重} = G_{玻璃} \times 1.2 \sim 1.5$$

悬挂配重后结构的变形量应能满足玻璃安装精度要求。

②配重检测的记录

物的施加应逐级进行，每加一级要对爪件的变形量进行一次检测，一直到全部配重物施加在爪件上测量出其变形情况，并在配重物卸载后测量变形复位情况并详细记录。

③本工程中配重试验，取一个单元，试验结果必须满足设计要求。

（4）拉索预应力值的确定及检测

①拉索内应力值的设定主要要考虑如下几个方面：

a. 玻璃与驳接系统的自重。

b. 拉索调整器的螺纹的粗糙度与摩擦阻力。

c. 连接拉索锁头，销钉调整杆所允许承受拉力的范围。

d. 拉索在受力情况下的最小张力储备。

e. 拉索在长期受正应力作用下的应力松弛。

f. 拉索结构的工作温度范围的大小及温度对拉索内力的影响。

②通过索力测定仪对拉索内力进行检测：在线索力检测仪

首先，在现场设置一个简易试验平台，试验索采用工程用索的同直径、同批加工的拉索。拉索上端悬挂于固定点上，下端挂一配重盘。

其次用编织袋装砂，用磅秤称量，每袋砂取 50kg（500N），作为砝码。

再次将配重重量加于拉索配重盘，配重重量取 5000～20000N，每级公差为 2500N。记录每一配重对应的索力测定仪数据。

最后，将所测数据整理成表格，绘出拉索内力-标定数据 曲线，作为工程最后索力测定依据。

（5）静力测试

本工程无论是从形式、技术含量还是施工难度，在国内外均处前茅，因此，除进行幕墙规范要求的三项性能试验检测外，我公司还拟进行以下方面的测试与检测

搭设与本工程下部采用的单索高度相同，横向宽度为 3 个分割的水平试验平台，用沙袋模拟幕墙的荷载，通过施加静力荷载方式模拟幕墙的各种使用工况。并通过测定试验中各种试验结果验证理论计算值的偏差，确定施工工艺参数，指导施工。

8.6　幕墙施工方案后评价

8.6.1　钢化玻璃自爆问题处理方案后评价

普通退火玻璃经过热处理工艺成为钢化玻璃，钢化玻璃的表面形成了压应力层，使得玻璃的机械强度、耐热冲击强度得到了提高，并具有了特殊的碎片状态。

钢化玻璃作为一种安全玻璃，被广泛应用于建筑等领域，但是钢化玻璃的自爆问题却限制了它的应用。经过长期研究发现，钢化玻璃自爆最主要原因是硫化镍粒子的膨胀。玻璃中含有硫化镍夹杂物，硫化镍夹杂物一般以结晶体（NiS）存在玻璃内部。

对钢化玻璃进行均质处理，就是要解决玻璃内部结晶体问题。均质处理就是将钢化玻璃置于均质炉内加热升温至一定温度，经保温、降温过程。在这个过程中含有硫化镍或其他杂质的钢化玻璃会被引爆，因此均质加工也称为“引爆处理”。对钢化玻璃进行均质处理，能有效降低钢化玻璃的自爆率。

8.6.2　石材幕墙面板安装方案后评价

目前石材幕墙安装方式主要是钢销式、T 挂式（短槽式）、背栓式。

1. 钢销式

由于石材的硬度大，因此钢销式在石材板块打孔时极易造成破损；点式受力，安全性差；由于钢销为一托二的连接方式，易发生力的传递，存在安全隐患；连接件长期受剪，易出现疲劳破坏，存在安全问题；只能在板的棱边处布点，满足不了大规格、超大规格的

板材上墙的需要；施工安装不便，尤其在装饰线条和窗口板安装中，安全性差。

所以新的《金属与石材幕墙工程技术规范》JGJ 133—2001 就限制了它只能在 20m 以内使用，而且该工艺在使用中装饰线条及窗口板安装也十分不便，安全性差。

2. T 挂式（短槽式）

目前的 T 挂式（短槽式）多为在石材边上开条通槽或半圆槽，用 T 型板扣住槽边。这种安装方式在石材安装时就形成了层层受压，石材成了墙体，幕墙越高压力越大，其 T 型板处的弯曲应力也越大，致使工程存在安全隐患和事故。

T 挂式是通过上下半圆槽的石材，通过槽内注胶来固定。这种方式由于上下石材无法通过位移通在震动较大时容易发生四边的勾板与石材、石材与石材之间的挤压破坏，防震性能差。

鉴于这种方法的改进，目前修订版的《金属与石材幕墙工程技术规范》JGJ 133 就规范了该层层受力问题。

T 挂式安装石材不能消除石材的公差，只能在安装时逐块石材调整，然后打胶固定。再加上石材比用背栓式的要厚要重，安装调整的工作量很大，工时成本高，而且装上后就不能再调整和拆卸。

3. 背栓式

背栓式安装方式由于采用圆体紧靠点支撑，在通过底部空隙技术后，可将背栓植得更深，大大提高负压值，具有最佳的局部承载力。由于该背栓的柔性连接和紧靠的铰接悬挂结构，解决了单切面背栓、背槽、槽式扭弯矩问题和位移问题。所以说，用双切面背栓支撑，能求出最佳支撑点，最大限度改善石材的受力，使石材承受的弯矩最小，从而能选择最薄的石材。

另外，由于石材为脆性材料，一旦背栓式石材遭到破坏，是不会掉下来，因为 4 个支撑点的背栓分别把 4 大块石材吊住，而每颗 M6 背栓的抗剪力就大于 400kg 的设计值，足以证明该技术的可靠性。

在抗疲劳强度方面，双切面背栓通过缓冲垫把石材与挂件夹紧，通过铰接结构挂在龙骨上，因而具有极佳的抗疲劳能力。按最大风压值一正一负为一次循环，通过三百万次循环试验（可满足 100 年风荷载疲劳），试件保持完好。

石材通过背栓铰接挂到幕墙龙骨上，石材与固定在建筑物上龙骨的连接是柔性的，能够很有效地避免建筑物层间位移对石材的挤压。再加上石材与背栓、石材与挂件和挂件与龙骨的连接都有缓冲垫，能大大减少震动对脆性石材的冲击，因此被国家定名“抗震型”。

双切面抗震型背栓实际应用已达 7 年（1999～2005 年），在深圳、上海和江浙沿海台风高发区广泛应用，经受过许多次强台风考验，在重要工程近 400 个实例使用中无一损坏。

背栓式石材可通过高精确拓孔机械以石材装饰面通过双切面拓孔将公差同时切除，使石材背面的切面到装饰面的厚度为一常量。后面连接的缓冲垫和挂件都是用模具生产的，也就是说，石材饰面到幕墙龙骨托件的距离是一固定值，不受石材厚度公差的影响。只要调准龙骨上的托件（定好基准后整个面的托件一起调），一块块挂上去的石材就能保证有很高的平整度，而在窗口、柱、门边只需将边板连在主板可一气完成（边板无须龙骨）。而且在装好后能够方便地再进行单块石材的调整和任意拆装，能够在装好的整幅石幕墙上任意互换石材的安装位置非常方便，由于受压和抗震能力较强，亦适用于超大规格板块使用。

其中钢销式安装方式几近淘汰，较常用的还是 T 挂式（短槽式）和背栓式两种。其悬挂方式比较而言，短槽式成本较低但安全性不如背栓式，通常用于石材重量不太大或安全系数要求不太高时；背栓式干挂牢靠稳定，但成本较高，用于较大块石材（厚度 30mm 时石材面积大于 1.5m^2）或对石材安全性能要求较高时。

第9章　大面积楼地面工程施工方案优选与后评价

9.1　大面积楼地面工程特点

近年来，随着航站楼、会展中心、体育场等大型公共建筑设施的建设，室内空间变得越来越大，进出港大厅、候机厅、入口大厅、地下停车场等均为大空间房间，空间增大的同时地面也跟着变大。大面积地面在保证空、裂、鼓、表面平整度、缝格平直、接缝高低差、板块间隙宽度等前提下，又提出了美观和实用的要求。

（1）整体效果应统一协调

在一个封闭的空间，地面整体效果应统一协调；在开放、联通的各局部之间，局部与整体之间应统一协调；楼地面本身效果应同周围环境如墙面、顶棚相协调。

（2）构造合理应确保功能，构造做法应符合规范、图集要求。

（3）观感质量、精致美观，以块砖为例：除满足验收规范对平整度等的要求外，还应注意排砖的对缝协调；砖缝的清晰、直顺；穿地面管道根部处理；地面预留洞口、变形缝、支墩的处理等。

9.2　大面积楼地面工程施工控制的重点和难点

9.2.1　分类

1. 组成与要求

建筑地面系房屋建筑底层地面（即地面）和楼层地面（即楼面）的总称，它是构成房屋建筑各层的水平结构层，即水平的承重构件。楼层地面按使用要求把建筑物水平方向分割成若干楼层，各自承受本楼层的荷载，底层地面则承受底层的荷载。因此地面与楼面均应有足够的强度和刚度，使其在荷载作用下，其结构不致出现开裂或产生较大的挠度而发生质量问题，从而直接或间接影响建筑地面工程质量。

2. 构成与层次

建筑地面工程主要由基层和面层两大基本构造层组成。基层部分包括结构层和垫层，而底层地面的结构层是基土。楼层地面的结构层则是楼板；结构层和垫层往往结合在一起又统称为垫层，它起着承受和传递来自面层的荷载作用，因此基层应具有一定的强度和刚度。面层部分即地面和楼面的表面层，将根据生产、工作、生活特点和不同的使用要求做成整体面层、块料面层和竹木面层等各种面层，直接承受表面层的各种荷载。因此面层不仅具有一定的强度，还要满足各种如耐磨、耐酸、防潮、防水等功能性要求，为此应保证面层的整体性，并应达到一定的平整度。

建筑地面、楼面工程构造示意图见图 9.2.1-1 和图 9.2.1-2。

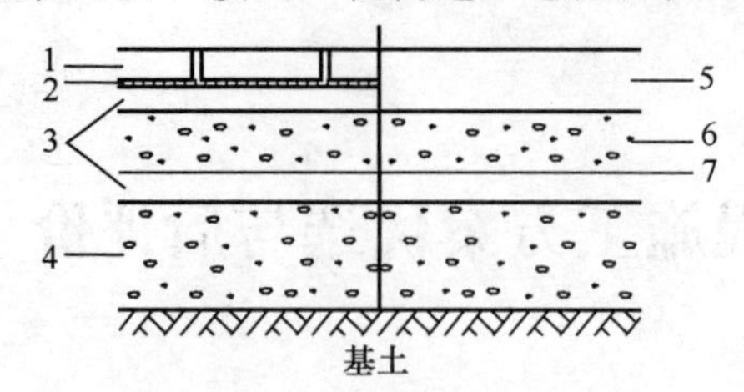

图 9.2.1-1　地面工程构造示意图
1—块料面层；2—结合层；3—找平层；
4—垫层；5—整体面层；6—填充层；
7—隔离层

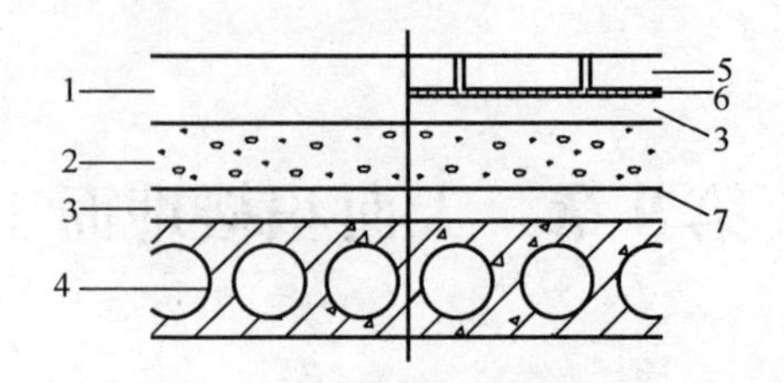

图 9.2.1-2　楼面工程构造示意图
1—整体面层；2—填充层；3—找平层；
4—楼板；5—块料面层；6—结合层；
7—隔离层

3. 地面按施工方法可分为三大类：整体浇筑面层、板块地面、木竹面层。

1）整体面层包括：水泥混凝土面层、水泥砂浆面层、水磨石面层、水泥钢（铁）屑面层、防油渗面层、不发火（防爆的）面层。

2）板块地面包括：砖面层、大理石面层和花岗岩面层、预制板块面层、料石面层、塑料板面层、活动楼板面层、地毯面层。

3）竹木面层包括：实木地板面层、实木复合地板面层、中密度（强化）复合地板面层、竹地板面层。

本文主要涉及水泥混凝土面层、水泥钢（铁）屑面层、大理石面层和花岗岩面层。

9.2.2　技术难点

1. 整体面层

细石混凝土地面施工控制的重点主要是地面裂缝控制、平整度、光洁度的控制。

1）裂缝控制：

（1）混凝土配合比的控制：

为降低混凝土温度应力，最好的办法是降低混凝土的水化热。水泥：应采用 425 号以上硅酸盐水泥、普通硅酸盐水泥和矿渣硅酸盐水泥；砂：粗砂，含泥量不大于 5%；石子：粗骨料用石子最大颗粒粒径不应大于面层厚度的 2/3。细石混凝土面层采用的石子粒径不应大于 15mm。

（2）分格缝的设置：

在墙柱、设备基础边缘、分仓缝处设置分格缝，将地面合理的分成若干小块，一般不大于 36m^2，施工期间实行分块跳仓浇筑，在每一施工区域内，一次性浇筑完毕，不允许出现冷缝。

（3）面层处理：

当面层灰面吸水后，用木抹子用力搓打、抹平，将干水泥砂拌合料与细石混凝土的浆混合，使面层达到结合紧密。第一遍抹压：用铁抹子轻轻抹压一遍直到出浆为止。第二遍抹压：当面层砂浆初凝后，地面面层上有脚印但走上去不下陷时，用铁抹子进行第二遍抹压，把凹坑、砂眼填实抹平，注意不得漏压。第三遍抹压：当面层砂浆终凝前，即人踩上去稍有脚印，用铁抹子压光无抹痕时，可用铁抹子进行第三遍压光，此遍要用力抹压，把所有抹纹压平压光，达到面层表面密实光洁。

（4）应力分布筋的布置：

地面下方如果存在地沟等构筑物，可与建设方沟通在垫层内加设分布筋，减少盖板与两侧回填土间的不均匀沉降。

地面与柱交接处出现的阴角裂缝，主要是由于刚度变化，基层混凝土平面形状转折处的阴角存在结构竖向裂缝，由顶部向下开裂，这是由于收缩应力和沉降、温度应力等共同作用，在角部形成集中应力所造成。为了防止阴角部位混凝土产生裂缝，尽量减少凹凸的平面形成，并且在阴角处采用附加钢筋等构造措施。

2）平整度、光洁度的控制

（1）平整度：

根据施工方法的不同，面层控制可以采用抹灰饼、抹标筋，用长刮杠顺着标筋刮平，滚筒（常用的为直径 20cm，长度 60cm 的混凝土或铁制滚筒，厚度较厚时应用平板振动器）往返、纵横滚压的方法控制面层高度；也可以采取控制四周模板的高度，采用长钢滚筒反复滚压的方法控制标高。

（2）光洁度：

表面收光一般采用机械抹光机抹光，纵横交错进行，运转速度和角度变化视混凝土地面的硬化情况作出调整，直至表面收光为止。边角等机械难以操作的区域可采用手工完成。

抹光机作业时应纵横向交错进行 3 次以上，抹光机作业后面层仍存在抹纹凌乱的，为消除抹纹，最后采用薄钢抹子对面层进行有序、同向的人工压光，完成修饰工序。

对于耐磨面层，耐磨材料撒布的时机随气候、温度、混凝土配合比等因素而变化；撒布过早会使耐磨材料沉入混凝土中而失去效果。

2. 块料面层

花岗岩地面：

1）板面空鼓：由于混凝土垫层清理不净或浇水湿润不够，刷素水泥浆不均匀或刷的面积过大、时间过长已风干，干硬性水泥砂浆任意加水，花岗石板面有浮土未浸水湿润，上人过早等等因素，都易引起空鼓。因此必须严格遵守操作工艺要求，基层必须清理干净，结合层砂浆不得加水，随铺随刷一层水泥浆，花岗石板块在铺砌前必须浸水润湿。

2）石材的温度胀缩一般应留设板缝，板缝的宽度必须严格控制，并确保板缝平直，横竖两条线，灌缝必须密实，板缝处用硅胶挤压密实，要特别注意十字缝的平直。

3）接缝高低不平、缝子宽窄不均：主要原因是板块本身有厚薄及宽窄不匀、窜角、翘曲等缺陷，铺砌时未严格拉通线进行控制等因素，均易产生接缝高低不平、缝子不匀等缺陷。所以应预先严格挑选板块，凡是翘曲、拱背、宽窄不方正等块材剔除不予使用。铺设标准块后，应向两侧和后退方向顺序铺设，并随时用水平尺和直尺找准，缝子必须拉通线不能有偏差。房间内的标高线要有专人负责引入，且各房间和楼道内的标高必须相通一致。

9.3 方　案　优　选

9.3.1 整体面层方案选择

整体面层方案的选择主要包括：垫层纵横向伸缩缝的设置、面层纵横向分格缝的设置、施工顺序的选择、标高的控制、施工方法的选择等。

1. 垫层纵横向伸缩缝的设置：

室外地面工程采用水泥混凝土垫层时，应设置伸缩缝，其间距一般为 30m。伸缩缝宽度为 20～30mm，上下贯通。缝内填嵌沥青类材料。

室内、外地面工程的水泥混凝土垫层，均应设置纵向和横向伸缩缝。纵向伸缩缝的构造宜采用平头缝；当混凝土垫层厚度大于 150mm，可采用企口缝。横向缩缝的构造应采用假缝，施工时按规定的间距采用吊模板，亦可采用在混凝土强度达到一定要求后用切割机割缝。假缝的宽度宜为 5～20mm，缝的深度宜为混凝土垫层厚度的 1/3，缝内填水泥砂浆材料。

由于各工程情况不一样，受到温度与荷载等方面影响不同。垫层纵横向伸缩缝的设置很重要，设置不当对面层造成直接影响，可能引起面层的开裂和翘起。

2. 面层纵横向分格缝的设置：

面层分格缝的设置主要考虑抗裂、翘曲与美观两方面。施工时应充分考虑建设方、设计方要求与建筑物的柱网分布情况。

铺设在混凝土垫层上的面层分格缝与混凝土垫层的缩缝最好对齐。目的是保持面层与垫层收缩的一致性。面层的分格缝可以采取切割形式，主要包括以下两种：

1）分仓拼接缝：

按照柱子的横向间距，在分仓浇捣混凝土时就将板块的宽度设计为 6～8m，然后按长条形板块分仓浇筑，浇筑完毕后开始切割，需充分掌握切割时间。

2）假缝（诱导缝）的切割：

假缝是按板块的横向间距设置的，横向缩缝，其构造为上部有缝、下部贯通，目的是引导收缩裂缝集中该处，断面下部晚些时间也可能开裂，但呈锯齿且彼此紧贴，既可使承载力与纵向缩缝相当，又可避免边角起翘。

3. 施工顺序、标高的控制、施工方法的选择：

根据施工现场场地情况，人、机、料、法、环及工期要求确定合理的施工顺序和施工方法。如根据垫层的设计厚度可以选择不同的模板；面层处理选择合适的抹光机械等。

9.3.2 板块地面方案选择

板块地面方案选择主要包括：排砖方案的选择、分格缝的留设、铺装顺序的选择、标高的控制等。

1. 排砖方案与石材规格的选择：

1）排砖方案的确定

对于室内大面积地面，首先进行深化设计确定多种排砖方案，再与建设方、监理方、设计方沟通协调确定最理想的排布方案。

成本控制：主要是损耗率，尽可能用整砖，标准砖，或碎砖能组合成整砖，此事宜在早期设计审核设计图纸公共部位尺寸时提出，以同时保证美观和损耗率的合理。

砖的排布应适当考虑美观，至少最基本的原则和常识应遵守。根据工程情况可以选择对正、居中、通缝、上下呼应、地面与墙体通缝等策略。

过门石使用得当，既可以减少破砖的产生，又可为排砖效果添色不少。

色带的设置既可以减少施工时造成的误差，也可起到增强观感效果的作用。

2）石材规格的选取

目前大理石、花岗岩市场常见规格为 600mm×600mm、800mm×800mm、2400mm×1200mm、2000mm×3000mm 等，市场还存在不同规格的大板，可以根据排砖方案选择所需石材。

2. 分格缝的留设

块料面层施工中分格缝也起着与整体面层相近的作用，不再赘述。

3. 铺装顺序的选择、标高的控制

对于大面积地面，一般都会采取在确定了铺设方案的情况下，几个区域同时施工，这就需要在施工中加强轴线、标高的控制，做到各区域交接处通缝、标高吻合、误差容易消化。色带的设置、分格缝的设置和不规则砖的选择可在此区域充分发挥作用。

4. 铺设方法

地面石材铺设分为干铺法和湿铺。

所谓干铺，是指水泥和砂子的体积要按 1：3～1：2 的比例调和成干硬性的水泥砂浆，用它来做结合层铺设地砖和石材。

一般地讲，干铺对技术要求高，砂浆厚度大，这样造价就高，当然干铺后的地砖规整、不变形、不易空鼓且线棱平齐，效果好，所以地砖应是干铺好，特别像大理石（花岗石），大于 500mm×500mm 的全瓷地砖等高档地面饰材一般必须干铺。

所谓湿铺，是指水泥和砂子的体积要按 1：5～1：4 的比例调和成软湿的水泥砂浆，适用于马赛克、小型釉面砖，陶瓷地砖及碎拼石材等质量要求相对简单的地面铺贴，一般在地面饰材价格便宜、工艺要求不十分细致的情况下使用。

湿铺因为砂浆中水分较多，凝固过程中水分蒸发，很容易出现一些小气泡，使地砖与砂浆之间出现空隙，从而造成空鼓现象。因此，如果对地面装修质量要求较高，就不能采用湿铺。但有些材料，像玻璃或陶瓷马赛克，小规格陶瓷地砖以及造价便宜，要求较低的地面装修也可选用湿铺的方法湿铺也是铺设地面的一种方法。

9.4 案 例 分 析

9.4.1 某机场扩建工程航站楼工程

1. 背景资料

某机场为首都国际机场的备降机场，2008 年奥运会重要配套建设项目。某机场扩建工程由三部分组成：航站主楼、连廊和指廊。建筑总面积为：54499.45m²。

地上主体建筑二层，一层为旅客到港层，夹层为旅客到港通道层，二层为旅客出港层，局部三层为办公。主楼长205.44m，宽约为60m；指廊长约552m，宽约为27m；航站主楼和指廊通过之间连廊连接，航站主楼标高最高点为40.50m。

该工程一层和二层均为花岗岩地面，花岗岩地面面积33099m²。

一层花岗岩地面做法：

1：25厚磨光花岗岩灌稀水泥浆擦缝

2：撒素水泥面（洒适量清水）

3：40厚1：3干硬性水泥砂浆结合层

4：60厚豆石混凝土内铺地面采暖保温管

5：30厚聚苯隔热层

6：25厚1：3水泥砂浆找平层

7：200厚C15混凝土（内配ϕ8@250双层双向）

8：150厚3：7灰土

9：素土夯实，压实系数0.90

二层花岗岩楼面做法：

1：25厚磨光花岗岩灌稀水泥浆擦缝

2：撒素水泥面（洒适量清水）

3：40厚1：3干硬性水泥砂浆结合层

4：60厚豆石混凝土内铺地面采暖保温管

5：30厚聚苯隔热层

6：结构层

2. 施工方案的优选

1）垫层伸缩缝的设置：

该工程一层地面和二层楼面均为低温地板辐射采暖，供水温度为60°，回水温度为50°。垫层施工时应充分考虑地暖对地面的影响，由于施工时间为2007年4月份，所以应充分考虑伸缝的设置，避免面层空鼓和裂缝的产生。采暖地面分布如图9.4.1-1和图9.4.1-2所示。

2）工程一层为框架结构，混凝土柱柱网为12m×16m，垫层伸缝设置在柱中心线位置，垫层浇筑时预埋20mm厚聚苯板。面层铺设时，选择1000mm×1000mm×25mm规格花岗岩。排砖如图9.4.1-3所示。

二层为钢结构体系，建筑物四周有型钢柱，间距与一层相对应，连廊部分存在型钢柱，入口大厅和两侧直廊均为开敞空间。

由于考虑到面层排砖方案的选择，钢结构柱、门中与花岗岩对缝，所以将花岗岩规格设置为857mm×857mm×25mm。垫层伸缝与面层相对应，浇筑垫层时埋设20mm厚聚苯板。排砖如图9.4.1-4。

分格缝缝宽为6mm，具体做法如9.4.1-5图所示。考虑美观与铺贴时误差的消除，一层出港大厅与二层进港大厅地面均设置色带。

3）该工程定于2007年7月交工，工期紧任务重，需要多班组、多区域、多工种，同

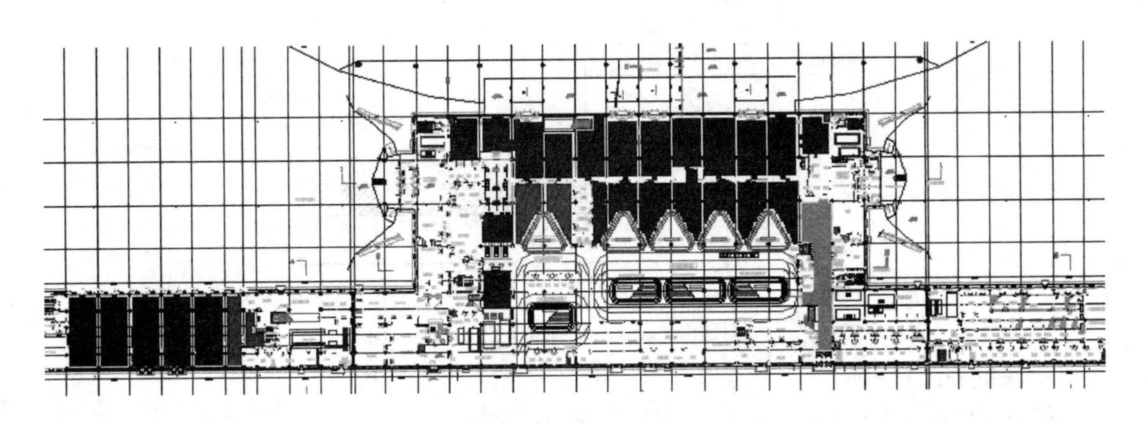

图 9.4.1-1 一层低温地板辐射采暖图

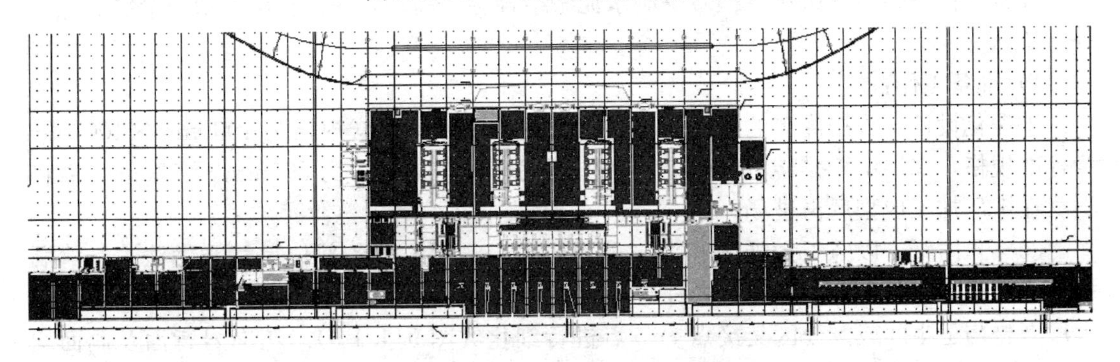

图 9.4.1-2 二层低温地板辐射采暖图

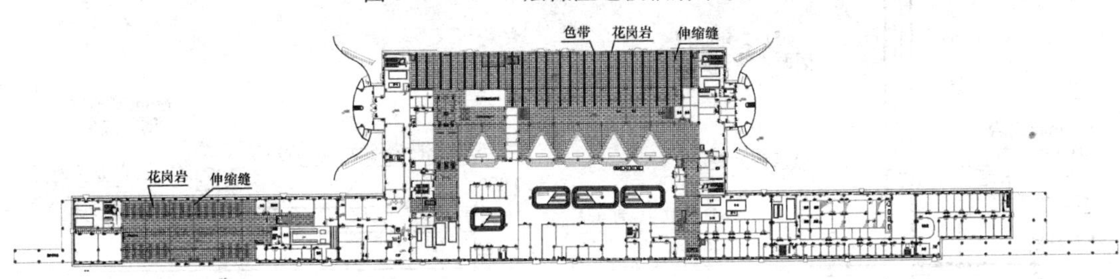

图 9.4.1-3 一层地面花岗岩排布图

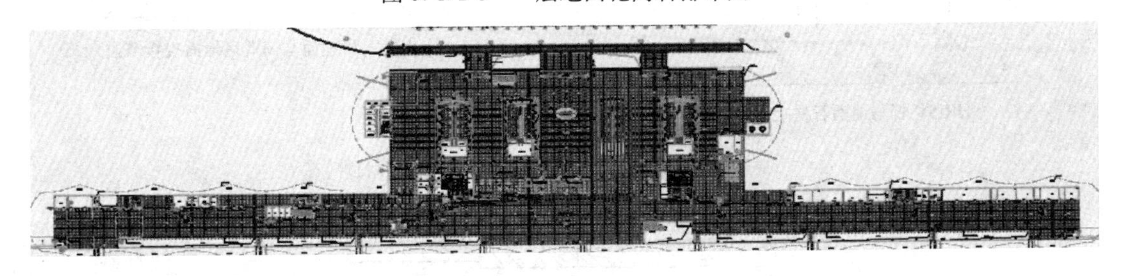

图 9.4.1-4 二层地面花岗岩排布图

时施工，这就对标高的控制及施工顺序的规划提出了很高要求。

经过仔细考虑和多方案比较决定地面施工，一、二层同时进行，分六个区域进行施工，分别为一、二层中部大厅和两翼同时进行。

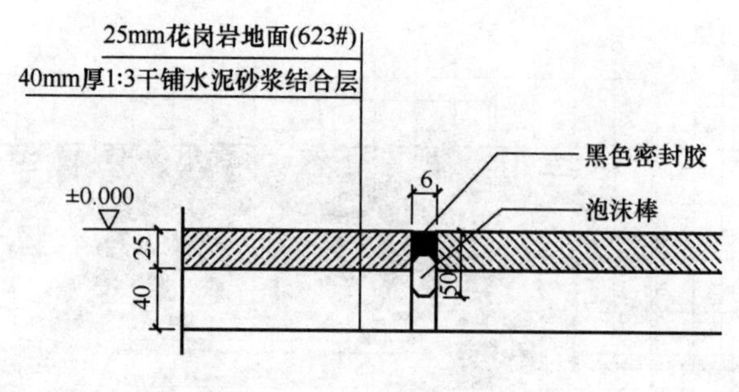

图 9.4.1-5　分格缝节点详图

3. 关键施工技术

花岗石地面工艺流程：

准备工作→弹线→试拼→编号→刷水泥浆结合层→铺砂浆→铺花岗石块→灌缝、擦缝→打蜡

1）准备工作：

①深化设计：根据优选的排砖方案进行排砖，一层花岗岩规格为 1000mm×1000mm 为标准规格，二层由于排砖方案确定的花岗岩为非标准尺寸，为 857mm×857mm，需将石材在工厂加工成型后再进场。

②熟悉图纸：以施工大样图和加工单为依据，熟悉了解各部位尺寸和做法，弄清洞口、边角等部位之间的关系，对栏杆与地面石材交接点、大厅地面与商业区地面交接点、大厅石材与卫生间或办公区交接点等节点进行细化（图 9.4.1-6）。花岗岩背面及侧面均

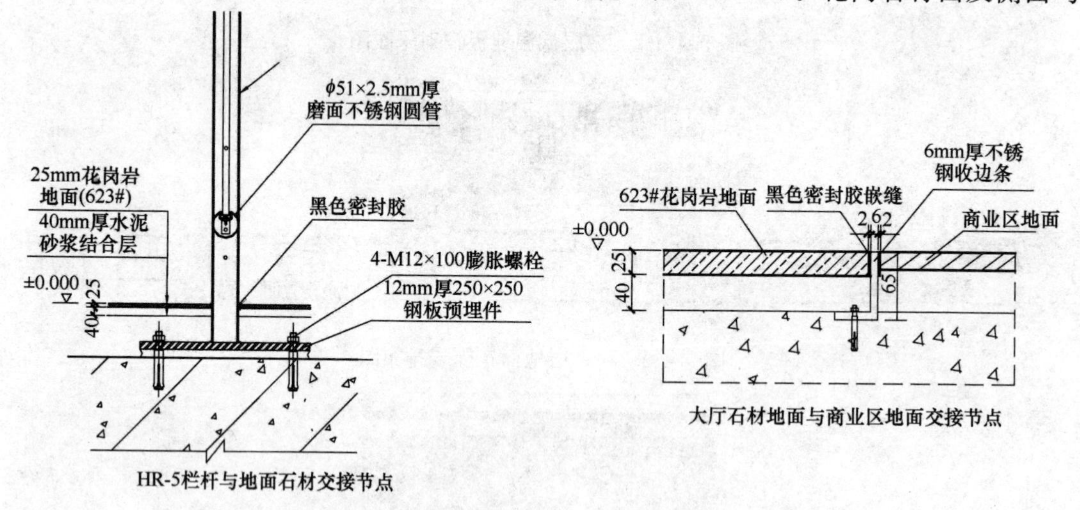

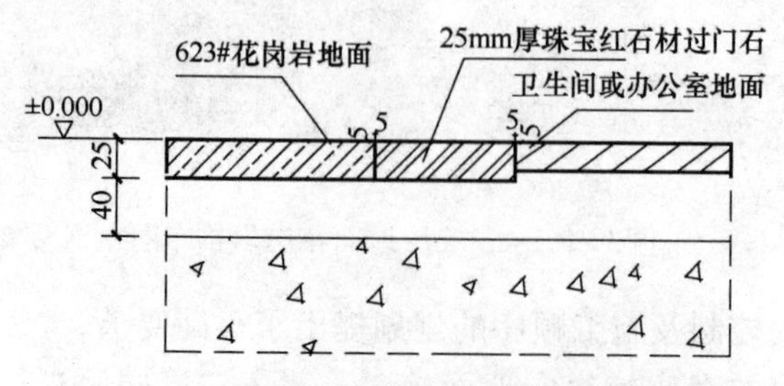

图 9.4.1-6　石材地面与各部位相交节点详图

匀涂刷憎水养护液。

③基层处理：将地面垫层上的杂物清净，用钢丝刷刷掉粘结在垫层上的砂浆并清扫干净。

④高程控制：每层精确确定一处＋50线，然后以本标高为基准把标高引到整个楼层不同区域，并对标高经常复核。

⑤轴线控制：所有柱中心线均进行弹线，符合误差，将误差汇集到中心线处花岗岩，施工时通缝位置每排花岗岩均进行复核。

2）试拼：在正式铺设前，对每一分格缝范围内的花岗石板块，应按颜色、分格缝位置试拼，试拼后按两个方向编号排列，然后按编号码放整齐。

3）在房间的主要部位弹互相垂直的控制十字线，用以检查和控制花岗岩板块的位置，十字线可以弹在混凝土垫层上，并引至墙面底部。并依据墙面＋50线，找出面层标高在墙上弹上水平线，注意要与楼道面层标高相一致。

4）在房间内的两个相互垂直的方向，铺两条干砂，其宽度大于板块，厚度不小于3cm。根据试拼结果及施工大样图结合房间尺寸，把花岗石板块排好，以便检查板块之间的缝隙，核对板块与墙面、柱、洞口等部位的相对位置。

5）刷水泥浆结合层：在铺砂浆之前再次将混凝土垫层清扫干净（包括拭排用的干砂及花岗岩块），然后用喷壶洒水湿润，刷一层素水泥浆（水灰比为0.5左右，随刷随铺砂浆）。

6）铺砂浆：根据水平线，定出地面找平层厚度，拉十字控制线，铺找平层水泥砂浆（找平层采用1∶3的干硬性水泥砂浆，干硬程度以手捏成团不松散为宜）。砂浆从里往门口处摊铺。铺好后用大杠刮平，再用抹子拍实找平。找平层厚度宜高出花岗岩面层标高水平线3～4mm。

7）铺花岗石块：一般房间应先里后外沿控制线进行铺设，即先从远离门口的一边开始，按照试拼编号，依次铺砌，逐步退至门口。铺前应将板预先浸湿阴干后备用，先进行试铺，对好纵横缝，用橡皮锤敲击木垫板（不得用橡皮锤或木锤直接敲击花岗岩板材）振实砂浆至铺设高度后，将花岗石掀起移至一旁，检查砂浆上表面与板块之间是否相吻合，如发现有空虚之处，应用砂浆填补，然后正式镶铺，先在水泥砂浆找平层上满浇一层水灰比为0.5的素水泥浆结合层，再铺花岗石，安放时四角同时往下落，用橡皮锤或木锤轻击木垫板，根据水平线用铁水平尺找平，铺完第一块向两侧和后退方向顺序镶铺。花岗石板块之间，接缝要严，一般不留缝隙。

8）擦缝：在铺砌后1～2昼夜进行灌浆擦缝。根据花岗石颜色选择相同颜色矿物颜料和水泥拌合均匀调成1∶1稀水泥浆，用浆壶徐徐灌入花岗石块之间缝隙（分几次进行），并用长把刮板把流出的水泥浆向缝隙内喂灰。灌浆1～2h后，用棉丝团蘸原稀水泥浆擦缝，与板面擦平，同时将板面上水泥浆擦净。然后面层以覆盖保护。

9）当各工序完工不再上人时方可打蜡，达到光滑洁净。

10）分格缝施工

地面分格缝设置贯通面层结合层与豆石混凝土内铺地面采暖保温管分格缝相对应，尽量减小温度应力对地面的影响。分格缝的设置均为柱中轴线位置和纵横向中轴线中间位置。如下图9.4.1-7所示

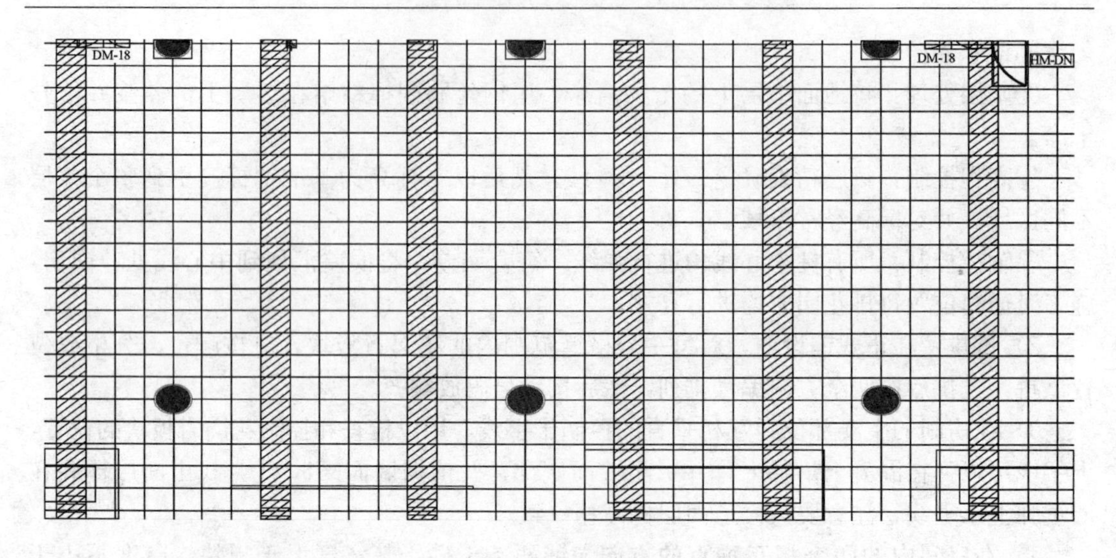

图 9.4.1-7　分格缝

11）实景图（图 9.4.1-8）

图 9.4.1-8　一层大厅实景图

4. 结果状态

该工程与 2009 年 9 月份进行了鲁班奖工程验收，在验收中得到了专家组的一致好评，花岗岩地面工程不空、不裂、不鼓，色彩搭配合理，地面地插、指示牌等均居中、顺线布置，并做到了板缝居柱中、门中等。

5. 施工方案后评价

工程所采取的方案有如下优点：

（1）面层施工中巧妙地运用了分格缝，基本所有面层分格缝均位于柱中位置或两柱的中线位置（图 9.4.1-9）。增强了大面积花岗岩面层的美观性，也有效地避免了地面空鼓与裂缝的产生。

（2）铺贴时充分地利用了色带，既起到美观效果，又将铺贴的累积误差消灭在了色带位置（图 9.4.1-10）。

（3）施工中大量运用了，居中对齐等设置（图 9.4.1-11）。一层所有圆柱中心均与地面花岗岩分格缝对齐；所有地插等设施均为花岗岩中心或缝隙中心位置；吊顶灯具、风口、喷淋头等位置，均为地面花岗岩块材中心或缝隙中部。

图 9.4.1-9　分格缝与柱中对齐

图 9.4.1-10　色带的设置

地插居中布置　　安全疏散指示标识居中布置

灯位居板中，指示牌居中布置　　指示牌上下居板中

立柱、立框居缝中布置　　走廊石材地面

图 9.4.1-11　石材居中对线布置图片

9.4.2　某市会展中心工程

1. 背景资料

某市会展中心工程建筑面积 47480m^2，会议中心地下一层，地上四层，主要为会议

厅、车库、设备机房；展览中心由三栋独立展厅组成，地上一层，为大型展览用房。会议中心为混凝土框架－剪力墙结构，筏板基础，上人屋面，局部钢管桁架屋盖，建筑高度24m。展览中心为框架结构，独立基础，马鞍造型钢网架屋盖，建筑高度 22.8m。

该工程地下室车库地面面层做法为金刚砂耐磨地面，总面积约为 6190m²，地下室有采暖。地面施工时间为 2009 年 4 月份。

地下室停车库地面做法：

100mm 厚 C25 细石混凝土，上做矿物骨料硬化耐磨地面。

200mm 厚 C20 毛石混凝土（毛石质量比 30%）。

2. 施工方案的优选

1）垫层处理

该工程地下车库有采暖系统，室内温差比较小。柱网尺寸为 12m×12m，为便于施工，垫层施工时主要考虑伸缝对工程的影响，伸缝按柱网尺寸留置，垫层伸缝处留置 20mm 厚聚苯板。

2）地面分格缝的设置

地面防止开裂，可拟选 12m×12m，6m×6m。如选用 12m×12m，间距过大，不便于施工，容易造成高低不平和面层开裂，所以未选用；6m×6m，便于施工，容易保证地面施工质量，分格缝见图 9.4.2-1。

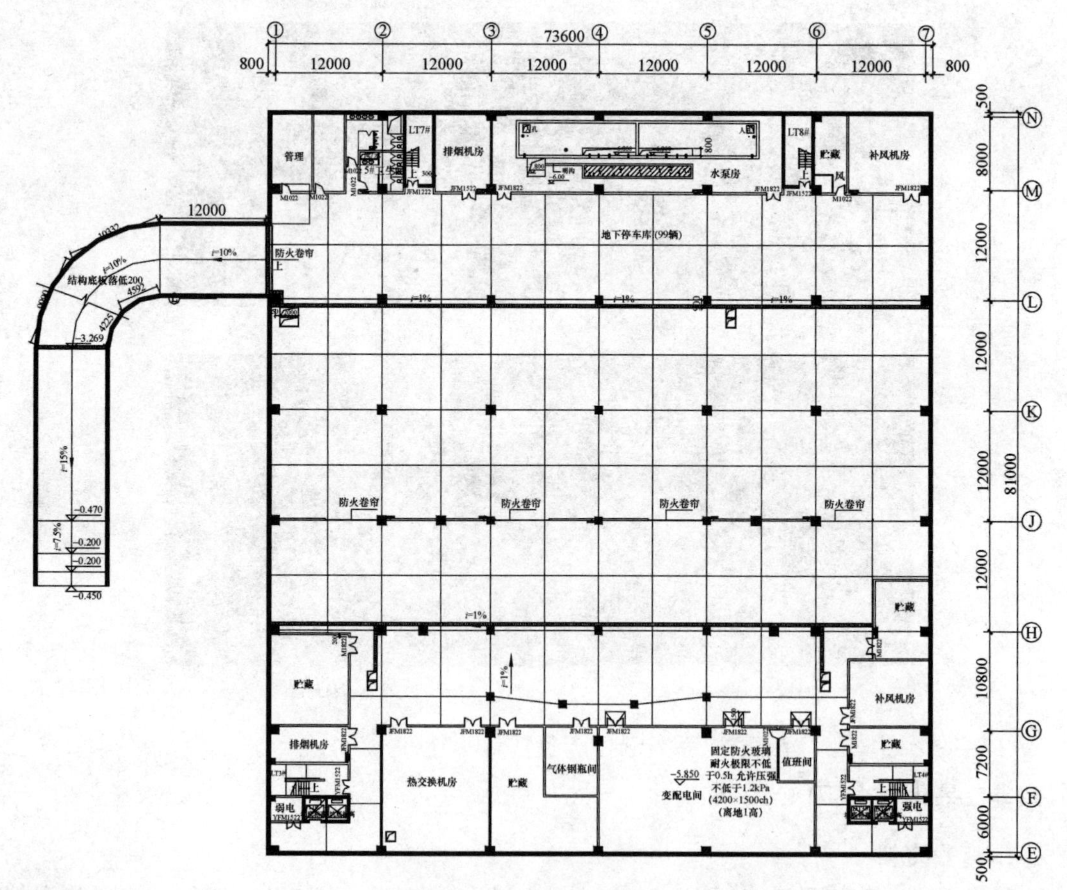

图 9.4.2-1　地面分格缝图

3）面层施工时在周边分格缝位置（与墙体交接的位置留置10mm厚聚苯板，高度同面层厚度）。以柱中为基准留设，在柱周围800mm范围内开方形缝，以防止柱下沉拉裂周围地面产生裂缝。如图9.4.2-2所示。

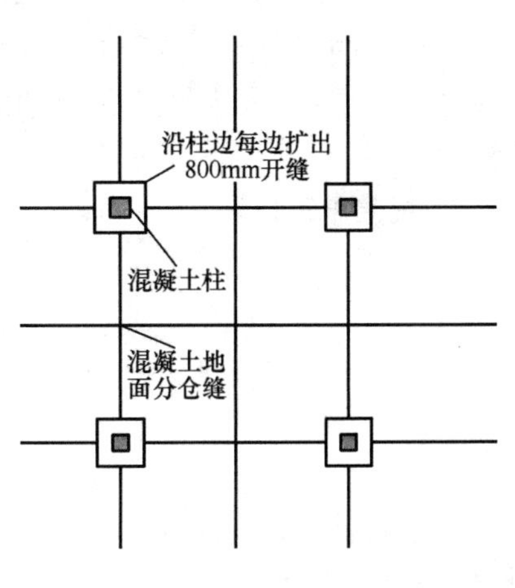

图 9.4.2-2 柱周边分缝图

4）施工方案的选择：

工程施工以西北侧坡道为出入口，混凝土罐车不能直接进入，采用三轮车运输混凝土。该工程进度要求很急，为便于分仓施工，前期施工面不影响后序工作的进展，采用如图9.4.2-3施工顺序分区域施工。

振捣振实：一般采用平板振动器，当混凝土层厚度超过150mm时，应使用插入式振捣作业，应注意边角之部位一定要振实，混凝土振捣后使用水平仪检测模板水平情况，对偏差部位用木抹子进行搓平。

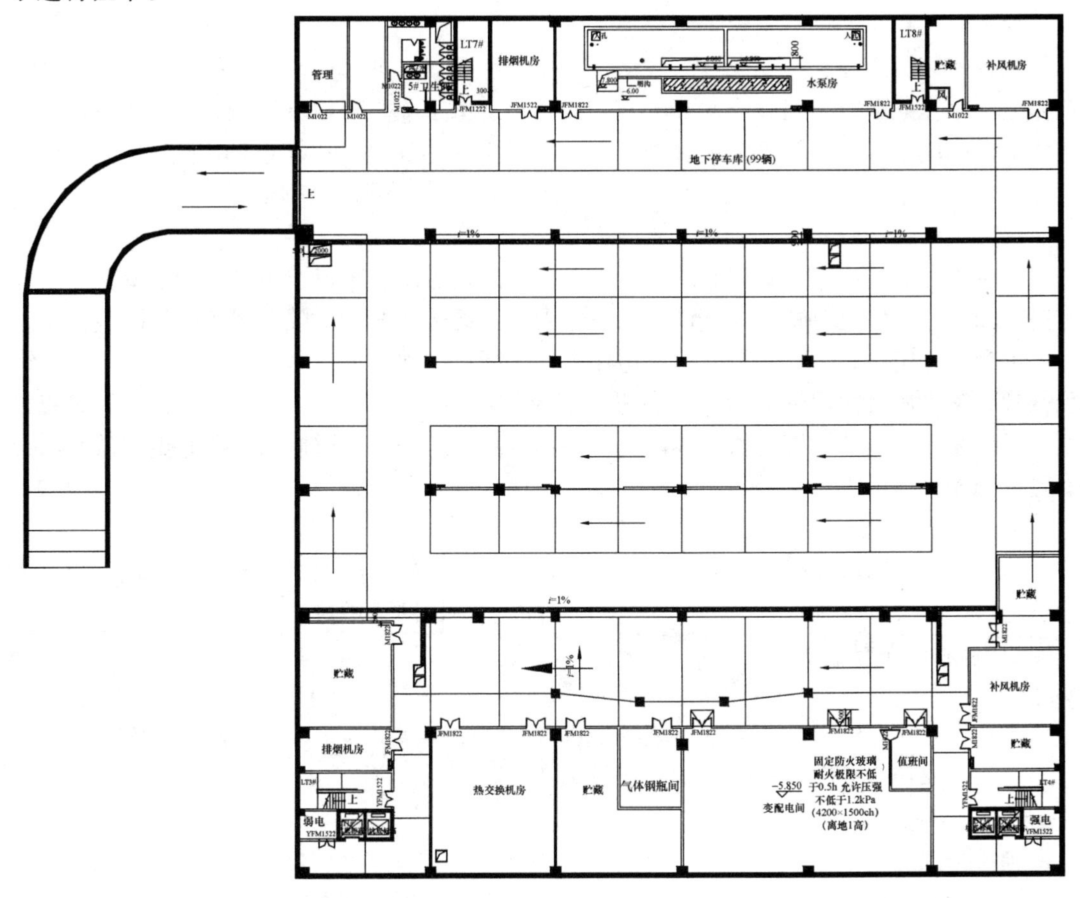

图 9.4.2-3 施工顺序图

地面找平：使用较重的钢制长辊（钢辊长度略大于分仓板块宽度），多次反复辊压，无法使用长辊作业的区域，可采用刮板作业，其最终的目的都是为确保地坪的平整度控制在规范要求的范围内。由于硬化剂材料与混凝土结合形成的厚度约3～4mm，无法以此来控制地面的平整度，而施工硬化剂的抹光机，靠自身的重量匀速涂抹时，也无法影响地坪平整度的偏差，因此采用水平仪检测确认水平标高和平整度是较为有效的办法。

3. 关键施工技术

1）混凝土面层浇筑

（1）工艺流程：

清理基层→检测基层平整度→设定水平标高分仓支模→浇筑混凝土面层→平整度检验→边角加固

（2）施工方法：

①基层处理：首先将地基表面浮土、杂物等清理干净，无松动缺陷，要求地基表面平整度控制在30mm。

②细砂隔离层：为了减小基底灰土因干裂对混凝土面层的拉应力，不使面层受拉而开裂，故铺设20mm厚细砂隔离层。要求只在安装好侧模的区间内铺设细砂并用刮杠刮平。

③混凝土地面：浇筑顺序：间隔跳跃式浇筑。

模材料：10#槽钢、固定支架。

侧模安装标高控制：在安装每根钢模时必须用水准仪进行槽钢上口标高控制，若槽钢与基底间存在缝隙应用细砂或50mm宽木条进行缝隙填充，以保证混凝土浆的不外漏。

侧模的固定：待槽钢顶标高控制好后，每间隔500mm用安装支架在槽钢外侧进行槽钢固定。

混凝土浇筑：

混凝土运输：本工程采用商品混凝土，在商混站与现场车道坡道口间用混凝土专用车进行运输；汽车坡道口到施工区域采用三轮农用车运输，按施工顺序图所标注路线行走。

混凝土浇筑：人工将三轮农用车运输来的混凝土用铁锹等工具铺平，顶高与侧模槽钢顶平齐。铺平后必须用震动棒进行振捣，落棒间距不大于300mm，以保证混凝土的密实度。振捣完后用刮杠沿槽钢顶将其刮平，再用木抹子抹平，然后撒均匀撒布金刚砂并用带磨盘的抛光机抹平。

混凝土技术参数：强度等级采用C25，水灰比控制在0.5以下，坍落度控制在±140mm。

边角加固：面层无配筋，为了保证耐磨地面施工质量，确保板块间无裂缝，在所有伸缩缝处（6000mm×6000mm一道）增加500mm宽的钢网片做拉结。

2）金刚砂面层施工：

（1）工艺流程

边角加固→计算覆盖率→第一阶段材料撒布施工→抹平→第二阶段材料撒布施工→抹光→收光→养护→切缝、填缝→施工结束。

（2）操作工艺

①边角加固

边角部位按规范要求处置；沿边带100～150mm宽，用手撒布材料；用抹刀抹平；如需设置切割缝，应在设置切割缝的地方，额外施工硬化剂，用钢抹刀抹进表面。

②设计材料的覆盖

将施工面划分成一定面积的区域；预备足够供两次分段施工的材料在指定的位置；材

料用量计算：5kg/m^2；材料均匀地分布，可使产品的性能达到最佳。

③铺设硬化剂（第一阶段）：

测定混凝土初凝时间（轻度行人交通留下约3mm的印迹）；均匀撒布量1/3～2/3的材料于混凝土表面。

具体方法如下：

撒料时混凝土面应无浮水，用手指按混凝土时其表面浮浆湿软，但混凝土已初凝，感觉不到松散、游离的石子存在，也就是手指按混凝土时，有压痕但不能很深。与其他实物交接固化较快地方，先撒料，后用木抹子和压抹子搓平压实。撒料时，工具离开地面位置要尽量低，材料摊开面积要大，摊开厚度要均匀一致。只有确认可以撒料的地块才能撒料，不能早撒，也不能晚撒；不能错撒、漏撒，以免导致耐磨层厚薄不均。必要时局部地方应补撒料。

④抹平

待第一次撒布的材料表面变暗，表示已从基面混凝土吸收足够的水分；使用带磨盘的抹光机抹平；当混凝土初步平整后，运行抹平机。抹平机运行时，先整平四周边缘，再分别纵横方向运行整平。整平中，要连续不断匀速运行，不得在某处停下来，以免过度振捣造成分层，切忌抹光过度；用2m长铝检尺检查平整度及时调整；靠近边角难于用抹平机处用木抹子和压抹子整平，不得用软镘刀；确保所有的部位都完全压实。

⑤铺设硬化剂（第二阶段）

沿第一次撒布材料的垂直方向均匀撒布剩余的材料；待第二次撒布材料吸收了足够的水分，用抹光机进行抹光；边角部位用抹刀进行处理。

⑥抹光

待第二次施工的表面变暗（所需时间稍长）；手按压混凝土表面，稍有压痕，但有明显手印和手指明显感到湿，也就是混凝土此时接近终凝，但还不到终凝，撒料后稍停一会材料吸水后才整平，整平过程与前述方法基本一样。撒料时，一定要保证施工地块以外边缘一米清洁卫生，这时其他杂物不能混入施工地块。

此次撒料最好用颗粒级较小的耐磨材料，如用正常级配的耐磨材料，一定要确保地坪稍湿软，整平机能把耐磨骨料磨压嵌入地坪内。

现场负责人至现场巡视，勤用手摸，以便做出正确判断并及时安排人员处置。

⑦收光

待全部材料撒布完、抹光后约1～2小时，混凝土足够坚硬不致被破坏时，用刀口角度倾斜的抹光机收光至要求。

a. 抹光机抹光

最后一次撒料并整平后，随后安排抹光。

抹光操作人员要穿平底鞋并戴鞋套，其他人员此时不得随便进入施工地块。

抹光时要按一定路径匀速不断运行，抹光机刀片倾斜角度及及其运转速度要与施工地坪状况相适应，以避免刀片粘吸耐磨层，造成地坪空鼓、起皮。

当耐磨层颜色变深，地坪开始变亮，用手指按压地坪完全无压痕，只是稍有手印和手指有点湿时，停止抹光。

b. 铁抹子手工抹光

所有抹光人员都要穿平底鞋并戴鞋套。

抹光时要从一处向另一处后退进行，后退次数要少，幅度要大；下蹲姿势要有利于铁抹子大幅度移动（约 2m），并保证手能较大用力到铁抹子上。

铁抹子倾斜角度既要使镘刀与耐磨层的粘力小，要保证铁抹子不能刮伤耐磨层；后退抹光时，后排压前排 5～10cm。

抹光路径为纵横交叉进行，如局部地块干硬较快时，此地应先安排施工。

当发现有灰尘等污染物进入抹光地块时，要随时用干净扫帚扫除。

抹光过程中万一发现耐磨层脱皮，地坪创伤等现象时，要马上补上。

铁抹子抹光次数要多遍，但不可过度抹光，至地坪表面明显光亮，完全干硬时应停止。

⑧养护

硬化剂地坪的养护与混凝土的养护应在同等条件下进行。因为硬化剂材料与混凝土经搓抹结合形成的是一块整体构造层，养护的作用不仅要考虑面层材料，还应考虑混凝土。所谓强度的增长也是在一定的温度、湿度条件下，通过水泥的水化逐渐硬化粘结而形成的。

由于该工程在地下室施工，室内环境比较稳定，天气影响比较小，该工程面层养护采用覆盖所料布的方法养护。

⑨切缝、填料

耐磨地面施工完成 24h 内，按照轴线和分缝要求在地面弹出切割线，进行锯切分格缝，缝深为厚度 1/3。

锯缝嵌填具体使用方法如下：

将切缝中的垃圾、浮灰清除干净，并用水冲洗；用嵌缝枪将嵌缝材料灌入缝内；填缝胶平面应低于混凝土基面 1～3mm，无漏灌、不溢出缝外。

施工完毕，及时清洗嵌缝枪。

施工后 4h 内防止接触雨水，8h 可开放交通。

4. 结果状态

该工程于 2010 年获得鲁班奖，在专家组织验收时对该地面给予了好评，该地面未出现任何裂缝，且坡度合理，冲刷方便，无积水。

5. 施工方案后评价

1）模板设置

按设计标高面层厚度为 100mm，设置地面分隔模板采用钢模板，既具有刚度避免了模板变形对分格缝的影响，有可以在模板支设的时候，根据模板上皮标高控制成形面层顶标高。分隔模板设置应坚固和平直，并涂上隔离剂，模板按分仓板块设置，模板的选择对标高的控制和分格缝的控制起到了决定作用。

2）分仓拼接缝的处理

浇筑混凝土的分仓无疑应该是间隔分仓进行施工的，无论长条形或横条形。

当周边板块先浇筑完毕，即将开始浇筑相邻板块之前，首先要拆除模块。在拆除过程中，很难避免边缘不被损坏。因此，建议板块浇筑时多浇筑出一部分，将板块边缘用切割机修直，然后开始浇筑相邻板块，有效保持接缝处的顺直。当相邻板块均完成 3 至 4 天后，具有一定强度，再开始用切割机在分仓拼接处笔直地切一条缝（图 9.4.2-4）。切割锯片厚度为 3mm，形成的缝宽约 5mm，深度为 30mm。

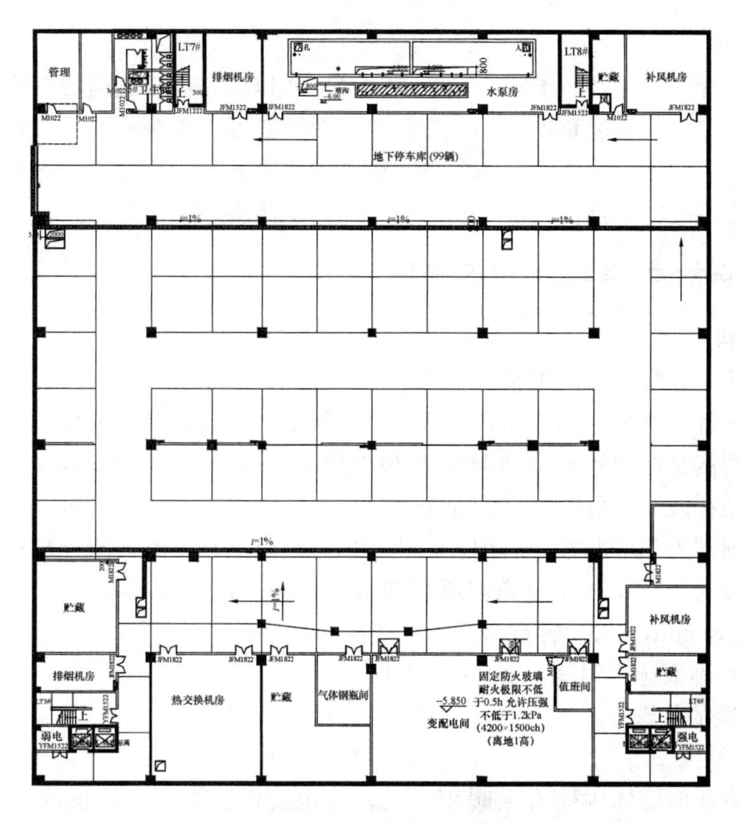

图 9.4.2-4 分仓缝设置

3）柱头周围的缝处理

因地下车库中存在很多柱子，为了避免或减少在地基沉降过程中产生的沉降不均导致地坪产生的不规则裂缝，建议在柱头周围采取矩形切割方法，如图 9.4.2-5 所示。

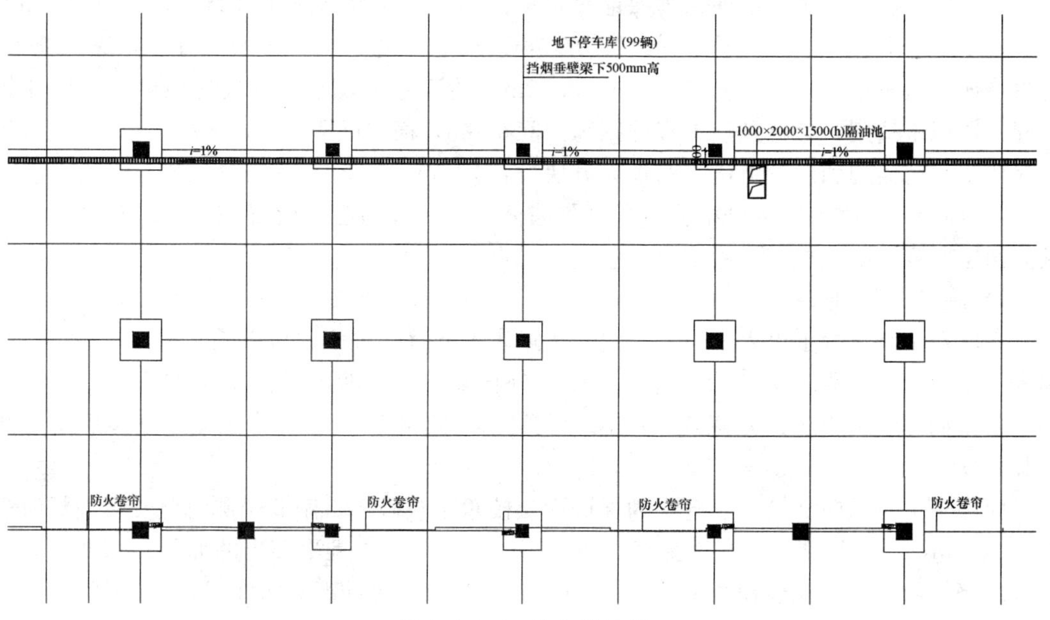

图 9.4.2-5 分仓缝处理

4）建议事项：

根据地下车库的使用环境要求，硬化剂地坪完成以后，可根据需要在表面进行抛光打蜡，目的一方面是保护成品地面，另一方面也是为了表面的美观性。虽然硬化剂材料经机械搓抹后表面已有一定的抗渗性，密实度也较普通水泥表面高，但如果表面再经机械上蜡抛光，表面的毛细孔将会基本消除，从而更加提高抗渗性。

9.4.3 某机场扩建工程货运库区工程

1. 背景资料

某机场扩建工程货运库区工程建筑面积7130m^2，总高度11.2m，结构形式为预应力框架结构。本工程由办公区和货物存放区两部分组成，办公区分为三层，一层中间办理货物运输业务，两侧是卸货平台（进货平台和出货平台）；二层为办公区；三层为装饰层。库区由贵重物品存放库、危险品库、业务用房组成，长112m，宽45m，框架结构，梁内设有预应力，顶部为球形网架加彩钢板，货库内只设有6颗形钢混凝土柱。办公区部分地面面层为地板砖面层，库区、南侧坡道及卸货平台部分地面面层均为细石混凝土耐磨地面，面层厚度80mm，C20细石混凝土，内配单层双向ϕ8@200的钢筋，总面积约7000m^2。该工程地面施工时间为2011年4月。

2. 施工方案的优选

1）垫层处理：

该工程东南西侧墙体内侧有采暖用地沟，地沟盖板顶标高与垫层底标高齐。垫层为150厚C20混凝土。为保证库区地面质量，防止不均匀沉降，在地沟上方垫层内加设钢筋网片，横向采用Φ12@150mm，纵向采用ϕ8@150mm。近墙、柱端盖板外边距墙柱小于1m，通到墙柱边，远墙端盖过地沟盖板1m。

2）地面分格缝的设置：

货运库区及卸货平台地面，为保证垫层和面层分块统一，防止开裂，可拟选7.5m×8m，3.75m×4m和4m×7.5m。如选用7.5m×8m，间距过大，不便于施工，滚杠施工，容易造成高低不平，所以未选用；4m×3.75m，便于施工，不过分块比较多，观感比较琐碎，所以未选用；考虑到该工程柱网纵向间距8m，横向间距7.5m，考虑地面美观与抗裂缝要求，与监理和建设单位协商地面分块设置为4m×7.5m，分格缝见图9.4.3-1。

3）面层施工时在周边分格缝位置（与墙体、柱交接的位置留置10mm厚聚苯板，高度同面层厚度，防撞柱需要用塑料布包裹，防止污染）。

4）施工方案的选择：

库区在南侧留置了出入口，库区混凝土罐车不能直接进入，可以满足翻斗车与三轮车出入。该工程进度要求很急，考虑到，便于分仓施工，前期施工面不影响后序工作的进展。采用如下施工顺序：先浇筑中间及四周区域，再浇筑环形道路区域，逐步后退（图9.4.3-2）。

面层施工时纵向浇筑，分仓，为保证面层棱角不被破坏，南北两侧每侧支设模板时多支出80mm，待有强度后，上面弹线，用切割锯切割，人工剔凿多出的面层；东西向，平均每次浇筑约20m，支设模板时多支出80mm，待有强度后，上面弹线，用切割锯切割，人工剔凿多出的面层。

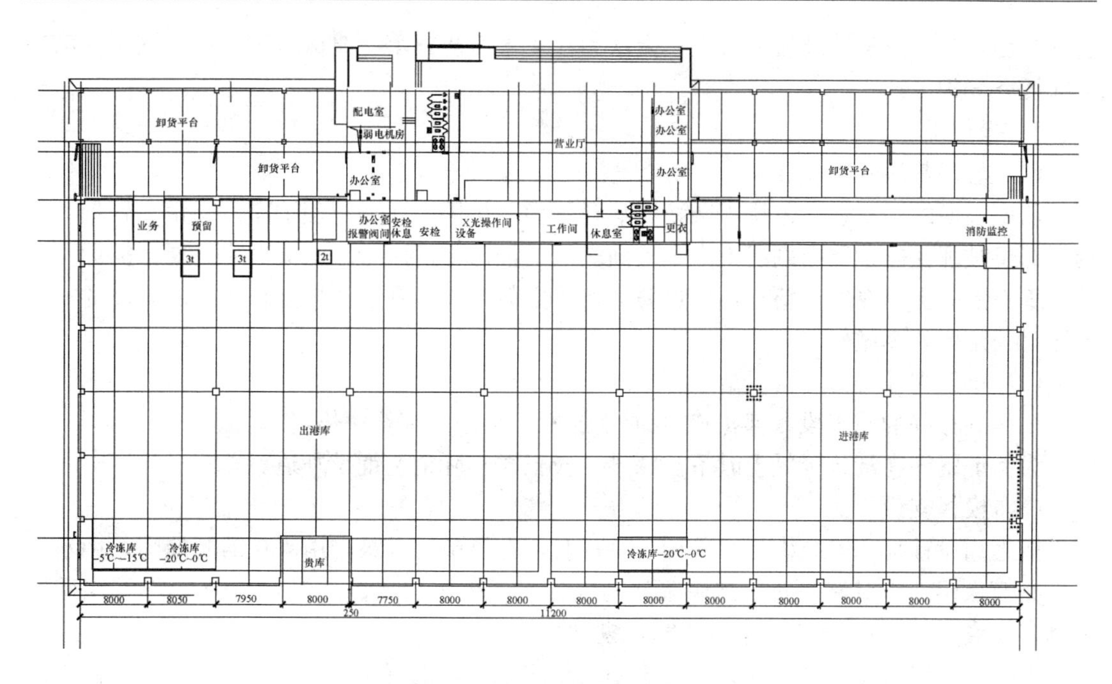

图 9.4.3-1 分格缝布置详图

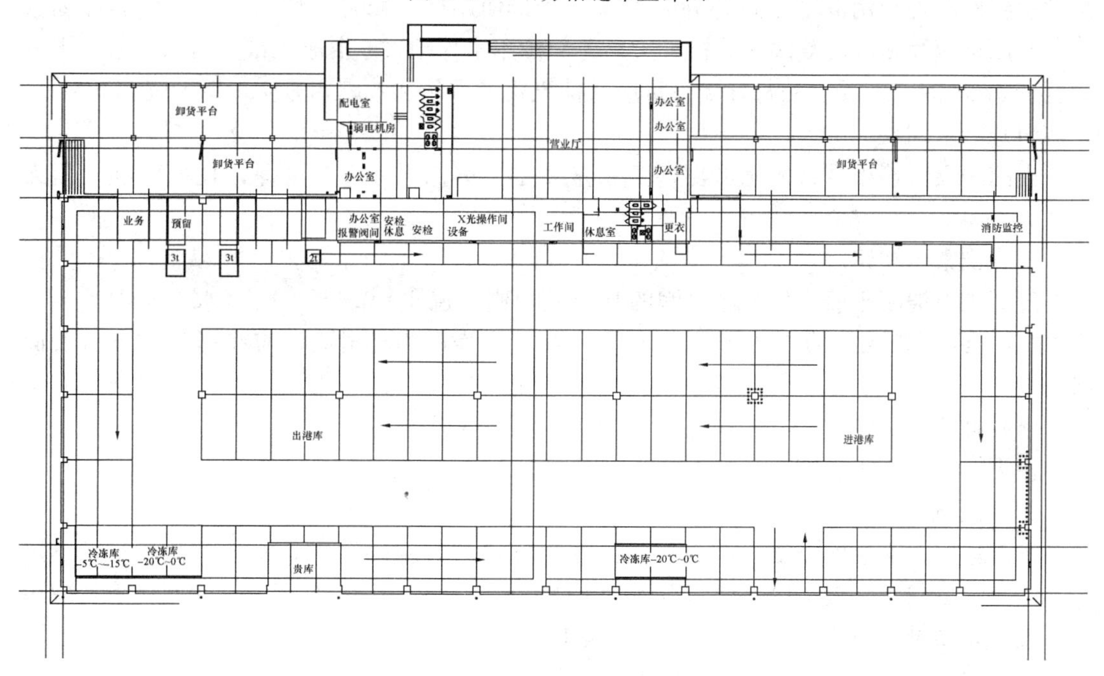

图 9.4.3-2 施工顺序图

待混凝土浇筑完毕后，另行切割扩缝，分格缝内填充 ϕ10mm 胶棒，表面填黑色聚氨酯涂料。

3. 关键施工技术

1）工艺流程

找标高、弹面层水平线→基层处理→钢筋绑扎→模板支设→洒水润湿→抹灰饼→抹标

筋→冲筋贴灰饼→浇筑细石混凝土→撒水泥沙子干面灰→第一遍抹压→第二遍抹压→第三遍抹压→养护

2）操作工艺

（1）处理基层

基层表面的浮土、砂浆块等杂物应清理干净。垫层表面要清理干净；墙角、管根、门槛等部位被埋住的杂质要剔凿干净；地面表面的油污，清洗干净。清理完后要根据标高线检查细石混凝土的厚度，防止地面过薄而产生空鼓开裂。基层清理是防止地面空鼓的重要工序，一定要认真做好。

（2）钢筋绑扎

根据划分好的施工段，绑扎 ϕ8 双向钢筋网。采用大理石块垫起。

为保证钢筋在浇筑混凝土时不被踩踏，应根据实际情况铺设马道。

（3）模板支设

按地面设计标高安装模板（采用 8# 槽钢），在垫层上打眼，用 ϕ20 钢筋加固，用水准仪检测模板标高，对偏差处用楔块调整高度，保证模板的顶标高误差小于 3mm（试验段每侧多支设 100mm，浇筑完毕后切割，剔凿）。

混凝土的浇筑将其合理地分为若干小块组织施工，混凝土尽可能一次浇筑至标高，局部未达到标高处利用混凝土料补齐并振捣，严禁使用砂浆修补。使用平板振捣器仔细振捣，并用钢滚筒多次反复滚压，柱、边角等部位用木抹拍浆。混凝土刮平后水泥浆浮出表面至少 3mm 厚。混凝土的每日浇筑量应与抹光机的数量和效率相适应，每天宜 500m^2。

（4）洒水润湿

提前一天对楼板进行洒水润湿，洒水量要足，第二天施工时要保证地面湿润，但无积水。

（5）刷素水泥浆

浇灌细石混凝土前应先在已湿润的基层表面刷一遍 1：0.4～0.45（水：水泥）的素水泥浆，要随铺随刷，防止出现风干现象，如基层表面为光滑面还应在刷浆前先将表面凿毛。

（6）冲筋贴灰饼

根据实际情况采用细石混凝土冲筋（间距 1.5m），随后铺细石混凝土。

（7）浇筑细石混凝土

细石混凝土面层的强度等级应按设计要求强度；并应每 500m^2 制作一组试块，不足 500m^2 时，也制作一组试块。铺细石混凝土后用长刮杠刮平，振捣密实，表面塌陷处应用细石混凝土填补，再用长刮杠刮一次，用木抹子搓平。

（8）撒水泥沙子干面灰

砂子先过 3mm 筛子后，用铁锹拌干面（水泥：砂子（水洗砂）＝1：1），均匀地撒在细石混凝土面层上，待灰面吸水后用长刮杠刮平，随即用木抹子搓平。

（9）第一遍抹压

用铁抹子轻轻抹压面层，把脚印压平。

（10）第二遍抹压

当面层开始凝结，地面面层上有脚印但不下陷时，电抹子磨光，铁抹子进行第二遍抹压，将面层的凹坑砂眼和脚印压平。要求不漏压，平面出光。地面的边角和水暖立管四周容易漏压或不平，施工时要认真操作。

（11）第三遍抹压

当地面面层上人稍有脚印，而抹压无抹子纹时，电抹子磨光，作业后面层的抹纹比较凌乱，为消除抹纹最后采用薄钢抹子对面层进行有序、同向的人工压光，完成修饰工序。用铁抹子进行第三遍抹压，第三遍抹压要用力稍大，将抹子纹抹平压光，压光的时间应控制在终凝前完成。

（12）养护

面层抹压完 24h 后，及时洒水进行养护，每天浇水 2 次，至少连续养护 7d 后方准上人。（养护期间房间应封闭，禁止进入）养护要及时、认真，严格按工艺要求进行养护。

（13）地面变形缝的设置和施工

由于地面的面积非常开阔，按照建设、监理方认可的伸缩缝分格图留设位置和距离施工。施工期间实行分块跳仓浇筑，在每一施工区域，一次性浇筑完毕，不允许出现冷接缝，相邻两块混凝土浇筑间隔时间不得少于 7 天。在墙体、柱一侧设置膨胀缝，膨胀缝内填入聚苯乙烯泡沫板，板厚 10mm，防止因温度变化因起混凝土变形受到阻碍，防撞栏杆用胶带粘贴。

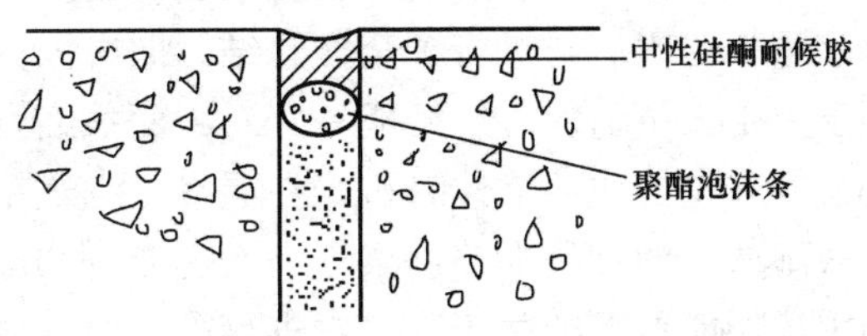

图 9.4.3-3 分格缝详图

混凝土在分仓浇筑施工完成 2～3 天后宜马上开始切割缝，缝宽 3～5mm，深度为 1/3，以防不规则龟裂。切割应统一弹线，以确保切割缝整齐顺直。切割缝完成后将缝内杂物清理干净，用除尘器吹干缝内积水，必须保证缝内清洁、无油污、砂粒及灰尘。将弹性聚酯泡沫条嵌在缝内，作用是抗挤压。切开胶嘴呈尖嘴形状，尖嘴尽量触及接口底部，用挤压枪小心施胶。施胶后用刀具压平、修整，以确保密封胶与基材表面紧密接触。同时施胶应使接口处呈凹形，如图 9.4.3-3 所示。

3）季节性施工

根据天气情况，设专人记录天气情况，细石混凝土施工的环境温度不应低于＋5℃，根据天气情况确定防寒保温养护措施。避免大风扬沙天气进行混凝土施工，由于该市地区春季风大，做好防风措施。

4. 结果状态

施工过程中严格按照设计要求，规范标准进行操作，采取对策和措施及时解决各种质量问题，消除隐患，严格工序检查，避免了质量事故，减少返修率，节约了修补用工，取得了良好的经济效益。得到了业主监理的一致好评，并组织相关各方人士进行了参观学习。

5. 施工方案后评价

施工过程中，项目部专门成立 QC 小组，通过原因分析，小组成员自由分析主要因素交底不清、培训不到位、混凝土坍落度大、切割锯片晃动、模板变形、滚杠不直、成活时机不当。得出结论：影响大面积细石混凝土地面面层质量的主要因素为：锯片晃动，滚杠不直，成活时机不当。

针对以上要因，制定了相应的对策：

1）设备因素：由于专用切割机锯片左右晃动，造成切出的分格缝粗细不均匀，且不顺直，成活后地面面层效果差，经更换紧固件、更换新锯片、设专业混凝土切割人员后，所切割出的分格缝宽窄一致，深度一致，且顺直，成活后的地面层层质量得到了很大的提高，全面修理后的切割机满足地面施工的要求。

2）工艺因素：针对滚杠不直和成活时机不当，项目部攻关小组经过认真研究，制定了详细的整改措施用于保证细石混凝土的整体效果，提高大面积细石混凝土地面的质量。

(1) 滚杠不直：分仓宽7.5m，普通钢管的常见尺寸为6m一根，因此就需要将两根钢管焊接起来，用于本地面施工过程中的初平、精平和局部细石混凝土的压实工作，滚杠是否顺直将决定地面成活后的整体质量，开始施工完成的地面表面平整度不够主要因为滚杠不直所造成。在养护过程中发现成活的地面局部有5mm左右的积水，分析造成积水的主要原因是地面平整度差，造成平整度差的原因是滚杠不直，马上重新制作的一根150mm粗的新滚杠，经实践新滚杠满足施工要求，能保证大面积地面施工的整体平整问题。

(2) 成活时机不当：样板地面表面光泽度不够的主要原因是成活时机不当所造成，得知该重大原因后，进行了全面总结，向有该方面经验的专家大量收集资料，向专业细石混凝土施工人员请教，总结成一套对大面积细石混凝土地面施工有针对性的专业方法，项目部设专人掌握成活最佳时机，在混凝土浇筑粗平完成后整体初凝前洒1∶1砂子灰，待砂子灰湿透后精细找平并提浆，表面还能有2mm左右的下陷塑性时进行第二遍磨平，待人用手按还能留下细微印迹时，进行第三遍成活。完成一仓后，经观察地面面层效果达到了理想中的效果。

9.4.4　某市机场航站区改扩建工程新航站楼工程

1. 背景资料

某市机场航站区改扩建工程新航站楼工程结构类型为框架、钢结构，建筑面积119149m^2。地下一层为地下设备层及发展用房，地上一层为旅客到港层，夹层为旅客到港通道层，地上二层为旅客离港层，夹层为架空服务层。

建筑中心位置，为直径108m的大型穹顶。建筑两翼翼展为490m。地下一层地面为自流平地面，其他区域地面均为石材地面。

石材楼面（低温热水地板辐射采暖楼面）做法：

1）30厚花岗石板（正、背面及四周边满涂防污剂）灌稀水泥浆（或彩色水泥浆）擦缝。

2）20厚1∶3干硬性水泥砂浆粘接层，表面撒水泥粉。

3）C15细石混凝土垫层随打随抹平，加热管上皮厚度>30mm。

4）沿外墙内侧贴20×50聚苯乙烯泡沫塑料保温层，高与垫层上皮平。

5）铺18号镀锌低碳钢丝网，用扎带与加热管绑牢。

6）铺真空镀铝聚酯薄膜（或铺玻璃布基铝箔贴面层）绝缘层。

7）30厚聚苯乙烯泡沫塑料保温层。

8）10厚1∶3水泥砂浆找平层。

9）现浇钢筋混凝土楼板。

2. 施工方案的优选

不管是离港大厅、到达通道还是候机大厅，由于结构为异形结构，在两翼地面原设计全部石材为楔形，材料加工难度大，施工中造成的累计误差难以处理，且不便于施工。经业主、设计及施工单位意见，地面石材铺贴经多种方案比较认为可按如下铺贴原则进行施工：

1）离港大厅及迎宾大厅地面铺贴方案选择：

（1）石材基本尺寸为1200mm×600mm×30mm，矩形，白麻及灰麻。

（2）以大厅圆心为起铺点，C6/C25和C7/C25柱中心连线的中心与圆心的连线及其延长线以及通过圆心垂直与此线的直线为铺贴控制线。部分区域设置色带，详见设计图纸。

（3）C6/C25和C7/C25柱中心连线的中心与圆心连线的延长线即为两翼S151/W和S161/W柱中心连线的垂直平分线（该跨的控制线之一）

（4）在白麻和灰麻连接处的石材缝为8mm宽的温度伸缩缝。

（5）石材表面全部结晶处理。

2）候机大厅及到达通道地面铺贴方案选择：

（1）石材基本尺寸为1200mm×600mm×30mm，矩形，白麻及灰麻。

（2）每一排版单元（四个柱子中心连线组成）内单独排版，但保证与相邻两跨通缝。

（3）由于本工程结构为异形结构（主要区域为S9～S18/1/E3～1/W、S18～S22），所有需单独处理的非标准尺寸石材（异形石材）均放置在靠近轴线处，且轴线处2400mm宽范围内（局部有结构伸缩缝处略有不同）为灰麻石材色带，靠近色带处的异形石材长度不小于600mm。

（4）S15/1/W和S161/W柱中心连线及其垂直平分线为铺贴控制线，整个两翼铺贴起始点为上述两直线的交点。每一排版单元中的跨中一块石材为此跨石材铺贴控制基准，水平方向垂直于此基准线。

（5）南北向轴线及东西向灰麻色带与白麻石材衔接处设8mm宽温度伸缩缝。

（6）在S9/1/E3～S22/1/E3设2400mm宽灰麻色带。

（7）石材表面全部结晶处理。

3. 关键施工技术

1）工艺流程

准备工作→弹线→试拼→编号→刷水泥浆结合层→铺砂浆→铺花岗石块→灌缝、擦缝→打蜡

2）操作工艺

（1）清理基层：将基层表面的积灰、油污、浮浆及杂物等清理干净，并提前一天浇水湿润基层表面，以保证水泥浆与地面紧密配合，如局部凸凹不平，将凸处凿平，在凹处应用1∶3砂浆补平。

（2）找标高：从现场已弹出的+50cm线控制处引测结合层砂浆铺设标高，待试拼达到设计美观后，作为检查和控制石材板块位置的准绳。

(3) 试拼和试排：

铺设前对每一个房间的大理石板块，按图案、颜色、拼花纹理进行试拼。试拼后按两个方向以十字交叉式码放整齐。为检验板块之间的缝隙，核对板宽与墙面、柱面等部位的相互位置是否符合要求。

(4) 刷水泥素浆：在清理好的地面上均匀洒水，然后用笤帚均匀洒刷水泥素浆（水灰比为 0.5）。刷的面积不得过大，应与下道工序铺砂浆找平层紧密配合，随刷水泥浆随铺水泥砂浆。

(5) 铺找平层砂浆：按水平线定出面层找平层厚度，拉好十字线，即可铺找平层水泥砂浆。一般采用 1∶3 的干硬性水泥砂浆，稠度已手捏成团，不松散为宜。铺前洒水润湿垫层，扫水灰比为 0.4～0.5 的素水泥浆一度，然后随即由里往门口处摊铺砂浆，铺好后刮大杠、拍实，用抹子找平，其厚度适当高出水平线订的找平层厚度 1～2mm。

(6) 铺大理石板：

①铺砌顺序一般按线位先从门口向里纵铺和房间横铺数条做标准，然后分区按行列、线位铺砌。亦可从室内里侧开始，逐行、逐块向门口倒退铺砌，应注意与走道地面的结合应符合设计要求。当室内有中间柱列时，应先将柱列铺好，再沿柱列两侧向外铺设。铺设时，必须按试拼、试拼试排的编号板块“对号入座”。

②铺前将板块预先浸湿阴干后备用。铺时将板块四角同时平放在铺好的干硬性找平水泥砂浆层上，先试铺合适后，翻开板块在水泥砂浆上浇一层水灰比为 0.5 的素水泥浆，然后将板块轻轻地对准原位放下，用橡皮锤或木锤轻击放于板块上的木垫板使板平实，根据水平线用铁水平尺找平，使四角平整，对缝、对花符合要求；铺完后，接着向两侧和后退方向顺序镶铺，直至铺完为止，如发现空隙，应将石板掀起用砂浆补实后再行铺设。大理石板块之间的接缝要严，缝隙宽度不应大于 1mm，伸缩缝宽度为 8mm。

(7) 灌缝、擦缝：在板铺砌完 1～2d 后开始。应先按板材的色彩用白水泥和颜料调成与板材色调相近的 1∶1 稀水泥浆，装入小嘴浆壶徐徐灌入板块之间的缝隙内流在缝边的浆液用牛角刮刀喂入缝内，至基本饱满为止；1～2 小时后，再用棉纱团蘸浆擦至平实光滑。黏附在板面上的浆液随手用湿纱头擦净。

(8) 养护：灌浆擦缝完 24h 后，应用干净湿润的锯末覆盖，喷水养护不少于 7d。

(9) 结晶：

地面结晶处理工艺流程：开缝—填缝处理—翻新—抛光—晶面处理。

①切缝：

a. 用切割机配进口 0.1mm 的切割片，对地面石材缝口进行细心裁切，切成宽 0.3mm，深 0.5mm 的缝口；

b. 用吸尘器将缝里的沙砾、灰尘吸净。

②填缝：

用环氧塑脂 307 胶、固化剂、色粉等调成相接近的颜色，填满切好的缝里，待干后，进行研磨。

③翻新研磨处理：

a. 开始研磨，第一道用 50# 翻新片进行剪口打磨，磨完用刮刀刮净污水，检查剪口是否平整，石面是否有磨痕，若无此现象，再进行第二道工序研磨；

b. 第二道换上 100# 磨片进行研磨，磨完后检查石面的磨痕和高低落差，如没有再进行下一道工序，然后逐号研磨（300# ～500# ～1000# ～2000# ～3000#），每道工序都必须严格检查，石面有无磨痕，没有磨痕才能磨下一道，整个翻新程序需要七道工序。

④抛光处理：

再调上抛光磨块 800#、1200# 进行抛光，使石面恢复原有光泽，光泽度透彻清晰，光亮度。

⑤晶面处理：

a. 再用晶面剂做晶面处理，在干净的地面上均匀喷上晶面剂，用晶面机慢速抛磨至光亮，用同样的方法再做一次；

b. 因晶面机器磨头是圆形的，直角和墙面无法彻底吻合，对边角处用手磨机精心做晶面处理，用料和方法同上，以使其与周围石面光泽基本达到统一。

4. 结果状态

该工程地面完工后，光滑平整、无空鼓，翘曲等现象，砖缝科学合理，特别是出发大厅（图 9.4.4-1），上面为 108m 穹顶，地面如玻璃般映射。工程得到监理与业主方充分认可。

出发大厅地面

候机大厅地面

到达通道地面

迎宾大厅地面

图 9.4.4-1　实景图

5. 施工方案后评价

1）工程所采取的方案有如下优点：

（1）石材铺贴面积大，适宜采用基本规格尺寸的石材铺贴。大量使用基本规格尺寸的石材铺贴，减少了楔形石材加工量，降低了费用，加快了施工进度。保证了工程在预定的时间内完成地面石材的铺贴。

图 9.4.4-2　走廊地面

(2) 两翼区域（到达通道、候机大厅）仅在靠近色带处使用楔形石材，通过现场实测实量后进行加工和铺贴施工，将所有误差“消化”在此区域内，保证了施工质量。

(3) 离港大厅若采用以圆心为中心向四周发散型的（同心圆）铺贴，石材加工尺寸多，现场铺贴时出现的累积误差不易处理，达不到预期效果。

(4) 大量天地辉映部位的运用，使成品地面、吊顶显得更加美观。如图 9.4.4-2所示。

2) 缺点与不足：

(1) 离港大厅若采用以圆心为中心向四周发散型的（同心圆）铺贴，石材加工尺寸多，预期效果不容易达到，但是在美观方面可以给人以震撼的感觉。图 9.4.4-3 为某会展中心入口大厅蒙古包造型屋顶与地面图片，做到了天地辉映，给人以耳目一新的感觉。

图 9.4.4-3　某会展中心入口大厅天地辉映

(2) 地面结晶（图 9.4.4-4）：虽然花岗岩地面经过晶面处理之后，石面分子更致密，

图 9.4.4-4　大厅地面图

光泽度明显提高，不仅能增强色彩和光亮度，还能达到防滑、防水、防油等功效。但是，石材应有的缝隙与分格缝变得不再向未结晶之前那样明显。如果工程虽采用的石材无变形、色差不大，施工时可尽量不采取结晶的方法。

3）建议事项

石材铺贴方案中，石材规格的选择在施工过程中也起到很大的制约作用。小规格的石材运输便利，容易搬运，便于施工，但是粘贴以后效果不如大块石材，尤其是用于大面积地面粘贴中，观感效果大打折扣。石材块料过大，运输不方便，给粘贴也会造成很大困难。以 1000mm×1000mm×25mm 花岗岩石材为例，单块石材重量将达到 70kg，施工过程中搬运、拍砖等都需要多人配合进行，并且石材铺贴质量不容易保证，石材也容易造成破坏。所以在施工过程中，石材规格的选择也不容忽视。常见规格 800mm×800mm、900mm×900mm、900mm×600mm、450mm×900mm 的选择，既可以满足大面积地面美观的需要，也可以做到施工便捷，节约材料。

花岗岩块材切割成板材后，需要放置一段时间让块材进行应力释放。板材加工成型进场后，应尽量减少堆放时间，避免块材之间的相互挤压造成弯曲、翘边等。

9.5 施工方案后评价

1. 用系统论的观点解决场馆工程中各种矛盾

场馆类工程多属于综合型较强的公共建筑，大面积楼地面又往往是应用于人流物流最多的场合，使用功能多样，设计等级较高，观感质量要求高，地板采暖、多功能地源插座、地光灯池，车库排水地沟、设备基座基础等一应俱全；表面材料有地质坚硬的花岗岩、大理石；柔软彩色高档地毡；还有价格不菲的大块耐磨陶瓷地砖；更有抗磨彩色塑胶自流平等等。所以制定选用施工方案过程中，必须从系统全局角度进行综合考虑，优选优化比较后再实施，切忌盲目，要早计划，早准备，未雨绸缪。

2. 用价值论观点解决近期效益与长远投资收益的矛盾

场馆类大面积楼地面工程功能多，施工作业多个工种同步进行，多个专业工程量大小不一，工程造价比也不相同，在施工方案优选优化过程中，要有价值、功能、成本的理念。

第 10 章　大空间曲面吊顶工程施工方案优选与后评价

10.1　大空间曲面吊顶工程的特点与难点

大空间曲面吊顶工程（图 10.1）多出现于机场航站楼、大型多功能厅、报告厅、影剧院，因功能和空间的需要，建筑物的屋顶结构一般是钢结构、球节点网架结构、壳结构等异形屋顶，且屋顶大部分为异形设计。

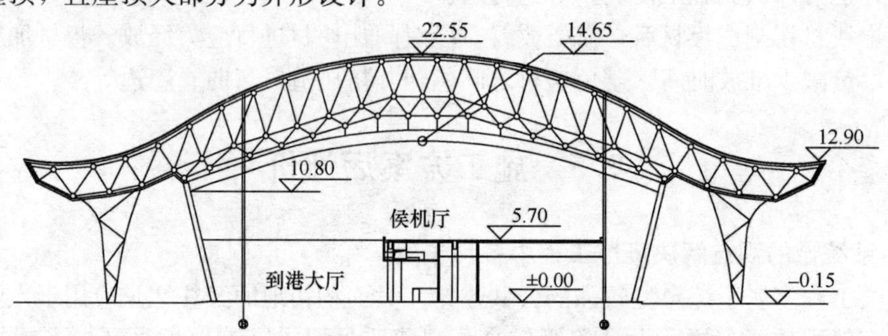

图 10.1　某机场航站楼铝条板吊顶短向剖面图

而机场航站楼、大型多功能厅、报告厅、影剧院等建筑物因为功能需要，不可能做成平面的吊顶，都有不同程度的高低错落，或曲面或双曲面。一般采用宽度不小于 150mm 的铝条板，并设计成开缝安装。

虽然高低错落，但是弧线变化所对应的半径都很大，所以大多不需要定制成弧形的构件，通过调成坚固骨架的高度，安装铝条板时，板面自然形成弧形。

多功能厅、报告厅、影剧院等则较多的采用造型吊顶，以满足音效和装饰的双重性能要求。GRG 石膏产品的出现，则有效地解决了一般纸面石膏板不能或不易做成弧面，甚至需要做成双曲面形状的问题。

通过对工程案例的分析，在这些功能需求和空间要求条件下，曲面吊顶工程施工的特点和难点如下：

1. 吊顶装饰工程测量、定位、长度计算困难

屋顶空间结构的复杂性，导致装饰工程测量非常困难；屋面结构的双曲面的特点导致主吊点的定位不同于常规楼底板吊顶，难度较大；底面距离吊顶完成面的垂直距离较大，而且不同部位的距离各不相同，甚至相差很大，造成吊顶内的吊杆的长度较大且长短不一，计算吊杆长度也是比较困难。

2. 吊顶材料的准备工作要充分

吊顶所用材料以条形铝扣板、GRG 板为主，条形铝扣板多为宽度一致、长度不等的弧形或不规则曲线形状，而 GRG 板则是异形板占绝大部分，所以外加工半成品材料的质量必须得到有效保证；挂件也需要在厂家完成预置、现场组装。

3. 施工工艺先进、可操作性强、工序衔接紧密，工效高，技术经济性好

目前大空间曲面吊顶的施工工艺都属于非常先进的施工工艺，经过众多施工单位和设计单位的现场施工操作和论证，材料、构配件也是比较新颖和实用的，施工作业的可操作性、便利性非常高，从屋顶吊点定位到固定转接件的安装，从吊顶转换层的施工到吊杆安装，工序衔接紧密，可以很容易地组织流水施工，成活非常快，工效较高，所以其技术经济性较好，是装饰工程较大的利润点。

4. 现场施工速度快、精度高，但必须保证一次成活、维修困难

骨架安装、面板安装工程质量必须保证一次合格，有创优要求的必须保证一次成优。因为吊顶较高，施工完毕拆除脚手架之后，如出现维修将会非常不便，且影响正常使用。

5. 综合深化行科学设计、保证装配质量和整体效果

吊顶上配以照明灯具、消防喷淋头及烟感器、广播音响等功能及设施，必须实施工程深化设计工作，对吊顶及吊顶上的终端设备进合理的布置，对影响吊顶标高的管道和管线进行合理布置，保证装配质量和整体效果。

6. 施工作业必须满搭脚手架，保证作业高度和安全

室内吊顶完成面距离楼地面的高度一般都很高，又因为是曲面吊顶，不是等高的距离，所以需要搭设高低错落的满堂红脚手架，保证高空吊顶作业的操作面的高度适宜和施工安全。

10.2　大空间曲面吊顶工程技术应用现状

随着人们日益增长的物质文化活动的需要，超大空间的应用已经成为一种趋势，对于大空间曲面吊顶的研究，是为了能够提高装饰装修施工技术水平，保证工程质量，提高安装效率，降低施工成本。

10.2.1　技术应用

目前我们在大空间曲面吊顶工程，主要采用轻钢龙骨及转换层钢架的施工技术应用、精确测量放线和深化设计技术应用、GRG 新材料应用、CAD 精确排版技术应用等，通过简单有效的施工方法，紧密的工艺衔接和技术衔接，解决了大空间屋顶结构下，如何保持曲面甚至双曲面形状的吊顶的设计及施工难题。

10.2.2　案例工程

目前，应用大空间曲面吊顶的场所主要是机场航站楼、大型多功能厅、报告厅、影剧院，因功能和空间的需要，建筑物的屋顶结构一般是钢结构、球节点网架结构、壳结构等异形屋顶，且屋顶大部分为异形设计。河北建设集团公司施工的类似工程有鄂尔多斯国际机场航站楼工程、内蒙古巴彦淖尔市天吉泰机场航站楼工程、河北大学科技教育园区邯郸音乐厅装修工程、保定市委市政府办公附属用房的多功能厅、华北电力大学图书馆的报告厅装修工程等。

10.2.3　国内外和行业应用情况

人们绿色环保意识、节约能源的意识的越来越强，对建筑装饰材料的要求和装饰效果的要求也是不断创新、改进。

例如首都机场 T3 航站楼（图 10.2.3），采用主屋面下悬吊金属三角形单元板块的顶棚系统，吊顶的后部支撑结构及各种安装配件为由黄到红 16 种颜色渐变，突出体现了中国的文化理念。

图 10.2.3　首都机场 T3 航站楼吊顶

吊顶面板采用半开放式金属条板，均为南北向，颜色全部为交通白，将室内空间完全覆盖，总面积 12 万平方米。中央大厅为双向曲面吊顶造型，同时曲面分别向直指廊和翼廊渐变为单曲面造型。

通过样板段施工，形成了一套行之有效的施工工艺：形成了球形网架结构双向连续曲面吊顶整体平滑度控制技术、单元板吊顶龙骨与球形网架的万向连接技术、半开放式金属条板与三角单元吊顶龙骨的连接技术和异型边龙骨安装技术。

经过精心施工和严格的质量控制，效果非常好。

10.2.4　新材料应用情况

目前国内外除异形加工的铝扣板使用外，有一种新型材料在音乐厅、报告厅等场所应用的越来越多，GRG 产品。

GRG 造型吊顶板或造型构配件施工方便、损耗低。产品全部工厂预制完成，不需现场二次加工，安装采用预埋件、吊杆或转换层钢架吊装，施工便捷。

选形丰富任意，采用预铸式加工工艺的 GRG 产品可以定制单曲面、双曲面、三维覆面各种几何形状、镂空花纹、浮雕图案等任意艺术造型，可充分发挥和实现设计意图和表现方式。

经过良好的造型设计，可构成良好的吸声结构，达到隔声、吸音的作用。因为其声学性能非常好，广泛应用于公共空间大堂吊顶，如高级影剧院、音乐厅（图 10.2.4）、报告厅等场所。

图 10.2.4 ××大学音乐厅

GRG 产品的弯曲强度达到 MPa20～25（ASTMD790-2002 测试方式）。拉伸强度达到 MPa8～15（ASTMD256-2002 测试方式，且 6～8mm 厚的标准板重量仅为 6～9kg/m^2，能满足大板块吊顶分割需求的同时，减轻主体重量及构件负荷。

GRG 产品是采用高密度 Alpha 石膏粉、增强玻璃纤维，以及一些微量环保添加剂制成的预铸式新型装饰材料，产品表面光洁、细腻，白度达到 90%以上，并且可以和各种涂料及面饰材料良好地粘结，形成极佳的装饰效果。

GRG 产品环保安全，不含任何有害元素，材料无任何气味，放射性核素限量符合 GB 6566—2001 中规定的 A 类装饰材料的标准，并且可以进行再生利用，属绿色环保材料。

10.3 大空间曲面吊顶工程案例介绍

10.3.1 某机场航站楼吊顶工程

1. 工程概况

本工程的曲面铝条板顶棚面积约 4500m^2，A～F 轴为单拱形曲面，1～14 轴为不规则曲面，面层为 180mm 宽铝条板间距 70mm。顶棚结构划分为钢结构转换层、钢制卡齿龙骨、弧形铝条板面层三部分。首先钢结构转换层与原结构网架钢结构屋面连接固定，吊顶转换层钢架龙骨布置为网状，以适应曲面的空间变化，通过可调节吊筋，消除网架螺栓球位置不精确所造成的施工误差，同时满足卡齿龙骨随曲面空间的变化，并采用折线形式确定屋顶曲面走势，以便卡齿龙骨控制曲度。其次通过钢制卡齿龙骨进一步调整 1～14 轴方向曲度，使曲面更加平滑。最后安装铝条板，铝条板经过测量确定曲度加工成曲面板材，通过板材自身曲度以控制 A～F 轴方向曲面。采用以上措施以确保曲面顶棚工程质量和观

感效果。重点做好吊顶装饰工程测量、吊点定位工作，

本案例吊顶工程为半开放的金属板吊顶，主要材料为180mm宽1.2mm厚乳白色条形铝扣板吊顶，板与板之间设置70mm宽的缝隙，通过配套专用的U形卡尺龙骨安装固定铝扣板和留设缝隙，吊顶总面积为4500m^2。

屋顶结构形式为球节点钢网架结构，巨大的钢网架之下，将航站楼的室内空间完全覆盖，吊顶与钢网架平行，为典型的不规则双曲面吊顶。球节点的下端均留设了直径为20mm的螺栓孔，用于固定吊顶吊杆，球节点的间距为3m。

本案例工程吊顶相对于一层±0.00m的标高：最高点为14.65m，最低点为10.8m，东西最长处长124.8m，南北宽最宽处为38.8m。

航站楼南侧3～11轴为一二层共享，一层为迎宾大厅，北侧二层为离港大厅，所以吊顶施工需要搭设不同高度的脚手架，以满足安装施工的需要。

网架球节点下皮距离吊顶成活面的高度最高点为2.45m，最低点为1.36m

2. 工程施工准备

施工用满堂红脚手架，根据不同部位搭设不同高度。

所用的材料、设备经过监理工程师的检查确认，可以投入工程使用。

吊顶专项工程施工方案获得公司技术、质量部门审核，总工程师的批准，以及获得监理工程师和总监工程师的批准。

所需电焊工、装修木工到位，并接受技术交底和安全交底，培训合格后上岗操作。

吊顶内电气管线、消防管线施工完毕，并经过相应的检验、试验和隐蔽验收程序，质量合格。

3. 工程施工工艺顺序

测量放线水平校核→安装螺栓球连接体→钢丝线找基准点→校核螺栓球连接体→安装转换层方管主檩条→安装转换层方管副檩条→校核主檩条基准点→校核副檩条基准点→安装配套吊顶附件→安装卡齿龙骨→校核龙骨基准点→校核龙骨顺直度→安装铝板→固定牢固→调整水平标高及弧度→固定牢固→揭膜、清洁

4. 工程施工具体操作方法

1）施工图纸深化设计

图纸深化前，测量员必须配合设计师进行现场复核，检查屋架施工偏差，发现问题，及时解决。

2）高程测量

依据设计图纸标注，测量人员逐个复核测量各球点标高，计算出吊顶完成面距离球点的垂直距离，标注在球节点上，作为吊顶施工高程控制点。此高程控制点必须考虑钢网网格施工过程中的变化及受屋盖荷载的影响所产生的下沉距离，应增加考虑钢网结构架变化移位的因素，特别是出现个别下沉比较大的网架球点时，必须适当调整吊顶完成面的高程，给吊顶足够调整的空间距离。

3）吊顶荷载的计算

根据设计图纸确定吊顶钢架的受力形式为恒荷载，通过对钢架截面抗拉抗压抗弯强度及截面抗剪强度及最大挠度等值的计算，选择适合的方钢管钢做为主、副龙骨，同时将转换层自重放大1.2倍测算对屋面钢架的附加荷载，最终测算值能够满足设计要求，并得到

了设计院的认可。

4）吊顶转换层安装

（1）吊顶标高确定。由于本吊顶需要与外幕墙铝板交接，且幕墙钢架基层已安装上外墙，吊顶标高的确定是以幕墙专门基于地面返上来的标高控制线为依据，避免了因两专业同时由地面上返标高线而引起误差导致无法交圈的现象。

在结构螺栓上根据吊顶标高控制线，弹出图纸上要求的本轴线吊顶标高线，在结构上焊接一根角钢用以固定钢丝线，使用红外线水平仪在两端螺栓球间拉一道水平定位钢丝线的另一个端点，用这条水平钢丝线来控制檩条的标高。

同时安排测量放线人员对钢丝线的标高及水平度进行复测，确保标高的准确性。

（2）吊杆与网架下弦球节点的连接。网架下弦球为螺栓球，此时由于不能在网架球上直接焊接，通过高强螺栓 ϕ20×70 与 L63×63×5 角钢龙骨吊杆拧接在一起，两个螺母将角钢夹紧后螺栓球底面的螺栓孔连接。螺栓拧入螺栓球内长度必须满足设计和规范要求。

（3）吊杆与角钢转接件、转换层的连接。吊杆采用 ϕ12 的全丝吊杆，上部与角钢转接件进行双面焊接，保证受力均匀。下部与 200mm 长 8＃槽钢用螺母固定，槽钢槽向向上，上部 1 个螺母，托底 2 个螺母。以上与螺栓球连接和 8＃槽钢的连接体，通过放线、测量共有 6 种主要尺寸，分别是 1400mm、1350mm、1500mm、1850mm、2400mm、2250mm，通过加工、制作一次成型，避免了高空的焊接问题，然后统计拧接在螺栓球的底部。连接体整体与螺栓球连接如图 10.3.1-1 所示。

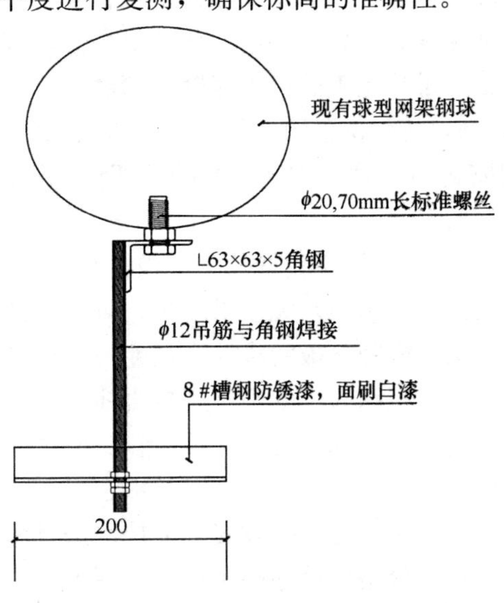

图 10.3.1-1 连接体整体与螺栓球连接图

（4）连接体与转换层的连接（图 10.3.1-2）。转换层主檩条采用 100×50×2 的方钢

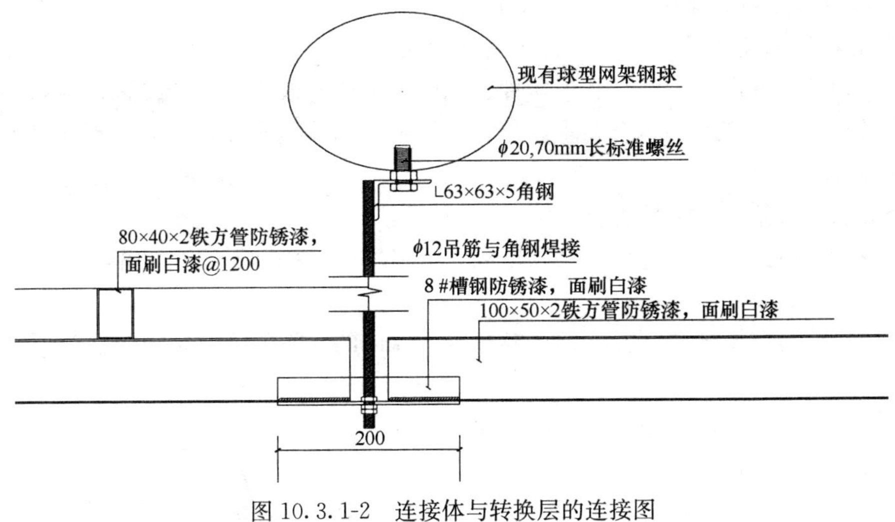

图 10.3.1-2 连接体与转换层的连接图

管，在网架单元内，单元长度基本为 3000mm，方管内侧通过与连接体 8＃槽钢焊接，钢管直接伸入槽钢的凹槽内，方向为东西向，搭接长度为 100mm；次龙骨为 80×40×2 方管，在主龙骨上部进行焊接，主副龙骨焊缝宽度为 4mm，长度为 20mm，间距为 1200mm，方向为南北方向。

5）天花吊顶龙骨、面板安装。$\phi 8$ 全丝吊杆上部通过与次龙骨焊接，下部与 180mm 宽铝条板（0.6 厚）专用卡齿龙骨，通过上下各一个螺母进行丝扣连接，吊杆间距 900mm。面板间距 70mm，避免了板面变形，并每隔 13 块设置 2 条灯带，灯带间距中间 3 块板，灯带单元间距 3180mm，安装完后，必须通过卡齿龙骨上的螺母进行调平，使龙骨表面平整度、接缝宽度和起拱符合设计要求，并进行隐蔽验收。龙骨调整不平，将影响天花面板观感效果。轻钢骨架及吊挂件，方便、快捷的将铝条板与配套龙骨进行现场安装，保证了吊顶施工的整体速度和精度。

6）特殊位置的处理方式。与墙面铝板相交的部位高出 50mm，将板直接伸入四周内侧 200mm，通过构造过渡的处理消化了因两专业施工误差造成的尺寸偏差，视觉效果自然、统一。

7）面板调平、调弧。面板调平、调弧是整个吊顶最后一道关键工序，它的施工质量决定了整个吊顶外观效果。吊顶调整方向必须严格按图施工，首先制定调整顺序：板面方向→板间间距→板间接缝高低差→分格缝。

（1）板间间距的调整用拉直线、盒尺的方法进行检查，主龙骨上挂的条板，由于东西南北向檩条间间距已固定，当东西向卡齿龙骨调整好后，再进行卡齿龙骨间的下条板调整。

（2）调整完成并对安装的挂件进行固定。

（3）分格缝贯穿整个吊顶，是控制要点，必须采用拉等宽双线的方法进行测量，每 3.18m 为一单位，在进行下一个单位测量时以上一单位 20mm 离缝距离为基础进行逐步延伸。

（4）施工时，需要准备切割机、打磨机等工具，并挑选技术水平比较高的班组认真仔细的进行调平工作，直至达到验收要求。

5. 工程质量控制标准和检查验收方法

1）吊顶的隐蔽工程质量，应符合下列有关规定：

（1）吊顶所用的吊件、龙骨、连接件、吊杆的材质、规格、安装位置、标高及连接方式应符合设计要求和产品的组合要求，龙骨架组装正确连接牢固，安装位置和整体安装符合图纸和设计要求。

检查方法：观察，尺量检查。

（2）龙骨架单元体组装连接点必须牢固，拼缝严密无松动，安全可靠。

检查方法：观察、手板检查。

（3）连接件与屋架球体螺栓连接，螺栓拧入球体的有效长度必须符合设计要求。检查方法：观察，尺量检查。

（4）吊顶所用连接件、吊杆应做防松及防锈处理。

检查方法：观察检查。

（5）吊顶工程分格线宽度、条板间距应符合设计要求，曲面弧线应流畅。

检查方法：观察，拉线尺量。

2）吊顶的面板检验批工程质量主控检查项目应符合下列有关规定：

(1) 铝条板的材质、品种、规格、颜色，必须符合设计和国家标准要求。

检验方法：观察，尺量检查。

(2) 吊顶的标高、分格和表面曲线起拱与弧线必须符合设计要求。

检验方法：观察，尺量检查。

(3) 铝条板安装必须牢固，分格方式及分块尺寸，分格缝宽度应符合设计要求。条板纵向应顺直，起拱顺畅，弧线圆滑，边缘整齐、顺直。

检验方法：观察和尺量检查，检查隐检记录。

3）吊顶的面板检验批工程质量一般检查项目应符合下列有关规定：

(1) 铝条板的表面应洁净、美观、色泽一致，无凹坑变形和划痕，边缘整齐。

检验方法：观察。

(2) 铝条板的安装质量应符合下列规定：

板面起拱合理，表面平整，曲面弧线流畅美观，拼缝顺直，分块分格宽度一致，板条顺直，拼接处平整，端头整齐。

检验方法：观察，拉小线尺量。

(3) 铝条板吊顶安装的允许偏差和检验方法应符合表 10.3.1 的要求：

铝条板吊顶安装允许偏差和检验方法　　表 10.3.1

项　次	项　目	允许偏差（mm）	检验方法
1	接缝平整度	1.5	用 2m 靠尺检查
2	接缝顺直度	3	拉 5m 线，用尺量
3	端头直线度	3	用 2m 靠尺检查
4	分格缝宽度	2	用尺量检查

6. 竣工后的效果

该机场航站楼工程是市重点工程，列为市标志性建筑，对推动该市整体经济的腾飞、引进外地资源、信息通讯的及时掌控起着至关重要的作用。整个航站楼面积 7076m^2，整个吊顶系统安装在巨型钢网架之下，将航站楼的室内空间完全覆盖，吊顶采用半开放的金属条形板，所有条板均为南北方向，中间间隔设置 54 条灯带，656 盏灯光照亮，繁星点点，异常耀眼。该工程经过精心设计和施工，完成后的网架吊顶极其壮观，黑色的天卡齿龙骨东西设置，弧线优美，异常突出；灯带把整体空间划分，层次分明，铝条面板起伏渐变，给人以丰富的遐想工程质量和观感效果得到业主及社会的广泛好评。

10.3.2　内蒙古某市机场航站楼中心大厅吊顶工程

鄂尔多斯机场航站区扩建工程新航站楼位于内蒙古自治区鄂尔多斯市伊金霍洛旗乌兰木伦镇境内，已建航站楼的西北侧，阿大线公路西南侧，紧邻阿大线。建筑中心位置，为直径 108m 的大型穹顶。建筑两翼翼展为 490m，总建筑面积 116808m^2。

新扩建的航站楼屋架为双曲面螺栓球网架结构，吊顶最高点与最低点标高分别为 25.500m 和 15.500m，高度差较大，吊顶区域顶部结构为球形网壳结构体系，结构本身即为双曲面造型，网架球底部已留设安装用预留螺栓孔，由于结构为双曲造型，预留螺栓孔非完全垂直于地面，为确保吊顶吊杆垂直于地面，连接件采用二次铰接型万向节，该万向节具有重量轻，360°万向转动的特点，且为加工成品，无需现场二次加工，安装方便快捷，满足整体设计及施工要求。

转化层主龙骨采用80×40×2mm镀锌钢通，现场切割后直接与万向节进行安装连接，无需进行现场焊接。转换层副龙骨为50×30×1mm镀锌C型钢，通过转换层成品连接件与转换层主龙骨连接，同样无需进行现场焊接。

发散区条形板上层龙骨为0.5mm厚MT-B烤漆型龙骨（喷黑）；发散区条形板上层龙骨为0.5mm厚无勾齿镀锌钢龙骨，下端为专用蝶形夹。

面板采用成品180mm木纹色弧形条板，单件长度8000mm。

10.3.3　某大学科技教育园区多功能厅吊顶工程

某音乐厅改造装修工程，框架－剪力墙结构，建筑面积约5000m²。地上三层，局部五层；建筑高度21.5m。GRG造型吊顶施工工法已成功应用于该音乐厅改造装修工程，取得了很好的社会效益和经济效益，受到了甲方、监理及政府部门的好评。

GRG材料是一种新型建筑材料，用其制作的石膏吊顶板具有良好的声光和装饰性能，因石膏板内有玻璃纤维加强，因此还具有非常优异的抗弯、剪及冲击性能，不需要再额外布置轻钢龙骨，而以更灵活、适应复杂造型的型材吊杆代替。

1. 通过现场测量，利用计算机辅助设计建立空间模型，设定整体吊顶板的拼装断点，准确下料；结合吊顶平面、立面转折点定出控制点，便于实际测设及施工控制。

2. 利用土建结构设定空间转换层固定点，合理布置型材吊杆，使GRG吊顶板受力均匀；根据GRG吊顶板空间异型形状变化布置吊顶转换层水平杆件，同时利用水平杆件的标高及位置预控制GRG板的拼装。

3. 利用全站仪、水准仪测控预设控制点位置，通过该控制点利用光电测量仪校准该排吊顶板的拼装精度。

4. 使用与吊顶板同材质的石膏与抗裂纤维混合填缝剂对吊顶板拼缝进行处理，保证吊顶板接缝处的抗裂性能。

适用于、音乐厅、剧场、艺术中心、展览厅、报告厅等有较高声光、装饰、力学等性能要求的大型公共建筑吊顶施工。

10.4　方案优选过程

××机场航站楼吊顶工程方案优选过程

10.4.1　原设计情况

本案例工程的原设计为方案设计，招标前业主已经委托设计单位进行了方案设计并予以确认，投标单位中标后需要做详细的深化设计。

本案例工程中的吊顶工程，方案设计为半开放式铝条板吊顶，自上而下的做法是：

自网架球下方的螺栓孔上安装固定转接件，螺栓孔直径为 20mm，用 $\phi 20\times 70$ 的高强螺栓固定一块 120×120×10 钢板连接件；

转接件下用 80×80×3 方钢作为吊杆，吊杆长度不等，间距按屋顶球形网架球节点间距；

方钢吊杆下端焊接一个 8mm 厚钢板焊制的六面钢构件，用于方钢吊杆和吊顶钢骨架的连接。

吊顶的主骨架，设计单位采用了 12# 槽钢，间距和吊杆构件的间距相同，与屋顶球形网架球节点间距也是相同的。

吊顶次骨架是 8# 槽钢，间距为 1.5m。

从设计的钢骨架转换层的高度来看，转换层是一道水平的、庞大的钢骨架网。

副骨架下焊接 $\phi 8$ 通丝吊杆，吊杆长度不等，通过调整吊杆的长度，使吊杆下段所有的点位形成按设计要求的曲面，吊杆下通过专用挂件安装铝条板专用固定卡齿龙骨。

专用固定卡齿龙骨上安装铝条板，铝条板规格为 180mm 宽，3000mm 长，铝条板之间留设 70mm 的明缝。

吊顶铝条板间根据设计位置布置灯带。

10.4.2 施工中遇到的问题

施工前，项目经理部邀请公司生产经理、技术负责人、工程技术处等技术骨干，对工程施工段划分、主要施工工序安排、关键施工工序、主导工序、质量控制标准、安全防护措施和设施等，进行了详细的分析、讨论、会审。

主要问题如下：

1. 80×80×3 的方钢做吊杆，12# 槽钢做吊顶主骨架，8# 槽钢做次骨架，每个单个的构件的质量都较大，施工困难。

本案例工程的施工高度最小为 10.8m，12# 槽钢的质量为 12.059kg/m，单根总质量为 12.059×8=96.472kg。

经精确计算，所有荷载叠加在一起，总的吊顶的平均荷载是 15kg/m。

但是长度为 8m、接近 100kg 重量的超长槽钢构件，在室内高空作业，吊车无法靠近、不允许在屋顶网架上安装吊装设备，人工搬运实施水平运输容易，但垂直运输根本无法实现，其装配施工难度可想而知。

槽钢做主骨架这种施工方案，在构件的水平度、标高控制，以及因自身重量导致构件中间下垂过大，一系列的工程质量也无法保证。

施工中构件的摆放就位、旋转等，对于屋顶彩钢板、球形钢网架以及吊顶内的管线极易造成破坏，很难做到施工安全，对于施工人员的人身安全也是极大的隐患。

综合考虑运输、安装、安全、质量等各方面的因素和要求，我们拿出我们认为最佳的施工方案。

首先，用 80×80×3 的方钢做吊杆，通过 120×120×10 钢板与屋面球节点钢网架连接，从受力和施工快捷性来说，这种施工工艺太不经济，也太复杂了。

前面分析、计算得知，吊顶的单平米重量不会超过 15kg，核算到一根吊杆上的总重量不会超过 15×9=135kg，而一根直径 6mm 的钢筋吊杆，足以承受 600kg 的拉力。所以，我们首先将80×80×3的方钢优化为直径12mm的通丝吊杆，这样既保证受力，还有一定的刚度。而且使用直径太小的吊杆，从观感上来看，也不足以给人安全感。然后将与屋面球节点钢网架连接的120×120×10钢板，优化为L63×63×5的角钢件，但是须经过热镀锌处理。

其次，12#槽钢是作为吊顶的主龙骨发挥其钢构件的性能和作用，衡量上述施工困难和安全隐患，我们在确定具体施工工艺、深化设计时，决定将12#槽钢改为100×50×2镀锌C型钢。从工程质量保证、受力变形量大小等各方面来分析，100×50×2镀锌C型钢要略于12#槽钢，但也足以保证吊顶的稳定性和牢固。

8#槽钢次骨架的优化方面，我们用80×40×2镀锌方钢管，代替8#槽钢，同样足以保证吊顶的稳定性和牢固。

2. 对于双曲面铝条板吊顶来说，以水平的槽钢作为主骨架、方管做副骨架，通过焊制作业的方法，来实现钢网架转换层的安装、就位，保证工程质量的同时，钢材构件的变形也会非常大，保证双曲面顺畅施工非常困难，而大量的高空焊接作业也是施工作业中的重大危险源。

本案例工程中，我们通过分析原设计的方案和意图，研究其实现最佳装饰效果的方法，决定将钢骨架转换层的标高位置做重大调整，并将大部分焊接作业改为螺栓连接。

虽然双曲面大厅吊顶的高度变化很大，但是微观来看，大部分1m之内的曲线变化仅有几毫米，最大的不超过15mm，而屋面球节点的标高是可计算的，各处吊顶的标高是给定的，经过设计计算，可以准确地计算出钢骨架转换层每个点位的标高。

按照原设计方案，因为钢架转换层是水平的，则直接吊装铝条板卡齿龙骨的吊杆的长度是不同的，对于上万个吊杆来说非常复杂，容易造成加工、使用的混乱。

而通过计算，以控制球节点下端的主吊杆的长度来控制钢骨架转换层的高度，要容易得多，进一步即可做到控制各小吊杆的长度基本相同，再通过调节吊杆上的螺母的高低，来精确控制吊顶卡齿龙骨的高度和曲线变化，就基本保证了吊顶各个部位的标高符合设计要求的标高。

焊接改为螺栓连接，可以有效地避免火灾隐患，提高工作效率，还能减少构件的焊接变形。焊接改为螺栓连接的构造部位包括：

1）直径12mm主吊杆与100×50×20×2C型钢主骨架的连接

吊杆的长度决定钢骨架转换层的基本高低，改为螺栓连接，可以通过上下三个螺母高度的调整，可以准确地保证钢骨架转换层的标高。

2）主骨架和80×40×2方钢管次骨架的连接

该部位的构造形式是次骨架在主骨架的上方，焊接的主要作用是保证次骨架就位和防止次骨架侧倾，所以需要的力量并不是很大，螺栓连接就可以保证，而且减少火灾隐患，保证构件不因焊接而产生温差变形，减少焊接导致的防腐处理工作。

3）次骨架和8mm吊杆的连接

次骨架的长度为3m/根，间距为1.5m；8mm吊杆间距为1.2m。通过在电脑CAD软件上我们可以精确计算确定吊杆的位置和高度，实现在地面预制、组装，次骨架上按照设计给定的位置，用电钻打孔，孔直径为10mm，和吊杆组装在一起后安装就位，可以极大地提高工效，减少焊接带来的不利影响。最终确定吊杆长度为1m。

10.4.3 关键措施

优化调整后的施工方案方便快捷、安全高效、有质量保证、曲面顺畅美观，较原设计方案有一定的先进性，主要体现在以下几方面：

1. 构造形式

构造形式决定施工工艺、技术经济性和施工难易程度。

原设计屋面转换层的连接形式及自身构造形式为刚性连接，全部为钢结构施工工艺，施工工艺复杂，施工难度大。优化后为12mm的吊杆加薄壁C型钢组成的吊顶转换层，现场仅有少量的焊接作业，多采用螺栓或螺丝连接固定，属于柔性连接。

为保证施工便捷，将水平的吊顶转换层优化为随吊顶曲线的曲面转换层，使吊顶吊杆的长度一致，便于施工和标高控制。

2. 受力计算

原设计吊顶转换层与屋面钢网架的连接是以80×80×3的方钢做吊杆，12♯槽钢作为吊顶转换层主骨架，8♯槽钢作为转换层次骨架。

经过严格的力学计算，在满足吊顶荷载情况下，优化调整后的吊顶吊杆为12mm的通丝吊杆，转换层主骨架为100×50×20×2C型钢，转换层次骨架为80×40×2镀锌方管。

极大地降低了吊顶对屋面产生的恒荷载。

3. 连接方式

大空间曲面吊顶转换层和覆面龙骨的主要要求是保证连续性和可伸缩性，经多方分析、论证，螺栓连接完全可以满足上述要求。极大地减少了高空焊接作业，有力地保证了安全施工，并提高了施工效率、施工速度。

10.4.4 结果状态

优化调整后的施工方案方便快捷、安全高效、有质量保证、曲面顺畅美观，较原设计方案有一定的先进性，取得了非常良好的经济效益和社会效益。

1. 良好的经济效益

构造形式的改变，因地制宜地确定施工工艺，是节省材料、节约资源的最好方法。本案例工程将80×80×3方钢、$12^{\#}$槽钢、$8^{\#}$槽钢优化后，显著地减少了钢材的使用量，同时节省了大量的人工成本和其他间接成本，仅此一项可节约工程成本30万元。

2. 良好的社会效益

本工程工期紧，垂直作业和水平作业交叉施工很多。螺栓连接形式的改进，相比大量的焊接作业，提高了工效，减少了安全隐患，提前了阶段性工期，为整体工程竣工起到了推进作用，推动了当地的经济建设。同时螺栓连接减少了焊接作业、防锈漆涂刷作业等工作，减少了空气污染和环境污染，保护了生态环境。

10.5 方案后评价

案例工程中的大空间曲面吊顶分项工程的施工方案优选和深化设计，集合了公司领导、技术质量部门、深化设计部门、项目技术组的众多人的智慧。施工完毕，公司组织了技术研讨会，就类似工程的施工工艺、施工方法等进行了分析和总结，认真贯彻施工前工程施工方案策划和深化设计管理理念，以便更好地完成类似工程的技术总结和施工管理。

建议在大空间曲面吊顶分项工程施工方案、施工工艺的编制时，重点考虑以下几个方面：

1. 先从工程施工构造、施工工艺等宏观方面考虑，看是否是最佳方案。

室内装修工程中，主要考虑大空间、大跨度吊顶的转换层与主体结构的连接位置、连接固定的方式和方法。

2. 必须满足结构安全及吊顶自身的稳定性

室内吊顶相对于建筑屋面结构来说属于是恒荷载，不论什么形式的吊顶，不论采取什么样式的转换层，都必须经过受力计算，保证吊顶的单平米重量和平均重量，不能大于屋面结构的允许荷载。同时吊顶自身的构造形式、连接方式等，也要满足吊顶的稳定性，保证吊顶装修工程施工安全。

随着科学技术的不断发展，建筑外形形状、建筑结构形式越来越复杂，室内空间、跨度和高度也越来越大，这给大空间吊顶施工带来越来越多的挑战。

因为设计师的设计理念、装饰设计风格的不同，施工现场施工条件的不同，不可能一种施工方案解决了所有工程的施工技术难题。

作为负责任的工程技术人员，应根据工程的设计效果、设计理念、施工图设计方案等，进行有针对性的技术研究和科学探讨，选择安全可靠、技术先进、经济合理、各方面均处于最佳状态的施工工艺、施工方案。

第 11 章　测量工程施工方案优选与后评价

11.1　工程施工测量概述

随着建设科技的发展，建筑功能多样化，建筑造型奇特化，建造空间多维化，建设构造多元化，给建筑施工技术提出了各种各样的特异要求，作为建筑施工行业的先前工种工序，技术准备工作之一——测量放线放样工作，无疑起到了抛砖引玉的作用。新型施工技术的发展，对测量工作要求的更精确、更快捷、更高端，尤其在飞机场航站楼、体育场体育馆、各种会馆展厅等公共建筑中。

但是随着计算机管理应用技术、AutoCAD 画图技术、高倍率全站仪技术、激光铅垂仪技术、精密自动定平水准仪技术等的发展又为上述要求的实现提供了先决条件。

飞机场航站楼、综合性体育馆、多功能展览厅作为高、大、特、异类建筑，无疑测量放线放样工作起着举足轻重做的作用。河北建设集团作为房建总承包特级资质企业，先后承接了五十多项场馆类工程。

建筑工程施工测量放线的目的是将图纸上设计的建筑物的平面位置，形状和高程标高标定在施工现场的地面上，是工程建设的基本前提，没有准确的工程测量，整个施工活动就无法开展，施工质量也无法得到保障，且工程测量直接影响整体工期。由于工程平面多为圆弧形、椭圆形、双曲线形、抛物线形、螺旋形等，施工测量放线很难按照设计形状和尺寸直接进行放线测设工作，需要运用数学知识进行一定的测设数据计算，并对测量仪器的使用和操作以及辅助软件技术都有很高的要求。

随着更多先进测量仪器的出现，为工程测量提供了先进的技术工具和方法，如：光电测距仪、精密测距仪、全站仪、电子经纬仪、电子水准仪、激光垂准仪等等，为工程测量向现代化、自动化、数字化发展创造了先决条件，改变了传统的测量方法，平面控制网更加灵活多变，光电测距三角高程代替三等水准测量，无棱镜全站仪解决了无法到达测量点的测距工作等等，新设备、新技术的应用提高了工作效率，减少了内业计算，为大型复杂的建筑工程提供了保障。

自上世纪末期美国全面建成 GPS 导航系统以来，GPS 技术成功的应用到各个领域的全方位三维导航与定位，随着 GPS 定位技术的不断升级和完善，常规的测角、测距、测水准为主体的常规地面定位技术，正逐步被一次性确定三维坐标的 GPS 技术代替。目前，GPS 已经普遍应用于形变检测、精密机械控制、精密农业、水上作业等等。

GPS 定位以定位精度高，观测时间短，可提供三维坐标，操作简便，全球、全天候作业、功能多，测站间无需通讯，重量轻、体积小等特点应用越来越广泛，它是通过地面上接收机，实时的连续接受高空中 GPS 卫星向地面发射的波段载频无线电测距信号，借助专门的计算程序获取地面用户接收机接收天线所在的位置。它由 GPS 卫星星座、地面监控系统、GPS 信号接收机三部分组成。

利用 GPS 进行建筑施工放样，通常采用两类坐标系统。一类是在空间固定的坐标系，该坐标系与地球自转无关，对描述卫星的运行位置和状态极其方便。另一类是与地球体相固联的坐标系统，该系统对表达地面测站的位置和状态极其方便。坐标系统是由坐标原点位置、坐标轴指向和尺度所定义的。

随着科学技术的发展，工程测量的数据收集由原来的一维和二维逐渐向三维和四维发展，并且随着大型复杂结构的建筑物兴建，对工程定位和精度要求会越来越高，必将推动三维测量技术的进一步发展。

GPS－RTK 技术是大地测量、空间技术、卫星技术、无线电通信与计算机技术的综合集成，它主要是由一个基准站、若干流动站、通信系统 3 大部分组成。测量时，通过基准站接收卫星信息及基准站信息一起由通信系统传送给各流动站，各流动站在接收卫星数据的同时还接收基准站传送的信息，当流动站完成初始化工作后，控制器即可根据接收到的信息实时计算并显示出流动站的点位坐标。

传统的工程测量中，测量的数据分析往往是通过偏重基本网的坐标运算，平差计算，几何形式计算，这种运算方法效率低，精度也满足不了现代测量的技术要求。随着测量技术的发展，将会逐步转型为高密度高精度的空间点处理，测绘数据同各种理论数据库实现完美对接。此外，现代工程测量学已经逐步转型为对空间上的数据进行测量、管理、储存、收集、分析及反馈的系统性分析，能够实现在工程测量作业的同时，可直接进行对图形图像的编辑和存储，并不需要像以往一样将数据带回内业处理，在进行施工放样时，得到的相关数据可边放样边计算，随时进行数据的处理更新。测量机器人将作为多传感器集成系统在人工智能方面得到进一步发展，其应用范围将进一步扩大，影像、图形和数据处理方面的能力进一步增强。

11.2　航站楼、体育中心、会展中心工程测量方案的优选

1. 直角坐标水准仪量距法

这种方法是工民建筑中最常用的，最基本的方法。它是在借助水准仪测设出高程控制网后，拉线、吊锤，找出水平直线段距离，再依据勾股弦定理，找出另一垂直方向线段控制线。这种量测法是最原始的一种方法，其优点是：简单方便快捷易操作；缺点是：数据粗草，精度低。适合于精度要求不高，范围较小的直角坐标体系建筑物。

2. 极坐标经纬仪综合测量法

随着测绘设备技术的提高，经纬仪的产生，在同一水平面内的各种度数的角都能由图纸上搬到施工现场；同一铅垂面的两个点在隔阂障碍物的情况下得到了测设；同一平面曲线上的两个点通过两点的极径和夹角同样实现了可测设，这就是极坐标经纬仪综合测量法。这种方法的优点是：实现了一点定全局的测设，即在欲测设的目标建筑物平面内找一中心点，把经纬仪支好调平，把各控制点到这一中心点的距离算出，同时将经纬仪对准某一方向（如正北）水平盘度数归零，然后按图纸给定尺寸依次计算出各控制点与正北方向夹角度数（顺时针），看镜人，右手扶镜，左手持钢尺端，在旋转镜头的同时指挥读尺人沿镜头视线做远近移动，同时标记下测设点。这种方法优点是：实现了 360°角的任意测

量和曲线控制点定位，降低了测量人员的往返测量工作量；利用前方交会法可实现远方有障碍（如隔槽、沟）测量；缺点是：由直角坐标变极坐标换算，需要一定的文化水平，内业工作量加大，测量中心点不易保护。适合于施工前期平面控制网的测设工作，施工过程中施工放线复合工作和以曲线坐标网为主的多坐标体系的工程，如飞机场航站楼、体育场、展览馆等造型特异的工程放线中。

3. 三维坐标全站仪综合测绘法

进入21世纪，人类跨入了电子计算机时代，传统的光学测绘仪，已被智能光感全站仪取代，只要将电子版图纸数据导入智能光感全站仪微型电脑，将仪器支设到建筑物的某一区域，就可通过适当操作界面，实现空间任一点的三维直角坐标、三维柱面坐标或三维球面坐标的数据查找。或者将电子版图纸借助办公计算机，三维ACAD读图也可将所有控制点的坐标表示到图纸上。这种测量方法优点是：室内外工作量小，准确性高，误差小，速度快，感应测距，实现了无障碍测量；缺点是：仪器昂贵，一次投入多，要求操作人员素质高，必须大专以上学历，中级工程师才能胜任。这种方法尤其适合场馆类的高大难特工程。

11.3 工程案例介绍

11.3.1 某市大剧院及博物馆工程施工测量放线案例

1. 案例背景介绍

某工程，由大剧院和博物馆两部分组成，总建筑面积66745㎡，大剧院地下三层，地上四层，局部八层。博物馆为地下一层，地上三层，主体与大剧院相连。大剧院檐口高度21.35m，博物馆檐口高度为23.68m，建筑总高度为59.893m。工程总体布局采用与周边环境相契合的曲线式布局，以舞台塔为中心沿水岸顺时针舒展放开，形成由中心逐渐螺旋发散的意象，屋面整体如同一把折扇，在东湖岸边缓缓打开，由于其新颖的造型，独特的设计，建成后将成为保定市标志性建筑。

结构特点：本工程轴线关系复杂，所有径向轴线均以大剧院中心点为圆心放射性排布，大剧院与影城区每两根径向轴线之间的夹角为8度，博物馆区为4度。所有的曲轴线均为圆弧或圆弧的组成，外墙定位轴线为一系列同心圆弧。多功能厅定位轴线为6段圆弧组成，且建筑物标高变化繁多（图11.3.1-1）。

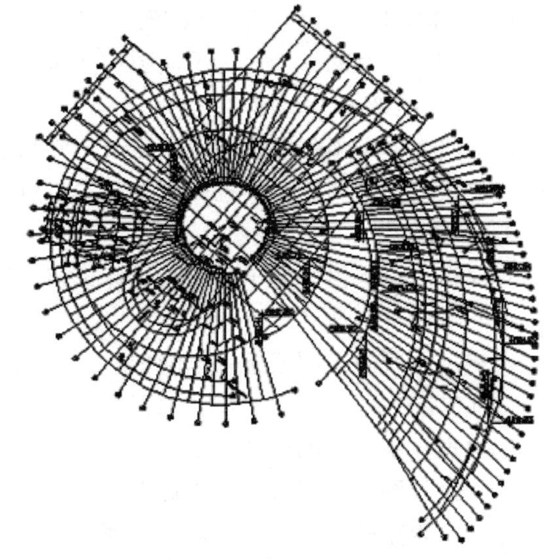

图11.3.1-1 某大剧院和博物馆轴线关系图

2. 测量方案优选

本工程建筑平面形状复杂多变、弧型轴线多、圆弧和圆弧的组合轴线多，空间结构多，标高变化繁多，根据以上轴线关系特点，拟定了以下几种测设方案进行比对。

1）直角坐标几何作图法：本工程所有径向轴线均以大剧院中心为圆心放射排布，外墙轴线为一系列的同心圆，由于大剧院中心点位于核心筒中间，且半径较大，标高不一致，无法采用直接拉线法测设，而采用几何作图法可以解决以上问题。使用几何作图法测设，需要大量的内业计算，在地面上会弹好多墨线，容易造成混淆出现偏差，且测量精度易受基层平整度影响。

2）极坐标经纬仪测量法：使用经纬仪进行测量是借助经纬仪，采用测角法、角度交会法、切线支距法等方法进行测设。使用经纬仪进行圆弧曲线测量放线，只要计算出弦长和圆心角，就可以利用经纬仪和钢尺定出圆弧上的各点。此施工方法是使用经纬仪和钢尺配合施工，虽然能够实现本工程的测量定位，但是需要大量的计算角度、距离，且要进行多次距离角度测量闭合，非常繁琐，不能满足工期的要求，且钢尺受外力、气温影响较大，精度无法得到很好的控制。

3）三维坐标全站仪综合测量法：使用全站仪辅以 AutoCAD 技术，配合使用经纬仪，采用极坐标法进行工程测量，结合设计图纸，充分利用 AutoCAD 技术，可以得到图纸中任意一点的坐标，再使用全站仪将各坐标点测放到施工现场，使用经纬仪进行角度测量、直线测设等辅助工作。通过 CAD 软件的使用，大大减轻了内业计算，使得计算结果更加精确。现场通过全站仪和经纬仪的配合使用，提高了施工效率，再用几何作图法、经纬仪测量法进行校核，达到测量施工的精度要求。

通过以上三种方案的比对，结合现场实际情况，本工程测量放线采用三维坐标全站仪综合测量法。

3. 工程测量控制依据

本工程测量放线依据为保定市测绘大队布设的中心点、各个楼角坐标点，以及建设单位提供的高程控制点。经监理部门验收复核后，由建设单位将平面、高程控制点位成果移交给我项目部，以此作为施工测量的控制依据，我项目部按建设单位所移交的平面、高程控制点进行复测，符合精度要求后，报请监理部门复测，合格后作为施工测量的原始依据。

4. 测量施工内业准备

1）收集资料

收集现场所有的施工设计平面图和建筑场地的测量控制网资料。

2）研究图纸

仔细研究建设单位提供的设计图纸，并与设计人员沟通，解决图中的问题，把握建筑物轴线关系的整体布局，根据轴线关系的特点确定轴线控制网。

3）调整图纸

对建设单位提供的电子版图纸进行校核，确定设计图纸轴线尺寸、比例、坐标是否准确，如不准确进行调整。

①将电子版施工图纸录入电脑中，使用 AutoCAD 软件打开施工图。

②在 CAD 中建立（0，0）坐标原点。

③根据图中给定的任意两个坐标点，按 1∶1 的比例进行定位。

④将设计图纸按照选定的坐标点移动到按 1∶1 比例绘制的位置处，移动完成后检查图纸比例是否正确。无误后就可以在图纸中准确的标注出所需要的坐标点。为确保精度要求，将坐标值精确到毫米。

⑤标注完坐标后，请设计人员进行确认，确认无误后整理成册，以备现场测量时使用。

4）平面控制网的建立

本工程使用极坐标法建立平面控制网（图 11.3.1-2），首级控制网采用通过圆心的十字交叉线为基准，再辅以矩形形式控制，二级控制网采用小三角形进行加密。保证每两个坐标控制点能够通视。

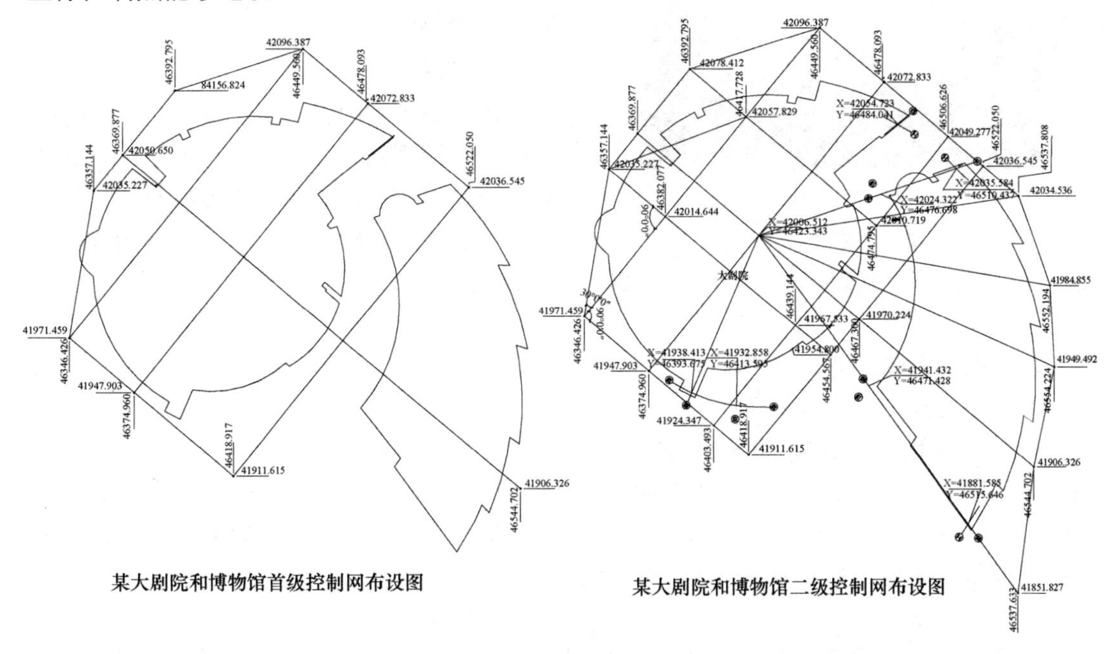

图 11.3.1-2 ××大剧院和博物馆平面控制网

5）高程控制网的建立

将建设单位提供的高程水准基点引测至施工现场。使用水准仪在施工现场测设一条附和水准路线，以此作为工程竖向精度控制的依据。高程控制网的精度不低于三等水准的精度，水准仪望远镜放大倍率不小于 24～30m，水准管分化值不大于 15" /2mm。

5. 外业准备

1）使用全站仪对建设单位提供的桩点进行精确复核，合格后报监理单位验收。

2）桩点复核合格后，按照整理的首级平面控制网平面图，在现场进行布设。施测过程中，以大剧院圆心为测站，以建设单位提供的桩点为后视，测放出平面控制网平面图上的控制点，测放好以后临时做上标记，再将测站和后视互换对该点进行校核，校核无误后将该点做成永久控制桩，桩使用混凝土浇筑，埋深不小于 500mm，桩顶部尺寸为 150×150mm，高出地面高程 300mm。混凝土中间预埋直径 30mm 粗钢筋，将上端磨平，在上面刻画十字线作为标点，下端弯成弯钩，并在混凝土台上用红色油漆标明桩点坐标和标高。利用现场的试验桩，桩长 30m，桩直径 800mm，作为永久控制桩（图 11.3.1-3）。将坐标点测设在试验桩上，用墨线弹出十字交叉点，并在桩顶面标注出坐标点和标高。

3）级控制网做好并复核无误后进行二级控制网测放。二级控制网桩点采用木桩，并进行妥善保护。

图 11.3.1-3　控制桩

4）控制桩做好以后定期进行复测，以确保工程测量精度。

5）水准点桩埋深为 1.5 米，制作方法同坐标桩，在水准点顶部放置一预制防护井圈，上部加防护盖，并使用红色油漆标注高程。试验桩上的标高也作为永久的标高控制桩。

6. 测量实施

1）测量流程

核对图纸建立图纸模型——运用 AutoCAD 软件将图纸按照规划图坐标建立坐标系——运用 AutoCAD 技术计算出各异性结构控制点、轴线交点、关键点坐标，输入全站仪——使用全站仪将各个坐标点测放到现场——使用经纬仪进行辅助测量。

2）±0.000 以下测量放线

(1) 混凝土灌注桩施工测量

①数据处理

使用 AutoCAD 软件，将桩基础平面图电子版按照规划图坐标建立坐标系，平移、校核无误后在图纸上标注桩中心点的坐标。每根贯通径轴线上只标注两端的桩中心点坐标，并使用 AutoCAD 标注出径轴线中间桩中心点的距离。将坐标制作成表格，并输入到全站仪中，打印出标注好的桩中心点距离的图纸，用于现场测量放线。

②现场施测

a. 现场选择通视效果好的，已经闭合的控制点做为全站仪测站，后视另一个控制点，使用全站仪中的放样命令对后视点进行校核，无误后进行各桩中心点的测放。放样时首先使用对中杆测放出坐标点位置，保证误差在±5mm 范围内时做临时标记，然后使用三脚架加棱镜对该点进行校核、调整，无误后钉木桩和铁钉作为桩中心点标记。每根径轴线上测放不少于两个桩点。放样完成后使用钢尺对两桩点间距离进行复核。

b. 将经纬仪支设在径轴线的一个桩点上，后视另一端的桩控制点，使用钢尺测放出中间部分的桩点，并在中心点做好标记。

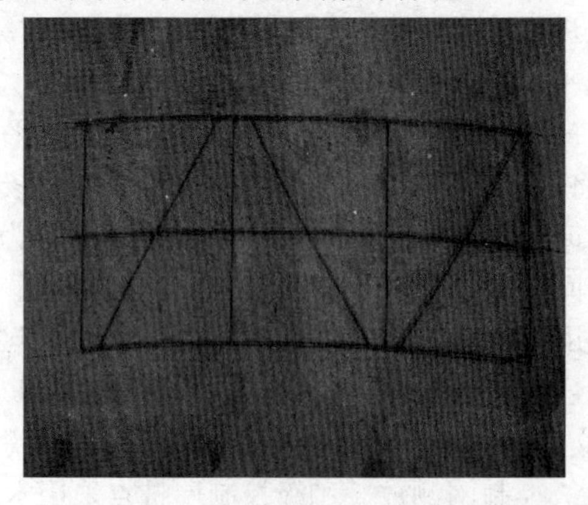

图 11.3.1-4　基础测量放线用模具

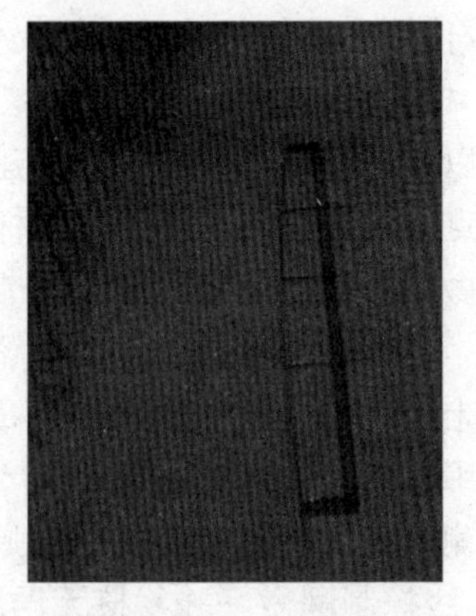

图 11.3.1-5　可调节模具

c. 桩基础施工时，为了保证桩位置准确，每根桩中心点使用十字交叉线进行控制。

（2）基础测量

①数据处理

使用AutoCAD软件，将基础平面图按照坐标建立坐标系，平移、校核无误后，在图纸中标注出各主要轴线、关键点坐标。预先规划好放样顺序，和复核线路。

②模具制作

为了保证施工速度，提高放线精度。圆弧墙轴线、墙边线使用直径6mm钢筋焊接模具，钢筋根据圆弧半径加工制作，模具长度为1.5m。将控制轴线、墙内、外边线的钢筋焊接在一起，现场操作时只需要用全站仪按照模具长度测放出轴线的坐标点，即可将墙内外边线一次画出。同时也解决了圆弧线多弹成多线段的问题。

由于基础以上墙、柱已经安装好钢筋，且圆弧半径变化较多，用钢筋焊接的模具不再试用，所以对模具进行了改装，使新模具具有随弧度、半径变化可调节功能。

③现场施测

a. 现场选择通视效果好，已经闭合的控制点作为全站仪测站，后视另一个控制点，使用全站仪将大剧院地下三层4轴、7轴、A轴、E轴的轴线交点坐标侧放在垫层上，使用经纬仪进行角度复核，使用钢尺进行距离复核。复核无误后使用墨斗将各条轴线弹出，作为大剧院地下三层控制基线，以这四条轴线为基准测放其他控制轴线。

b. 大剧院地下二层多功能厅处外墙由六段圆弧组成，首先使用全站仪将圆弧的中轴线和垂直于中轴线的轴线测放到垫层上，再使用经纬仪进行角度复核，无误后使用经纬仪和钢尺进行多功能厅内部剪力墙、框架柱的测放。圆弧外墙使用全站仪先测放出各段圆弧之间的交点，在每段圆弧上每隔1.5m测放一个圆弧轴线控制点，再使用提前制作好的模具将圆弧轴线、墙边线使用记号笔画出。其他圆弧线均按以上方法测放。放样完成后，抽取任意两点使用钢尺复核弦长距离。

3）±0.000以上测量放线

（1）数据处理

根据本工程结构的特点，所有径向轴线均以大剧院中心点为圆心放射性排布，所有的曲轴线均为圆弧或圆弧的组成，外墙定位轴线为一系列同心圆弧。上部结构（剪力墙、柱）由于有钢筋，所以不能测放出轴线。使用AutoCAD软件，在电子版图纸中画出剪力墙、框架柱的控制500mm线，并在控制线上每隔1.5m点取坐标，输入到全站仪中。

（2）激光控制点钢板预埋位置

根据本工程实际情况，在大剧院区舞台核心筒区布置铅垂点8个。在核心筒外围布置铅垂点4个。博物馆区布置铅垂点4个。控制点保证每2个点可以通视。

（3）激光控制点钢板预埋

在地下结构施工至负一层顶板时，根据激光控制点布置图在绑扎顶板钢筋的同时预埋激光控制点，以内控法进行竖向传递，并配合全站仪、经纬仪做轴线控制。激光控制点采用250×250×10mm的钢板制作，预埋时应做到水平和位置准确，浇筑完混凝土后，依据平面控制网和主控轴线在钢板上测设中心点，校核后电钻打上标记或划十字线，便于激光仪使用时采取强制对中。

（4）激光控制点校核

激光控制点首先使用全站仪进行测放，测放完毕后使用经纬仪和钢尺，以角度和距离进行复检，保证误差小于 2mm。校核无误后在钢板上用红漆标注上轴线和坐标。

（5）控制点向上传递

每层顶板施工时，在各引测点上方铅直位置预留 ϕ150mm 的孔洞，以保证轴线的竖向投测。轴线的竖向投测使用激光垂准仪，将激光垂准仪安置在预埋的控制点上，向上做铅垂投测，接受板使用有机玻璃，中间刻有十字线，移动接受板将激光束与十字交点重合，固定接受板。根据以上方法依次将各点投测到施工层，并进行闭合校核，无误后作为本层施工测量的依据。

（6）平面放线

根据投测到施工层的主控制轴线，测设出其他细部轴线，墙、柱、梁、门窗口的施工用线，经校核合格后做为施工的依据。对于圆弧墙体使用全站仪进行坐标放样，将测放出的各坐标点使用模具连接在一起。

（7）空间斜柱测量放线

本工程有大量的空间斜柱，为了能更准确地控制斜柱，采用投影法施测。使用 AutoCAD 软件打开首层平面布置图，根据二层、三层等空间斜柱四角坐标在平面图中画出，并在 AutoCAD 图中量出各层柱投影至首层柱根部距离，根据距离、方向将柱各层投影测放到首层楼板上。空间斜柱施工时，使用激光铅垂仪或线坠将斜柱投影四角铅垂投射，保证空间斜柱的位置准确。

（8）钢结构工程测量放线

①预埋件测量定位

钢结构工程的预埋件定位的准确是施工测量中的重要工作。在设计图纸上确定各预埋件的中心点坐标和控制预埋件轴线方向的坐标。保证预埋件轴线偏移不大于 2mm。对于在墙面和框柱面上的预埋件，预埋件竖向轴线使用经纬仪进行投射，并在绑扎好的钢筋上做好标记。

②预埋件标高控制

对于基础面、柱顶部预埋件的高程控制，采用水准仪控制，直接测得预埋件顶面标高。对于在墙面和框柱面上的预埋件，预埋件标高使用钢尺由标高控制线向上传递。最后使用全站仪采用三角高程法进行校核。

③钢结构安装测量

钢结构安装之前，首先在大剧院核心筒剪力墙上弹出竖向钢柱轴线，作为钢柱吊装的控制线。安装竖向钢柱时再使用经纬仪进行钢柱轴线精确控制，保证安装准确。安装径向钢梁时，使用竖向钢柱上的控制线控制钢梁的一端，另一端使用全站仪进行坐标控制。钢梁吊装过程中随时使用经纬仪进行校核，有偏差的及时进行修整。

（9）幕墙工程测量放线

使用计算机计算出幕墙控制点的三维坐标系统，使用全站仪、激光经纬仪、铅垂仪将三维坐标测放在施工现场，作为本工程幕墙外形保证和精度控制的依据。

4）±0.000 以下结构标高控制

（1）高程控制点的联测

在向基坑内引测标高时，首先联测高程控制网点，以判断场区内水准点是否被动，经联测确认无误后，向基坑内引测所需的标高。

（2）高程控制点精度控制

为保证竖向控制的精度要求，对施工层所需的标高基准点必须正确测设，在用一施工层上引测的高程点不少于三个，并相互校核，校核后三点的较差不得超过 3mm，取平均值作为该施工层的标高基准点，标高基准点设置在基坑的侧面，将木桩牢固的钉在基坑边坡上，在木桩上用红色三角做标记，并标明绝对高程和相对标高。

5）±0.000 以上结构标高控制

（1）在首层柱子和楼板浇筑好以后，从柱子下面已有的标高点用钢尺沿柱身向上量距。传递点不少于三处。

（2）施工层抄平之前，应先校核传递上来的三个标高点，当较差小于 3mm 时，以其平均点引测水平线，抄平时应尽量将水准仪安置在测点范围的中心位置，并进行一次精密定平，水准仪的旋转角度尽量控制在 180 度范围内，超过 180 度的需要进行校核。水平线标高的允许误差为±3mm。

11.3.2 某民族体育场游泳馆工程测量放线案例

1. 案例背景介绍

主体建筑面积 48166.8m^2；平面外轮廓呈放射性圆形；其首层主体半径为 64m；整个工程大致分为钢筋混凝土（含桩基础）工程和钢结构工程两大类型；基础采用桩基础，上部结构采用现浇混凝土形式，内部由框架结构组成；外部结构由钢筋混凝土与钢骨柱组合受力结构，沿游泳馆平面均匀布置 36 个斜筒柱；屋顶采用大跨度钢结构屋顶；建筑总体 4 层，地下 1 层，地上 3 层；标高±0.000 相当于绝对标高 1292.5m；主体建筑最高点为 36.7m。

工程特点：该工程是国际标准的游泳场馆，其设计和施工采用了许多先进、前沿元素，这个工程施工测量的作业方法、精度控制以及效率等方面都带来了许多严峻的考验和挑战。总的来说本工程有以下几大特点：一、结构以放射的圆形曲线为主，且对精度的要求较高。二、游泳馆体型较大，涉及大量平面和空间点位的计算和放样，给测量带来很大的工作量。三、钢骨柱和主体同步进行，给倾斜精度控制带来了一定难度。四、由于工程占地面积较大，所选用的控制点也较多，再加上人为操作的影响，导致测量精度控制和误差闭合难度大。五、施工场地机械设备和各种临时设施繁多，给控制点之间的通视也带来了麻烦。

2. 测量方案优选

1）坐标计算法：由于本工程圆弧半径较大，且圆心位于泳池中间，无法采用直接拉线法和几何作图法，所以考虑采用坐标计算法施工。根据结构特点以通过圆心的十字交叉线建立直角坐标，并以交叉线为基准进行圆弧上点的坐标计算。

2）经纬仪测角法：根据设计图纸将圆弧曲线等分，计算出圆弧曲线的弦长和圆心角，再利用经纬仪和钢尺精确定出圆弧上的各点位置，最后将各点顺滑的连接起来，圆弧上等分点越多，圆弧精度就越高。

3）全站仪坐标放样法和辅以 AutoCAD，利用 AutoCAD 技术计算出各点坐标，使用全站仪采用坐标放样法将各点测放到现场。

据本工程的建筑平面形式，为满足工程测量的放样效率、精度要求，工程中使用全站仪并辅以 AutoCAD 制图软件采用坐标放样法进行现场施测。

3. 工程测量控制依据

工程测量依据鄂尔多斯市测绘院给出的建筑红线，主体建筑物 A 轴方位角 47°58′32″、x 轴 137°58′32″和建筑物的圆心坐标 X＝89999.682、Y＝9095481 作为工程测量的依据。

4. 施工测量内业准备

1）收集本工程有的设计图纸和相关数据，作为施工测量的控制依据。

2）本工程测量准备使用全站仪一套，自动安平水准仪一台。

3）组织有较高技术水平和丰富工作经验的测量人员、内业资料人员成立测量小组，专职负责工程测量工作。

5. 施工测量外业准备

1）依据控制点建立平面控制网，对起算数据的控制点进行符合精度的检核，并将复核成果作为控制网布设技术报告的一部分提交。

2）根据控制点和控制网初步设计，进行控制网各点通视条件和埋设可行性的勘测。编制测量控制网布设技术报告并向监理报告。满足条件后按照一级导线网的主要技术要求完成控制网的测设工作。

3）对控制点的标桩设计和埋设时考虑保护工作，对施工场地控制点周围设置保护桩，并与项目部联系注意在施工期间进行保护，对因施工需要必须破坏的控制点请项目部至少提前一天书面通知项目测量班组，以便采取处理措施。

4）控制网布设和复测后，均编制技术报告，报请测量监理检查，检查合格并在技术报告上签字确认后方能使用。

6. 测量实施

1）桩基测量

(1) 桩位放样

首先依据加盖设计单位图章的正式图纸及正式控制网测量成果表，逐一计算出待放桩位的坐标，利用全站仪、钢尺等设备，将桩位放样到实地，并用 20×20×200mm 木桩（顶部钉小圆钉标明桩位精确位置）现场标定，完成桩位放样工作后，注意对木桩的保护，避免被桩机碾压。

(2) 桩位复测

完成桩位放样后，及时绘制桩位复测测量成果，并提交监理单位复测，合格后进行下道工序。

2）土建测量

(1) 平面测量

①依据本工程施工平面图，使用临近的控制点作为测站点，与测站点相邻的控制点作为后视点，采用极坐标法、直角坐标法等测量方法将各细部放样点放样到施工场地，将其轴线在基础周围作好控制，并报监理验收。

②定位测量，根据工程施工图纸并结合 AutoCAD 软件，采用直接量取并与编程计算验算相结合的方法求出各轴线交点的柱网定位坐标，将经过复核检查后的坐标输入全站仪并利用其放样程序，使用精密支架反复测量待放点的距离、角度、坐标后方可进行下道

工序。

③弧形轴线测量，依据设计图纸，先计算出轴线和每段弧两个交点的坐标及拱高，由于每段弧所在的圆心坐标和半径不同，则每段弧的长度和拱高不同，再根据每段弧的拱高对该弧段进行四分之一拱高法进行放样。其具体做法是：将每段弧四等分，中间为最高，其余按比例计算出相应段的拱高。

④为避免因上部结构完工而影响通视，在±0.000 承台施工完成后，选择好稳定、通视、易长期保存的位置（包括场馆中心点在内一般不少于 5 个），逐步将外部控制移至场馆内，建立内部控制并做好维护工作。

（2）标高测量

①标高测量采用仪高法，并保证一次后视确定仪高，不再转置测站确定仪高，尽量保证前后视距大致相等。

②施工初期，测量在基础土方开挖前对开挖区原地面标高进行测量，并形成报表，报业主和监理验收签证；基坑开挖时，现场投放标高，作为土方开挖提供依据；基础开挖完成后，对基础进行标高复测，报业主和监理；垫层施工时，现场投放标高，作为垫层施工依据；垫层施工结束后，在绑扎钢筋前对标高进行复测，并报监理检查；钢筋绑扎完后，将标高引测至基础模板上；待基础底板施工完后，在上部结构施工之前，进行隐蔽工程竣工测量。

11.4 测量方案实施后效果

1. 建立良好的职业习惯，测设前要做好图纸会审工作和设计交底工作，校核测量设备，做好测前的各项技术准备工作。先内（业）后外（业），并及时做好放线记录。

2. 测量放线要遵循先粗（网）后细（网），先高（精度）后低（精度）的客观规律，以避免少走弯路。

3. 测量放线要建立“一步一校，测校换人换方法”的规则，尽量减少主观误差，消除客观误差。

4. 采取一切办法消除环境误差。场馆工程多属于高、大、精、坚、特工程，如拱脚极坐标定位、钢结构安装网架空间定位、运动器械设备游泳池长度定位，要求精度高，准确性严，温差、光差、声差往往同步校核，所以，测量放线务必做到“严谨细致，谋略相并”。

11.5 测量方案实施后评价

施工测量采用 AutoCAD 计算软件辅以全站仪和经纬仪，可以大大提高工作效率，满足工程要求，极大地解决了轴线关系复杂，工作量大等问题。但是在施工过程中发现如下问题：

1. 设计单位提供的电子版图纸，某些部位标注尺寸和图中测量的尺寸不符，所以需要内业计算人员认真核对。并且在测放出各点以后使用经纬仪和钢尺进行校核。局部桩头比较密无法支设三脚架的部位采用矢高法、直接拉线法配合施工。

2. 全站仪受外界条件影响较大，如炎热的天气、阵风、雾、人为操作等都会对测放精度产生影响。仪器使用时根据实际情况及时调整仪器参数，并对仪器采取一定的保护措施，如防晒、防风等。

3. 计算出的各点坐标需要整理成册，由于工程量巨大，需要使用大量的纸张。

目前实际工作中，全站仪测放的坐标数值采用人工输入，工程量大且容易产生误差，坐标点编织成册也需要大量的纸张，违背绿色施工要求。再遇到类似工程，采用电脑与全站仪之间进行数据传输，真正达到精确、方便、快捷和无纸化办公。

第 12 章　支撑架体专项施工方案优选与后评价

支撑架体作为脚手架的一种，是模板工程混凝土浇筑、桥梁隧道等结构施工，以及钢结构、机电设备、异形结构等大跨度空间结构安装时的辅助性临时结构架，是为满足建筑施工上料、堆料及用于施工作业要求而搭设的不可缺少的空中作业工具。如何通过前期策划优选出适用安全、经济合理、技术先进、绿色环保的支撑架体专项施工方案，并有效落实到位，是确保场馆类工程实体结构质量安全的重要举措。同时做好施工后的评价、监测、对比及分析，持续改进，卓越绩效，不断提高建筑施工管理水平和企业的竞争力，将是我行业的永恒话题。

12.1　航站楼、体育中心、会展中心等工程脚手架支撑架特点

场馆类大空间结构施工中，脚手架支撑体系保证了上部结构施工过程顺利进行和施工安全，提供上部永久结构在未成形前的支撑依靠，使得永久结构与临时支撑结构组成一个共同作用的混合结构体系，临时支撑体系已成为结构施工系统的一部分并直接起着传递荷载的作用。

场馆类工程的高、大、难、奇、特特点，造就了该类工程脚手架支撑架具有架体高，形体大，类型多样，节点复杂，投入多，资金成本大等特点。

场馆类工程往往是一地一城的窗口建筑、地标建筑、形象建筑；常常是领导关注、群众关心，社会都参与；因而任务重，工期紧，环境要求高，政治影响面广，企业压力大；进而该类工程脚手架支撑架要求选型适用先进，安全度高，工期节点控制严密，质量稳定可靠。

该类工程支撑体系常常有以下几种分类方法。

按支撑结构形式可分为：实腹式、格构式、组合式支撑等。

按支撑材料可分为：型钢支撑、钢管脚手架、贝雷架支撑、网架支撑等。

按支撑的作用方向可分为：竖向支撑、水平支撑、斜撑等。

这种支撑体系常由基础连接、主体架体和支撑构造三部分构成。基础连接部分的功能是将临时支撑的主体结构有效固定在下部结构上，并有效传递临时支撑的荷载。主体结构是临时支撑的本体，是支撑体系强度、稳定的提供者。支撑构造部分是待安装构件的支托，起到承上启下的作用。

12.1.1　高大模板脚手架支撑架体系

1. 依据住建部建质［2009］87 号文件，高大模板及支撑体系主要包括三方面：

1）工具式模板工程：包括滑模、爬模、飞模工程；

2）混凝土模板支撑工程：搭设高度 8m 及以上；搭设跨度 18m 及以上，施工总荷载

15kN/m² 及以上；集中线荷载 20kN/m 及以上。

3）承重支撑体系：用于钢结构安装等满堂支撑体系，承受单点集中荷载 700kg 以上。

2. 常用钢管类高大模板支撑体系主要有两种形式：

1）扣件式钢管满堂模架支撑体系：主要由钢管和扣件组成，特点是搭拆灵活，搬运方便，通用性强，不用加工，立杆和大横杆的间距不受模数限制。缺点一是横、竖、斜杆件之间有偏心，对立柱受压有不利影响；二是节点处的连接力受人为拧紧程度影响；三是步距和搭设高度受立柱的长细比制约。

2）碗扣式钢管满堂模架支撑体系：一般由立杆、碗扣节点和横杆组成，结构简单、操作方便、搭拆省时省力，具有用途广、安全可靠、承载力高的特点，适用于房屋建筑、市政、桥梁混凝土水平构件的模板承重支架，也适用于作为钢结构施工现场拼装的承重支架。

3. 高大模板及支撑架需专家论证

高大模板工程及支撑架必须按照建设部《危险性较大的分部分项工程安全管理办法》（建质［2009］87 号）的有关规定进行编制专项施工安全方案，并报当地建设主管部门组织有关专家进行论证，施工承包企业有关技术人员应根据论证审查报告内容进行完善修改，并按程序审核审批后，方可实施；专家组书面论证审查报告应作为安全专项施工方案的附件，在施工过程中认真组织落实。

12.1.2　散支散拼钢网架支撑体系

1. 散支散拼钢网架支撑体系即高空散装法，是指小拼单元或散件在设计位置进行总拼的方法。高空散装法有全支架（满堂脚手架）法和悬挑法两种。高空散装法在我国应用较多，主要适用于非焊接连接的各种类型的网架、网壳或桁架等空间结构。

2. 全支架法多用于散件拼装，而悬挑法则多用于小拼单元在高空总拼。这种施工方法不需大型起重设备，但需搭设大规模的拼装支架，需耗用大量材料。拼装支架应进行设计，对于重要的或大型工程，还应进行试压。拼装支架应具有足够的强度和刚度，应满足支架的局部或整体稳定性，具有稳定的沉降量，可采用千斤顶进行调整。支架的支承点应设在下弦节点处。支承点的拆除应在网架拼装完成后进行，拆除顺序应根据网架自重挠度曲线分区按比例降落，以避免个别支承点因荷载集中而不易拆除。对于小型网架，可采用一次同时拆除，但必须速度一致。

12.1.3　滑移支撑体系

1. 当钢结构、网架等空间结构采用高空滑移法施工时所采用的支撑体系，一般采用满堂支撑架辅助滑移轨道施工。即在整个屋盖钢结构或网架等位置取部分（空间）场地，搭设一定面积的满堂操作平台，或在施工场地地面将散件组装成独立单元，再利用滑移系统进行钢结构或网架安装。

2. 利用滑移支撑架施工，能有效地将散件吊运散拼、滑移、组装等施工工序同时进行，提高了施工进度，节约大量工期，且施工灵活多变，适合各类大小工程的施工，尤其是地面空间或起重设备受限时的钢结构、网架等空间结构施工。

图 12.1.3 某机场新建航站楼高空滑移支撑体系
（满堂架＋滑移轨道）

12.1.4 高空分块（段）组拼支撑体系

1. 当钢结构、网架等空间结构采用分块或分段吊装法施工时，需搭设高空安装支承架及作业平台，以满足施工及安全要求。针对不同工程的结构特点、施工顺序和方法并考虑所处的自然环境，可采用的支撑体系除普通的满堂钢管架体外，还可采用塔吊节、格构柱、组合架等桁架式标准节结构。

2. 塔吊节、格构柱、组合架等桁架式标准节结构高空分块（段）组拼支撑体系结构强度及刚度高，承载能力较大，能有效抵御风荷载，抗倾覆及安全系数相对较高，适用于风量较大的旷郊野外、大跨度钢结构及网架等空间结构的拱桁架体系安装施工。

图 12.1.4 某机场新建航站楼钢结构主拱安装支撑
体系（标准节格构柱）

12.2　该类工程脚手架支撑架体施工的难点与重点

12.2.1　选型布置的重点与难点

临时支撑体系的选形和布置需要综合考虑安装方案、需支撑的结构形式、下部结构、施工现场环境等技术条件，分析以下方面：临时支撑自身的强度、刚度及稳定性；下部基础结构如混凝土结构的承载安全；临时支撑装拆的方便性、施工资源循环利用的绿色环保性；临时支撑的经济性，长期效益与近期效益的平衡，社会效益和环境效益。这些将是本工程的重点与难点。

12.2.2　卸载过程

临时支撑体系的卸载过程，实质上是将施工用混合结构体系转换为理论设计的永久结构体系的过程，所以也称为结构体系转换过程，是永久结构在临时支撑点处支座约束的动态减弱直至消除的变化过程。结构体系转换过程的计算，就是寻求安全合理的循环卸载过程，以保证卸载过程中永久结构变形的协调统一和卸载过程的施工安全，是本工程的另一重点与难点。

12.3　该类工程脚手架支撑架方案优选

场馆类工程脚手架支撑架方案优选常有以下几种方法：

1. 按使用用途分：高大模板支撑架、钢结构吊装辅助架、钢结构吊装承重架等。

2. 按架体结构形式分：满堂红钢管脚手架支撑架，型钢支撑架，格构柱式组合架等。

3. 按固定形式分：固定式有基础支撑架、固定式无基础支撑架、移动式支撑架。

从技术角度：应技术先进，安全可靠。

从投入角度：应实用经济，成本合理。

从工程进度角度：满足总体施工进度需要。

从施工现场许可角度：满足施工现场环境需要。

从施工单位资源角度：尽可能使用本单位、本地区现有设备资源；适度考虑中长期发展。

12.4　施　工　案　例

12.4.1　高大模板支撑体系优选

本案例主要介绍高大模板工程异形结构部位施工时采用的架体支撑体系，尤其是会展中心、体育中心、航站楼类工程的外围综合支撑架体。高大模板工程是指高度≥8m，或跨度≥18m，或板厚≥500mm，或梁高厚≥1.2×0.6m 的模板工程，对模板支撑体系提出了更高的要求，并参加安全专项施工方案的专家论证。

高大模板工程架体支撑体系一般采用满堂支撑架，常见的形式有扣件式钢管支撑架、碗扣式钢管支撑架等。下面以某公司承揽施工的某体育中心体育场工程为例，重点介绍该场馆看台的高大模板工程及外围异形环形梁柱结构部位（Y 形柱）浇筑施工时采用的模板支撑架体。

1. 工程概况

某体育中心体育场工程，地处我国东北的风大严寒地区，总建筑面积为 62363m²，总占地面积为 25720m²。建筑为平面椭圆形的大空间建筑，共分六层，如图12.4.1-1所示。

图 12.4.1-1　某体育中心体育场工程整体效果图

为方便施工将建筑物主体分为四个区域，具体划分如图 12.4.1-2 所示。其中 A、C 区建筑主体结构最高点高度为 13.590m，B、D 区建筑主体檐口最高点高度为 54.990m，看台最高点的高度为 32.840m；B、D 两区各有 18 根“Y 形”桁架柱，各桁架柱顶标高不等。

2. 高大模板支撑体系方案的优选

1）支撑体系方案策划与优选

该工程主体第一层层高 6.5m（板底标高 5.45m），基础板顶标高为－2.75m，根据施工组织设计一层结构需搭设满堂支撑架作为模板的支撑体系。支撑架从基础板顶开始搭设，实际支撑架搭设高度为 8.20m，已达到规定的高大模板支撑架高度。

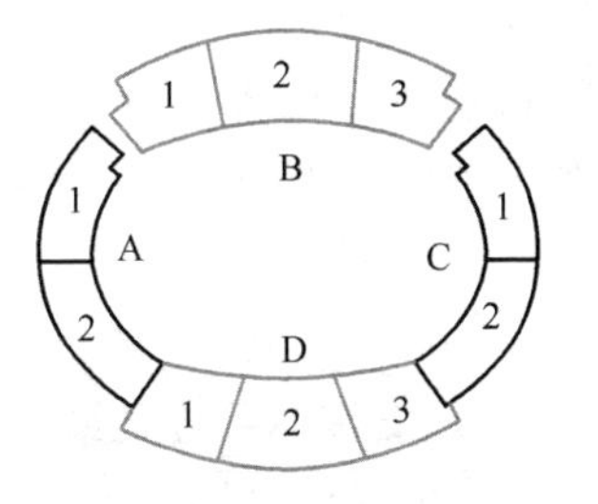

图 12.4.1-2　工程主体区域划分图

方案一：扣件式钢管支撑架

扣件式架体目前在建筑施工现场应用最广，搭设简易、灵活、方便，且钢管经久耐用，租用费用相对较低且安全性较高。缺点一是劳动强度大、功效低、人工成本相对较高；二是扣件连接的钢管支架受人工操作因素影响较大，结构稳定性较差，螺丝手工操作，松紧难以控制而影响到架体的承载力；三是租赁市场上流转的薄壁管及非标配件，使得这种大型工程现场难以控制。

方案二：碗扣式钢管支撑架

碗扣式架体应用广泛，搭拆迅速、省力、劳动强度低、结构稳定可靠；配备完善、通用性强；受力性能好，承载力大、安全可靠；便于管理、易于加工、不易丢失、易于运输等。缺点是：横杆为几种尺寸的定型杆，立杆上碗扣节点按0.6m间距设置，使构架尺寸受到限制；碗形连接销易丢，不便于物料堆放管理；单米租赁价格高，一次投入施工成本费用高。

根据本工程现场实际情况，综合考虑安全、工期、质量和成本要求，经优选决定采用扣件式钢管满堂支撑架进行高大模板浇筑施工。

2）高大模板支撑体系施工重点与难点

本模板支撑架体施工的难点是，看台板高度沿体育馆径向由内向外依次递增，架体标高不好控制；重点是看台板较厚，荷载大，架体水平分力大，必须确保架体的局部和整体稳定，因此架体的构造连接和横竖加固是施工控制的关键。由于架体一次搭设面广体大，梁板柱一次浇筑，架体加固在暗室操作，因此架体质量监控是本工程的难点，更是重点。而架体搭设、使用和拆除过程中的动态安全防护工作也是本工程重点。

本工程脚手架立杆的纵向和横向间距均为0.9m，步距1.5m；梁底支撑架立杆垂直于梁轴线方向间距为0.9m，平行于梁轴线方向间距为0.6m。为防止立杆由于上部荷载发生下沉，H1～H6轴之间的立杆下部采用100mm×100mm×12mm的钢板作为垫板，H1轴以内及H6轴以外的立杆下部除采用100mm×100mm×12mm的钢板作为垫板外，还应该加设木板作为底座来增大局部承压。

支撑架安装从一端开始向另一端推进，从纵横两个方向同时进行，以免架体失稳；设在支架立杆根部的可调底座，其伸出长度不得超过300mm；立杆底部必须设置纵、横向扫地杆，纵向扫地杆采用直角扣件固定在距底座上皮200mm处的立杆上，横向扫地杆采用直角扣件固定在紧靠纵向扫地杆下方的立杆上；顶部立杆自由端高度不得大于500mm，其中可调托撑螺杆伸出长度不宜超过300mm，插入立杆内的长度不得小于150mm；梁模板底部立杆必须设在梁模板中心线处；支撑架搭设的过程中严格控制立杆的垂直度，垂直度的偏差不得大于$H/500$且不大于20mm。同时设置纵、横剪刀撑以及水平剪刀撑，且每隔6跨设置一根抛撑，增加架体的稳定性；连墙件设在支架的四周和中部并与结构柱进行刚性连接，其水平间距应为6～9m，竖向间距应为2m～3m。在无结构柱部位应采取预埋钢管等措施与建筑结构进行刚性连接。另外，要加强支撑架体搭拆期间的安全管理。

3. Y形桁架柱支撑体系专项方案的优选

1）支撑体系方案策划与优选

依据该体育场工程外围构件特殊形状（Y形桁架柱）及施工条件，确定主体使用满堂支撑架，而在对18根Y形桁架柱顶部的两根斜柱进行支撑方案选择时，可采用上下一致的支撑方法即只采用水平支撑对斜柱进行加固，也可以采用在支撑斜柱时加设斜撑杆件进行加固，下面逐一进行分析选择。

方案一：采用落地脚手架到顶，设垂直支撑，模板为竹胶板。

为抗衡其水平推力，采用ϕ48×3.5mm标准钢管搭设满堂红脚手架，立杆间距和横杆排距分两种情况搭设，位于Y型桁架柱悬挑的大斜梁投影范围内区域的模板支撑采用碗扣式钢管脚手架，因为该施工段是产生倾覆力最大的位置，其支撑杆间距：立杆步距在Y形柱分叉以下为1800mm，分叉以上为900mm。其水平杆与已浇的柱混凝土连接采用双钢管，双扣件固定。

为保证架体的整体稳定，在纵横轴线从二层平台往上至梁板底设置环向与径向垂直支撑，环向支撑每跨设置四道，钢管间距为 ϕ48.3×3.6@1500×1500mm，同时从分叉处往上设置三道水平支撑，钢管间距为 ϕ48.3×3.6@3000×3000mm，垂直支撑上部与斜梁支撑横杆箍紧，下部与脚手架水平杆箍紧。位于 Y 形柱分叉以内即未悬挑部分的大斜梁的支撑采用普通钢管脚手架支撑，其主杆间距为：立杆步距为 1600～1800mm。

模板体系面层采用 10～12mm 厚竹胶板，主龙骨为 ϕ48.3×3.6mm 钢管，间距 600mm，次龙骨为 50mm×100mm 木楞，间距 200mm，主次龙骨用对拉螺栓固定，支撑体系由主龙骨直接将力传给钢管脚手架。

方案二：采用碗扣式落地脚手架到顶，增加支设剪刀撑，模板采用定制钢模板。

斜梁部分全部使用定制钢模板进行施工；钢管选用外径 ϕ48.3mm，壁厚 3.6mm 的焊接钢管。

立杆从首层顶板进行支设，脚手架投影下位置进行首层回顶。首层顶板下立杆搭设时要保证与首层顶板上立杆位置重合，步距 1.5m，首层立杆底部设置 4000mm×300mm×50mm 的木板，顶部用平顶托支撑 4000mm×300mm×50mm 的木板作支撑板来增大接触面积。

本工程脚手架水平杆的步距为 1.5m，水平杆的长度不宜小于 3 跨；架体内部分别设置横、纵双向剪刀撑和水平剪刀撑，外部满布剪刀撑，剪刀撑与地面成 45°夹角。

根据以上初步拟定的方案，进一步分析、优选出最佳方案。

方案一：采用落地脚手架到顶，设垂直支撑，模板为竹胶板。

采用这种架体支设方法，支设方法单一，工人易操作。在对斜柱模板进行支设时，只有水平支撑杆件及立杆进行支撑。在选择架管和扣件时应严格按照规范要求的规格选择周转材料，立杆及水平杆的间距和步距必须经过严格计算满足安全需要。

这种施工方法在周转工具的数量上比较经济，但是斜柱部分在进行混凝土振捣时产生的巨大推力及自重极大，这种施工方法很难保证斜柱浇筑质量，安全也难以保证。

方案二：落地式脚手架到顶＋在斜柱部分增加斜撑杆件，模板采用定制钢模板。

采用这种施工支设方法，主体架体支设与上述方案一相同。但在 Y 形桁架柱顶部的斜柱支撑部分增加与斜柱模板垂直的斜向支撑。

本工程 Y 形桁架柱的斜柱模板采用定型钢模板，考虑到模板自重、结构本身混凝土、钢筋的自重以及混凝土浇筑时对模板的侧压力，对斜柱模板产生的水平推力，增加与斜柱钢模板垂直的斜向支撑，可以有效地对抗混凝土浇筑时对斜柱模板产生的水平推力。采用这种支设方法，可以很好地保证构件浇筑质量，安全系数更高。

根据本工程现场实际情况，综合考虑安全、工期、质量和成本要求，经优选决定采用第二种方案进行高大模板异形（Y 形桁架柱）结构部位浇筑施工。

2）高大模板异形（Y 形桁架柱）支撑体系施工重点与难点

本工程为平面呈椭圆形的异形建筑，外圈共有 18×4 根桁架柱，各桁架柱顶标高不等，从看台中部 32.79m 向两翼依次递减为 27.295m。桁架柱侧面形似“Y”字形，沿环形轴线 H6 轴依次等角布设，自 19.2m 标高处，由 1 根柱分成两支斜柱，对径向看台斜梁形成不等边“L”型擎臂支撑，从 H6 轴向外斜挑 5.50m。本工程 19.200m 以上主要以看台结构为主，H6 轴以外看台梁板承重脚手架需从 5.450m 进行支设，脚手架最高高度为 27.34m。斜梁部分全部使用定制钢模板进行施工。

通过对大斜梁混凝土施工过程中所产生的内力进行分析，结合以往的施工实践，本工程有两个施工难点与重点，一是如何抵挡混凝土施工过程中因混凝土自身产生的对大斜梁下端部的轴向压力和水平推力；二是如何平衡大斜梁上部，即 Y 形桁架柱外支悬挑部分在混凝土施工过程中产生的水平推力。

脚手架搭设剖面示意图、Y 形桁架柱脚手架立面示意图、脚手架平面示意图，分别如图 12.4.1-3、图 12.4.1-4 及图 12.4.1-5 所示。

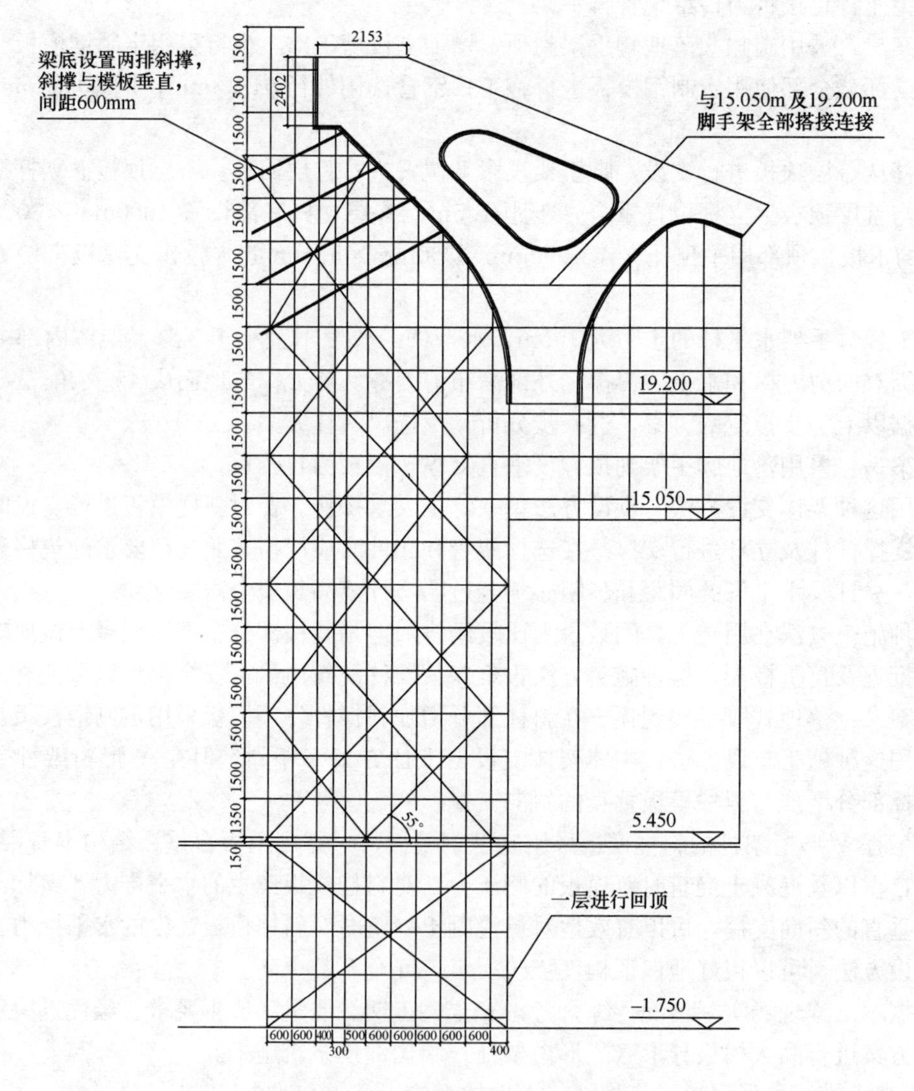

图 12.4.1-3　脚手架搭设剖面示意图

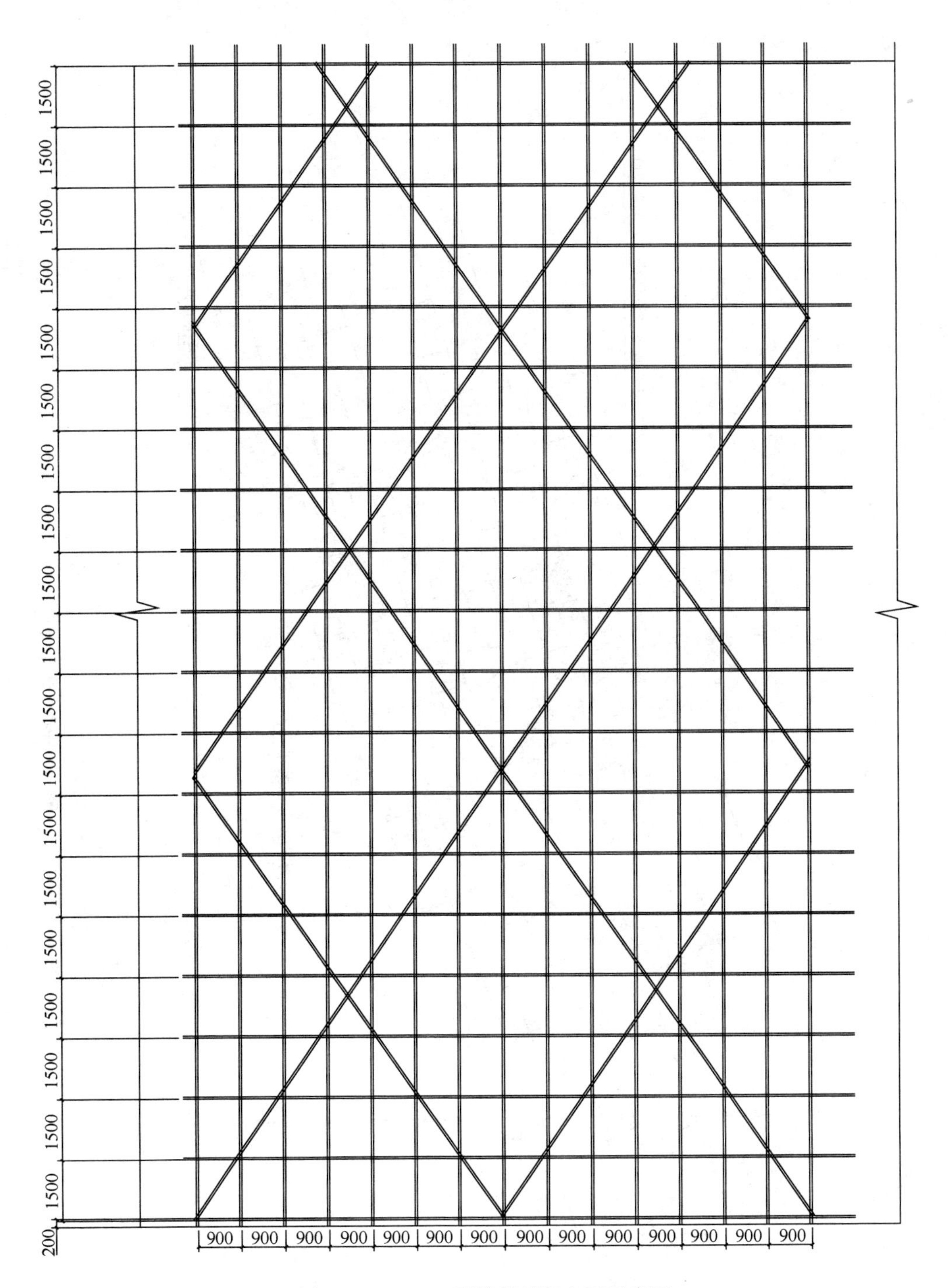

图 12.4.1-4 Y形柱脚手架立面示意图

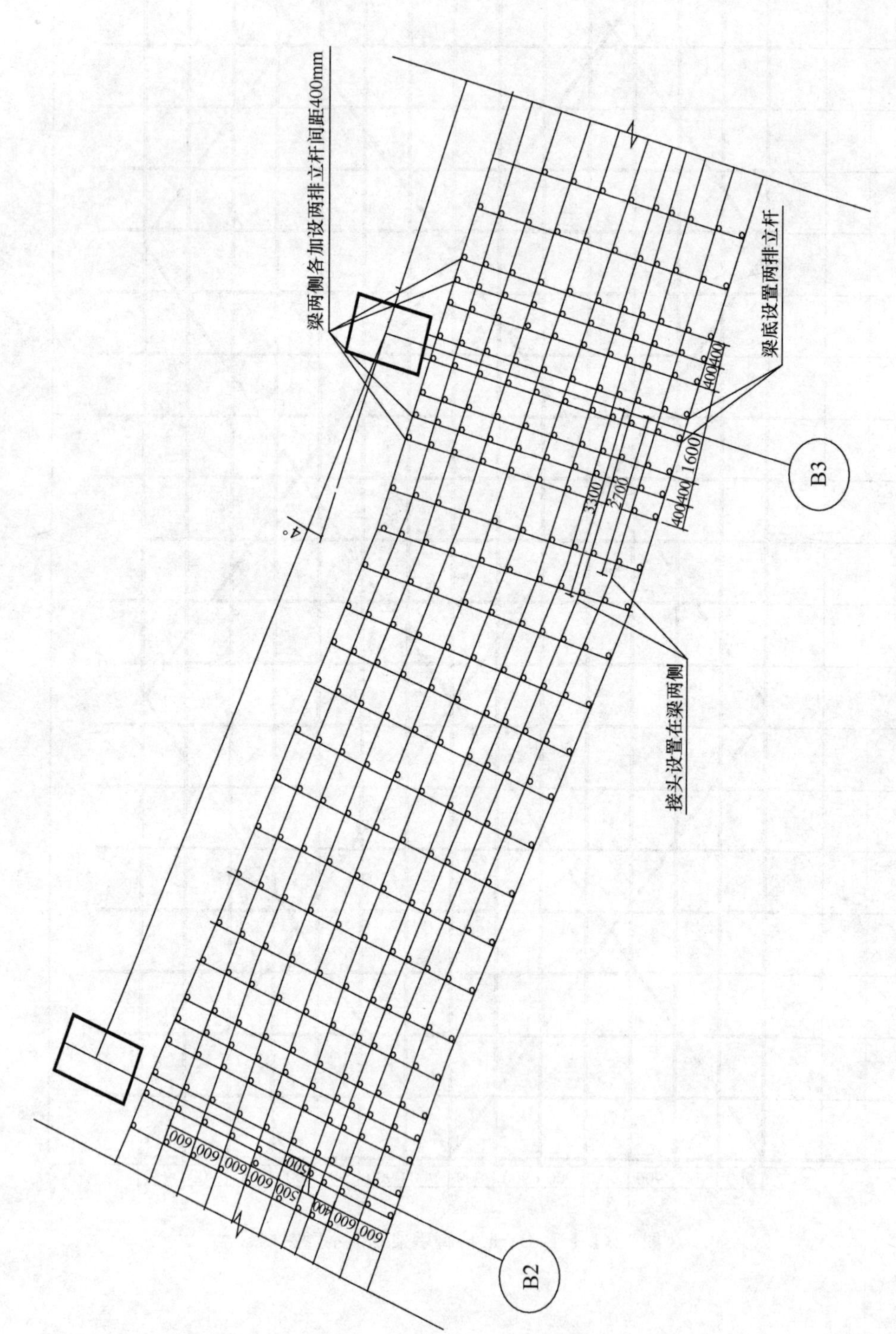

图 12. 4. 1-5　脚手架平面示意图

架体加固措施

① 5.450～15.050m 每个柱子周围脚手架每隔三个步距、15.050～19.200m 每个柱子周围脚手架每步距、19.200 以上每 0.75m 高度用钢管设置一道抱柱箍，抱柱箍与外侧不少于两排水平杆相连。柱箍与柱子紧密相连。抱柱箍水平杆全部设置双扣件，分别如图 12.4.1-6 及图 12.4.1-7 所示。H6 轴以外 15.050m 以上水平杆必须和 H6 轴内满堂红脚手架水平杆进行搭接连接或用十字扣件与纵向水平杆连接，搭接长度不少于 1m，十字扣件连接不得少于两排水平杆，并设置防滑扣件。

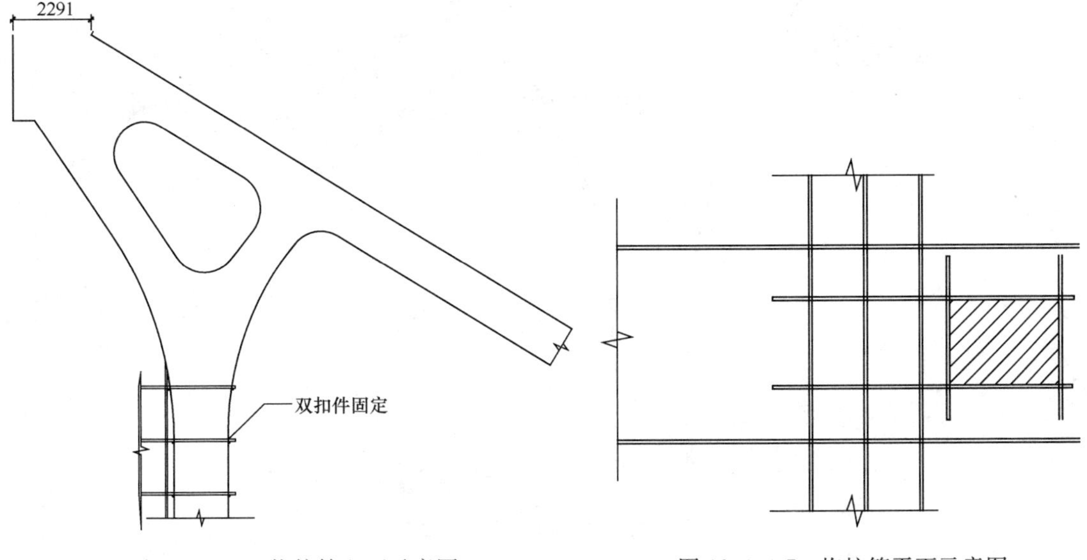

图 12.4.1-6 抱柱箍立面示意图　　图 12.4.4-7 抱柱箍平面示意图

② 斜梁模板加固完毕后在两根斜梁外侧模板之间用钢管将其连接成整体，间距最大 400mm，连接的钢管与外侧脚手架不少于两根水平杆相连，设置防滑扣件，如图 12.4.1-8 所示。

③ 斜梁下设置两排斜撑，斜撑间距不大于 600mm，保证节点落在立杆与水平杆节点处，保证架体整体性。

④Y 形柱部分混凝土浇筑分多次进行浇筑，待上次浇筑的混凝土强度达到 50%后再继续浇筑，避免所有施工荷载作用于架体上，如图 12.4.1-9 所示。

⑤ 控制浇筑速度：浇筑斜梁及上部顶端时，两根斜梁交替浇筑，上部顶端各个柱子交替浇筑，每次浇筑 500mm；浇筑前先确定混凝土初凝时间，待混凝土接近初凝前，再进行下次浇筑 ，减小混凝土侧压力，现场安排专人负责此项工作。

12.4.2 散支散拼钢网架支撑体系优选

本案例主要介绍球型钢网架施工时采用的架体支撑体系。网架不仅具有跨度大、覆盖面积大、结构清晰、省料经济等特点，同时还具有良好的稳定性和安全性，尤其是大型的文化体育中心多数采用网架结构。

网架结构根据其结构形式和施工条件的不同，可选用高空散装法、整体吊装法或高空滑移法等方法进行安装。下面以某集团公司承揽施工的某学院体育馆项目的球形网架工程

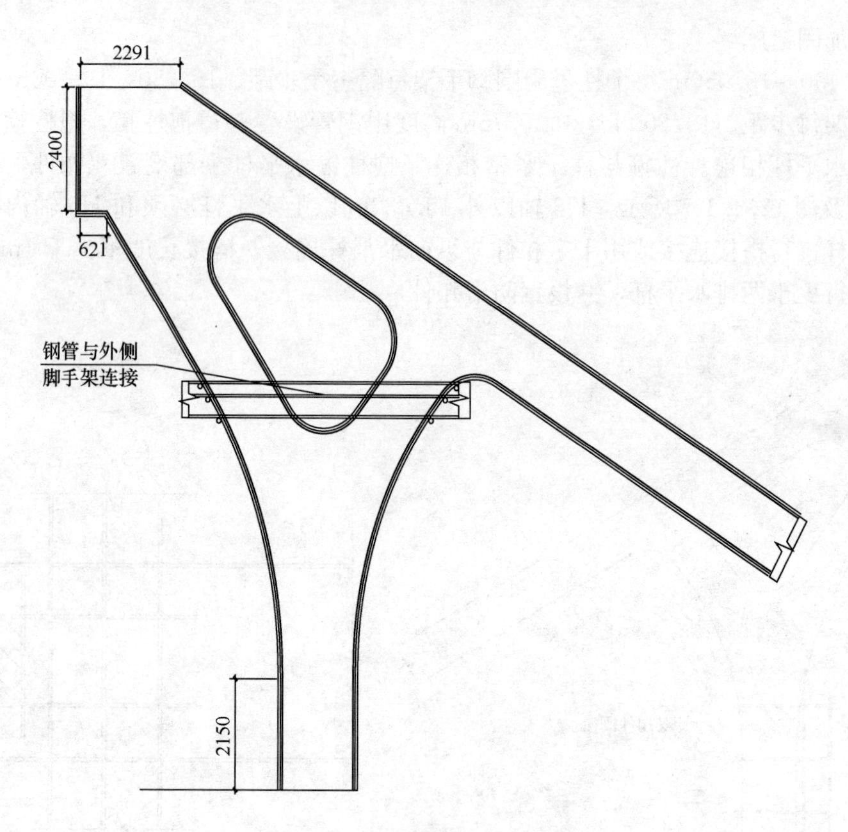

图 12.4.1-8　斜模加固示意图

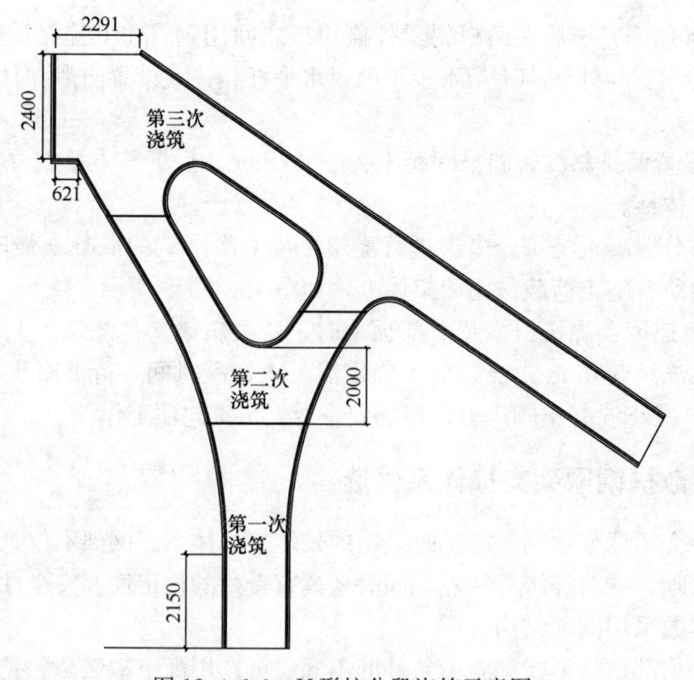

图 12.4.1-9　Y 形柱分段浇筑示意图

为例，重点介绍钢网架安装中采用的散支散拼支撑体系。

1. 工程概况

某学院体育馆位于华北地区中南部，共包括体育馆网架、游泳馆网架、训练馆网架三部分，总建筑面积 25659m²，建筑主体高度为 32.25m，结构形式为框架、钢网架结构，地上二层，局部地下一层。该工程属于大型多功能综合体育馆，功能包括：4146 席平时可容纳三个篮球场地的主比赛馆及附属用房；539 席游泳馆、一个训练馆和多个活动室；685 席大会议室和一个多功能厅。

单坡平板网架，采用正放四角锥网格，上弦周圈多点支撑结构，局部下弦中部多点支撑；混凝土柱标高为 11.200m 至 13.900m；游泳馆网架最大跨度为 39.2m，游泳馆网架投影面积约 2687m²，训练馆网架最大跨度为 37m，训练馆网架投影面积约 2267m²。

体育馆网架为四心圆双曲面起拱异型网架，采用正放四角锥网格，下弦周圈多点支撑结构。混凝土柱标高为＋21.600m；网架短径（即网架跨度）为 73.4m，网架长径为 93.4m，网架投影面积约 5324m²，如图 12.4.2-1 所示；边缘网架矢高为 3m，中部网架矢高为 4m，网架下弦整体双向起拱，拱高 2.4m，如图 12.4.2-2 所示。游泳馆网架及训练馆网架均为异型。

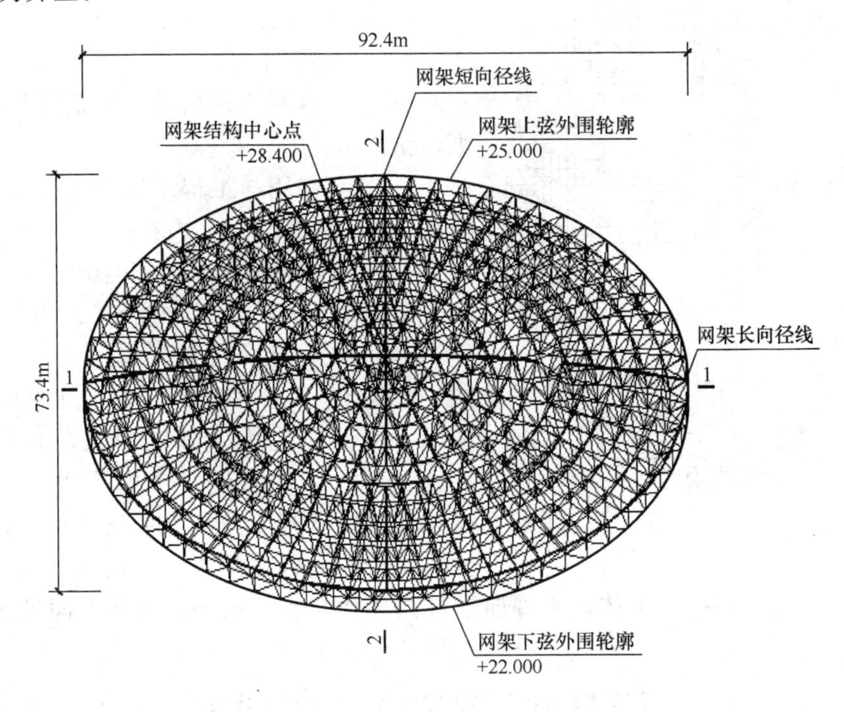

图 12.4.2-1 某学院体育馆球形网架结构三维图

2. 支撑体系方案策划与优选

某学院体育馆球形网架安装考虑到施工现场情况、安全、工期、质量和成本要求，故在选择吊装支撑体系方案时，充分考虑以下几点：

1）本工程为椭圆形大跨度钢网架结构，施工现场不满足汽车吊装条件。

2）搭设的架体在规定的条件下和规定的使用期限内，能够充分满足预期的安全性和耐久性。

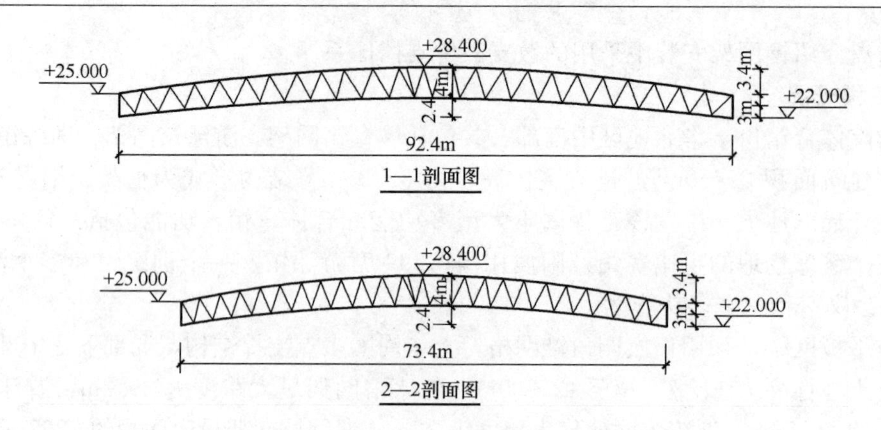

图 12.4.2-2　某学院体育馆球形网架结构剖视图（剖视位置见图 12.4.2-1）

3）选用材料时，力求做到常见通用、可周转利用、尽可能地节省资源。

4）结构选型时，力求做到受力明确，构造措施到位，升降搭拆方便，便于检查验收。

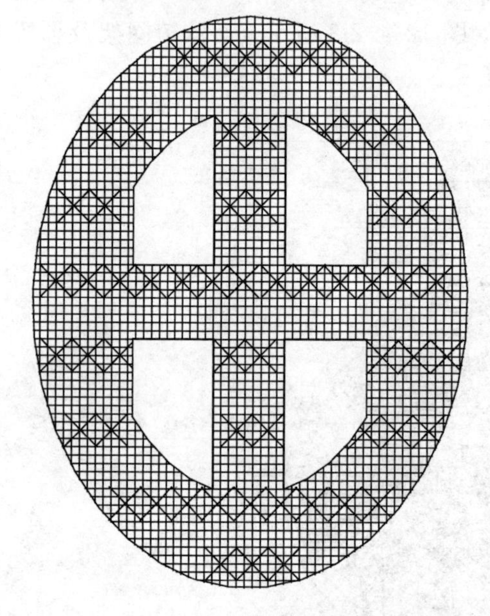

图 12.4.2-3　满堂架体搭设平面图

5）保证球型钢网架的现场安装质量，便于钢网架的拼装、焊接、防腐。

6）有利于减少高空作业时间和工作量，保证吊装过程的安全可靠。

7）能有效利用现场的有利条件及所拥有的机具和成熟的吊装工艺。

8）吊装费用与工程承接费用相适应并能取得良好的经济效益。

9）能最大限度地确保钢网架安装工期要求。

根据以上几点要求，结合工程特点，就以下 3 种方案进行对比分析（表 12.4.2）。

经现场实际勘察，结合本工程的结构实际情况，网架跨度大、施工面大、吨位重等特性，受场内条件限制，考虑了以往的施工经验，在省内同行专家与专业安装队伍的综合分析和讨论后，经优选决定采用散支散拼落地满堂脚手架方案，局部搭设架体，由外向里进行环状安装。主场馆搭设平面见图12.4.2-3 所示。

某学院体育馆吊装支撑体系方案优选与比较　　　**表 12.4.2**

吊装支撑体系方案		优缺点	可行性（可操作性）	费用及经济效益	结论
1	4 台 150t 以上大型吊车分片抬吊、空中补杆	机动灵活，吊装准备时间短、工效高，但操作配合要求高，存在较多的高空补杆（质量控制困难），对场地条件要求高且进场困难。同时高空补杆困难	安全可靠性较差，吊车需到外地租赁，难以实施	费用较高与工程承接费用不相适应	不采用

续表

吊装支撑体系方案		优缺点	可行性（可操作性）	费用及经济效益	结论
2	高空分条滑移法	1. 对机械的要求比较高。要求整个施工区域都在垂直运输机械的工作半径之内，并且需要长时间占用机械。施工前需要准备充足的垂直运输机械。 2. 不需要搭设脚手架，节约成本。 3. 施工速度慢，由施工人员在高空拼装，受高空作业的限制，而且组合件由3杆1球组成，安装到预定位置（同时将3条螺栓插进对应的螺栓孔）难度比较大	需将圆形屋面分成多个扇形单元安装。对接杆件工程量多，精度难以掌握；针对此异形钢网架和现场条件，可操作性较差。适合应用于矩形、梯形等平面	人员、机具、材料投入较大，周期长，费用较高	不采用
3	搭设满堂脚手架采用散支散拼法安装	高空散装法分为全支架法（即满堂脚手架）和悬挑法两种。全支架法多用于散件拼装，而悬挑法则多用于小拼单元在高空总拼。该施工方法不需大型起重设备，但现场及高空作业量大，同时需要大量的支架材料和设备。高空散装法适用于非焊接连接的各种类型的网架、网壳或桁架，拼装的关键技术问题之一是各节点的坐标控制	安装方案难度小，依据现场情况与结构特点，拟采用局部搭设满堂脚手架体	搭拆脚手架工程量大，费用适中	采用

3. 散支散拼落地满堂脚手架施工难点与重点

本工程采用局部搭设满堂脚手架架体，搭设高度为24m。

脚手架高度根据网架造型高度搭成阶梯状，主场馆中间40m×60m为表演场地，四周为阶梯形观众看台。脚手架搭设范围在体育馆类椭圆形结构圈梁向结构圆心12m范围的类椭圆形圆环，并在网架结构长向和短向方向上纵横搭设12m宽的长方形脚手架带，如图12.4.2-4所示。

脚手架操作平台顶面标高距离该处网架结构标高低500mm，中部最高处标高为24.000m，椭圆周圈梁最低处标高为21.500m。为保证脚手架纵横向稳定，高于24m的满堂脚手架周边环向和中间设置剪刀撑，并由地面至操作顶面连续设置，剪刀撑与地面倾角为45°，中间剪刀撑每隔四排设置，间距不大于6m；脚手架水平剪刀撑按纵、横向从顶层开始向下每隔两步设置一道，如图12.4.2-5所示。网架操作平台脚手架均布置在混凝土结构上部，钢管下部加设钢板垫板，距底座下皮200mm设置纵向扫地杆和横向扫地杆；在南侧看台设置上人斜道，斜道为直跑式，宽1.2m，坡度1∶3，中间设置休息平台，斜道二侧均设置防护杆，高度1.2m；四周二层平台以上为混凝土框架结构，大部分无砌体，只有混凝土柱和框架梁，故在周边平台上搭设时，与框架柱、梁用钢管抱箍连接，作为脚手架与框架的连墙件，连墙件按一步一跨设置。

由于网架安装采用高空散装小单元吊装法，在网架安装过程中未形成支座支撑结构前，网架重量需要临时由脚手架支撑，支撑点均设在网架球节点处。为了满足整体结构的安全性，脚手架体需设置加密点，因此在整体脚手架操作平台施工完成后，利用全站仪，

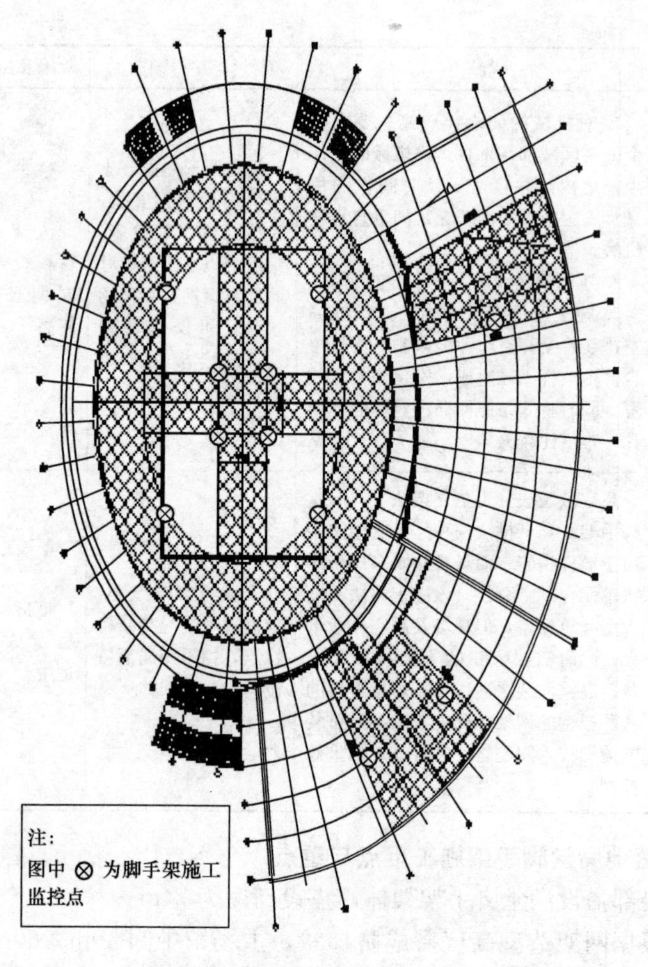

图 12.4.2-4　某学院体育馆球形网架工程脚手架搭设区域示意图

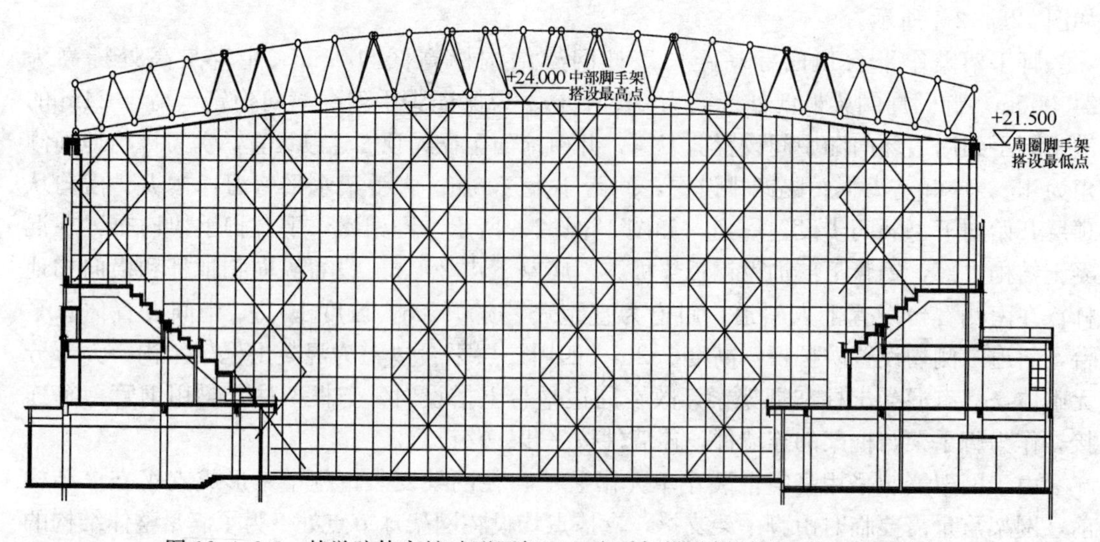

图 12.4.2-5　某学院体育馆球形网架工程脚手架搭设剖视图及剪刀撑示意图

确定支撑球节点位置，采用脚手架局部加密，横向、竖向立杆间距均为 $l_a=l_b=0.2$m，步距为 $h=0.8$m，如图 12.4.2-6 所示。

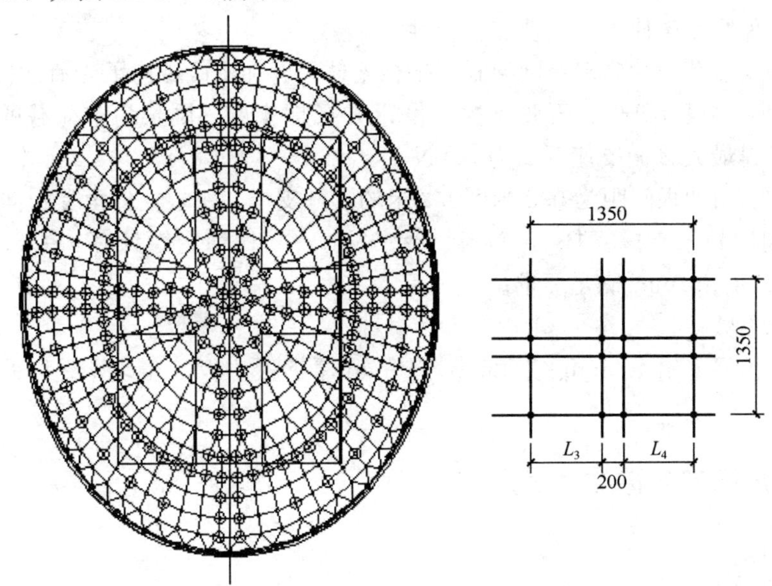

图 12.4.2-6 某学院体育馆球形网架工程脚手架加密区临时支撑设置示意图

脚手架加密区在承受支撑荷载时，200mm×200mm 立杆间距范围内，上部平铺 300mm×300mm×20mm 厚钢板过渡板，上部设置 20t 的液压千斤顶，千斤顶上部加垫 200mm×200mm×10mm 钢板垫板及 100mm 厚实木方，作为螺栓球节点的支撑平面，如

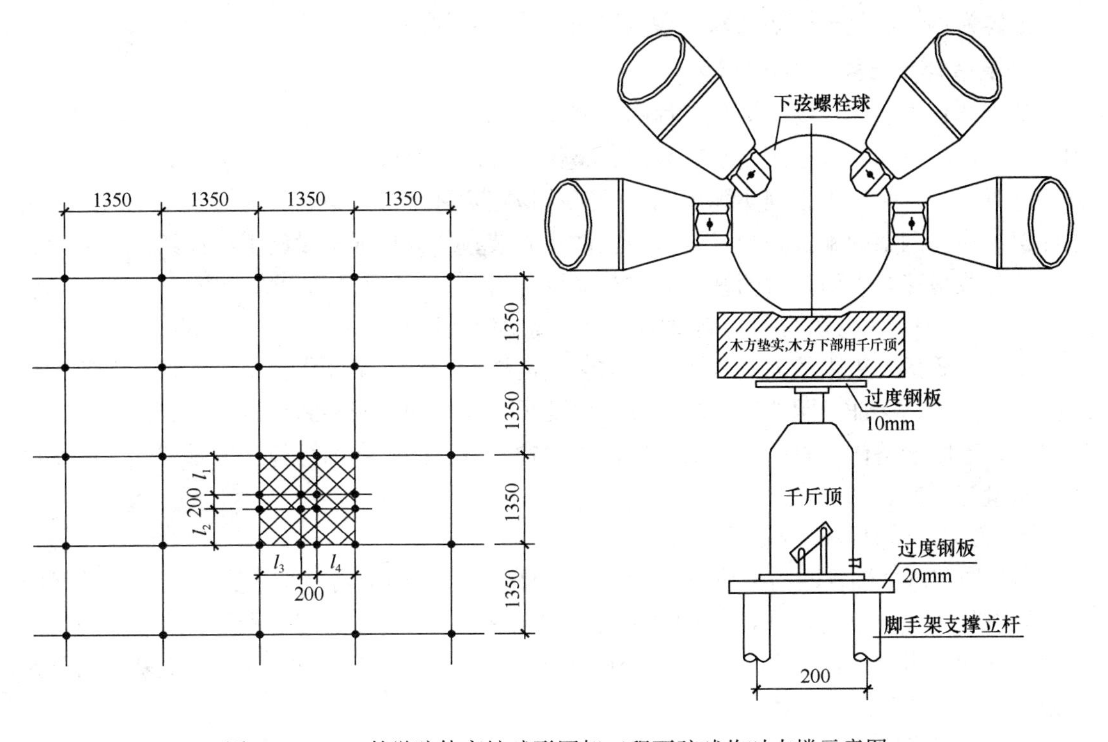

图 12.4.2-7 某学院体育馆球形网架工程下弦球临时支撑示意图

图 12.4.2-7 所示。网架在安装过程中，脚手架支撑仅为临时支撑，当网架支座部分安装后，调整下弦球支撑点支撑情况，使网架大部分重量荷载落在网架支座上，并传导至混凝土结构上，确保脚手架使用稳定性和安全性。

网架结构支点荷载的确定（网架施工平台架体只有加密区域为承受荷载架体）：

（1）利用网架设计软件，下弦支撑点设置成 Z 向支座，网架为空荷载的情况下进行程序计算，所得最大 Z 向支座反力为 60kN。

（2）支撑点由四根间距为 0.2 米×0.2 米的立杆支撑，每根立杆承受竖向压力为 60/4＝15kN，计算时每根支撑立杆 15kN×1.2＝18kN，立杆稳定性计算 $\sigma=67.033\text{N/mm}^2$ 小于 $[f]=205.0\text{N/mm}^2$ 满足要求。

（3）地基参数

基础底面扩展采用 400mm×400mm×10mm 厚钢板垫板；经计算立杆的地基承载力满足要求。

12.4.3　球形网架支撑体系优选

1. 工程概况

某市体育中心体育场一标段工程，地处西北风大严寒地区，建筑面积约为 25727.3m²。建筑层数：地上 5 层，局部有夹层；建筑高度 44.17m。体育场规模为 24000 座，含残疾人座位 50 个，主席台贵宾席 251 个。观众席（看台）及附设在看台下的辅助功能房间和在看台下东西两侧的办公用房、客房。体育场按乙级体育建筑设计，可举办地区性和全国单项比赛，也可承办文艺演出以及其他体育文化活动等各种规模的观演要求。看台主体为钢筋混凝土框架结构；金属屋面部分为空间网架钢结构。

2. 支撑体系方案策划与优选

某市体育中心体育场一标段工程的金属屋面部分为空间网架钢结构，根据其结构形式和施工条件的不同，可选用高空散装法、整体吊装法、分段（分块）吊装或高空滑移法等方法进行安装。结合本工程实际情况，开工前拟定两种施工方案，一为最为安全的搭设满堂红架体作为网架的施工平台，进行高空散拼安装；二为局部搭设施工支撑架体，地面拼装，并分段吊装，下面针对两种方案进行简要分析。

1）方案一：散支散拼落地满堂脚手架（高空散装法）

安全与质量是工程最大效益，高空散装法需搭设满堂红架体作为施工平台，保证了施工人员的安全，保证了网架整体的质量，保证了工程工期。网架施工过程中定位准确，及时纠偏，着眼于整体，着手于细节，保证工程顺利进行，不会因为施工中碰到的问题耽误工程质量与工期。

2）方案二：分段或分块吊装法

（1）先在每个轴线的桁架位置搭设支撑架体，把 28 榀主桁架焊接完成，每个轴线间的单元网架在地面组装完成，用 110t 两台吊车，把组装的单元网架吊到主桁架之间，再把外口的网架组装好，再在空中与先吊上的网架对接，这样就组成了轴线间最基本的单元网架。

（2）人字形网架是由杆件、螺栓球及配件拼装而成。施工人员可以采用滑轮或绳索将人字形网架吊起，在空中与先吊的球进行连接，网架单元的安装由中间位置向两边延伸拼装，上下弦同时安装，跟踪检测安装尺寸。在每个螺栓球上的各个杆件全部安装后，要及时检查螺栓是否拧紧到位，不可有松动和缝隙，各螺栓球支座要求平稳放置。网架在安装下一个网格时要复查前一个网格节点高强螺栓是否拧紧到位，不得有松动。网架构件全部安装完成后，检查每一个螺栓球节点，测量上下弦轴线，水平标高及挠度，其偏差必须在允许范围内，然后安装支托，拧紧支座螺栓，直至网架全部安装完成。

通过以上两种方案对比分析，散支散拼落地满堂脚手架（高空散装法）虽然经济方面考虑不如地面拼装、分段吊装有利于成本控制，搭设满堂红支撑架体空中散拼造价要高，工期方面也不如地面拼装、地面拼装施工工期短，但当地气候恶劣，风大，不利于吊装大型构件，再加上本工程业主极其注重安全且工程结构和工人人身安全始终放在首位，故综合考虑安全、工期、质量和成本等要求，经优选放弃地面拼装、分段吊装法，决定采用散支散拼满堂脚手架体（高空散装法）施工，并利用汽车吊和塔吊进行构件吊装，在脚手架平台上进行网架安装施工。

3. 散支散拼落地满堂脚手架施工难点与重点

脚手架搭设在体育场看台上，看台周边有环形临时施工道路，沿看台 A 轴线一侧设有三台塔吊，基本能覆盖施工作业面。脚手架搭设顺序与网架屋面施工顺序相同，如图 12.4.3-1 所示。

满堂脚手架主要作为网架安装的拼装平台以及网架卸载前的临时支撑；脚手架需按照预先划分的施工段逐段提供给网架安装工序，待全部网架安装完成后再进行拆除；脚手架搭拆的关键是如何保证场馆类环形脚手架的稳定性，也是散支散拼落地满堂脚手架施工的难点与重点。

本脚手架采用扣件式脚手架，脚手架搭设平面尺寸为网架轮廓线外 1m，搭设高度为网架下弦标高向下 300mm 位置；搭设高度约 5m～37m 不等；脚手架立柱垂直于看台踏步方向间距为 1m，平行于立柱方向立柱间距为 1.5m，脚手架搭设步距为 1.5m，如图 12.4.3-2 所示。

由于脚手架搭设在混凝土看台上，计算脚手架重量及脚手架承受的施工荷载组合后是否大于看台混凝土的承载力，进而决定是否进行加固处理措施。

根据现场整体建筑施工的需要和现场道路的布置情况，设置由地面至脚手架操作平台的之字形人行通道，以便施工人员上下通行。并搭设从脚手架外部向建筑物内部通行的安全通道，供场馆内其他专业施工队伍施工通行。对已搭设完成的脚手架及各之字形人行通道外侧竖向安全网整体维护，并做好防火措施。脚手架在搭设和使用阶段，周围应设置安全警示带，根据现场整体建筑施工的需要，按照建筑施工的作业分层，在脚手板下部搭设平兜安全网；脚手架搭设阶段及施工阶段，应避免交叉作业施工，以防发生因高空坠物导致的安全事故。

本工程网架安装采用高空散装小单元吊装法，具体实施参见上述 12.4.2 散支散拼钢网架支撑体系优选的相关内容。

满堂支撑架作为施工平台，配合吊车进行网架屋面吊装，分别如图 12.4.3-3 及 12.4.3-4 所示。

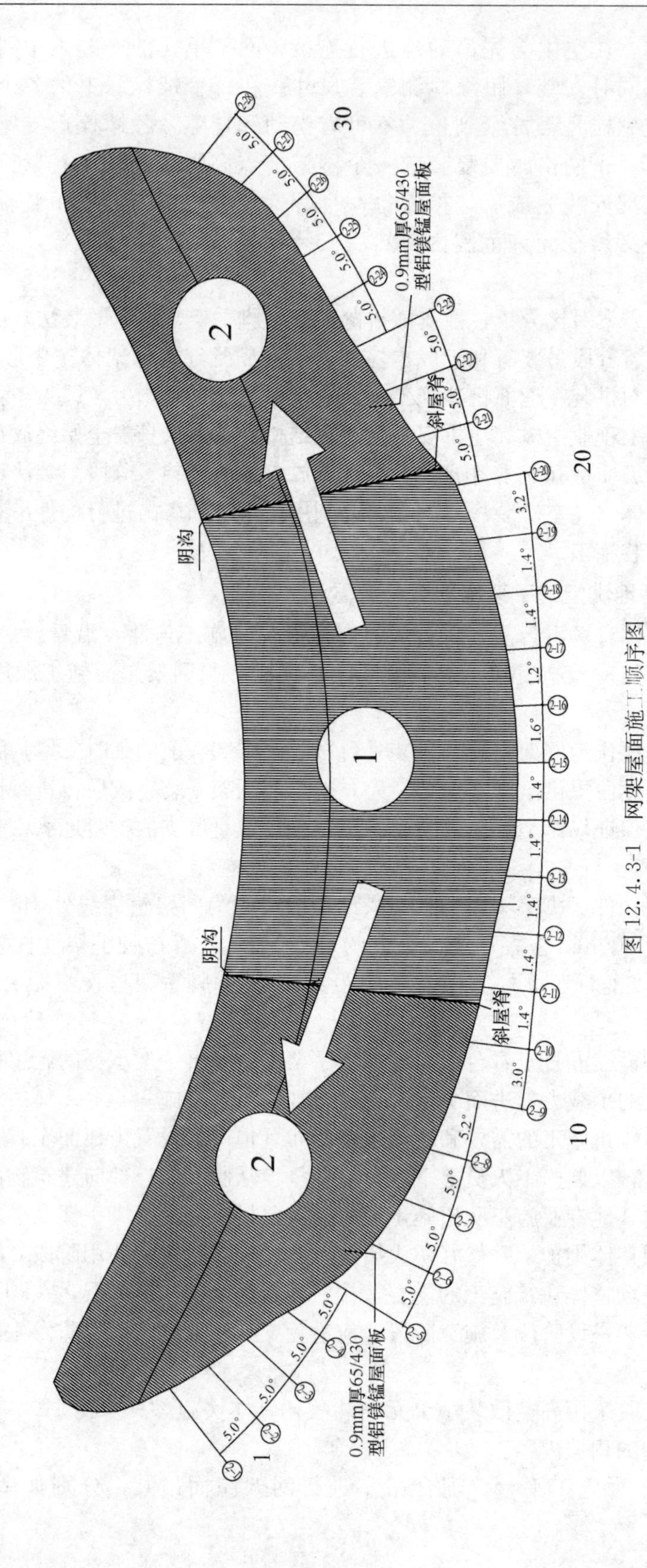

图12.4.3-1　网架屋面施工顺序图

图 12.4.3-2 架体搭设实景图

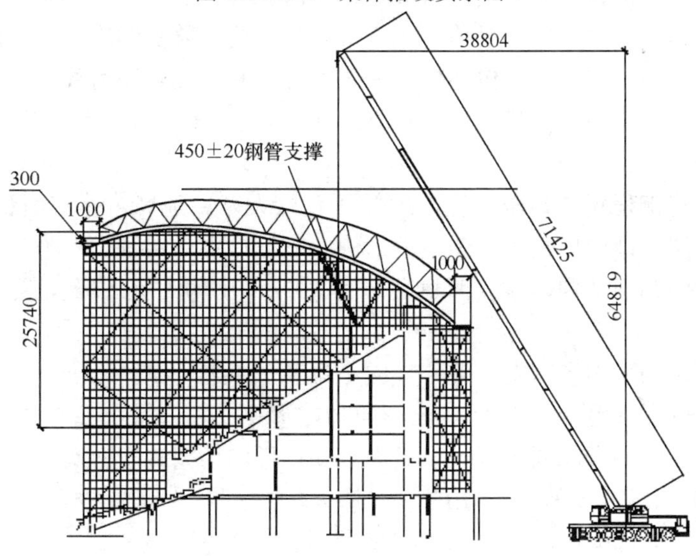

图 12.4.3-3 网架屋面吊装图

图 12.4.3-4 网架吊装实景图

12.4.4　滑移支撑架施工方案优选

钢结构的施工方法决定架体的支撑方式，不同的施工方法决定采用不同的支撑架体。

大跨度空间钢结构常用的安装方法有：高空散装法、分块或分段安装法、整体吊装法、整体提升法、整体顶升法、滑移法等。近些年，随着钢结构工程的日趋增多、增大，大量的工程应用和技术创新带来了新的施工方法，如整体张拉法、网壳结构外扩法、悬臂安装法等。下面以某集团公司承揽施工的某地机场改扩建工程新航站楼项目为例，重点介绍钢结构滑移法安装中采用的支撑架。

滑移安装法是指在具备拼装条件的位置把结构整体或局部先组装成型，再在预先设置的滑轨上滑移到设计位置拼装成整体的安装方法。滑移时滑移单元应保证为几何不变体系，并应具有足够的强度、刚度和稳定性，不宜改变原结构的受力状态。对大跨度桁架结构而言，可采用逐榀滑移、节间整体滑移和累积滑移等方法。

按照滑移过程中移动对象，滑移施工法可分为结构滑移法和胎架滑移法。结构滑移法的特点是胎架不动而结构滑移，包括单元分块滑移法和单元累积滑移法。胎架滑移法的特点是结构不动而支架或胎架滑移。按滑移方式的不同，可以采用不同的支撑体系。

1. 工程概况

某机场改扩建工程新航站楼工程，地处西北风大寒冷地区，建筑面积 119149m^2，地下 1 层，地上 2 层，结构形式为框架、钢结构。航站楼主体结构类型为预应力钢筋混凝土框架结构，屋顶为钢架结构。建筑两翼翼展为 490m，建筑中心位置，为直径 108m 的大型穹顶。

A 区屋面钢结构采用径向主桁架＋环向主桁架的结构形式。径向主桁架共 24 榀，在其外侧端部下方设有 Y 形钢支撑柱，柱脚通过球形钢支座与混凝土柱顶连接；混凝土柱顶标高为 21.8m，中心沿圆周布置，半径为 54m；环向桁架共有两圈，分别位于径向主桁架的两端，如图 12.4.4-1 所示。在内圈环桁架的内部，为穹顶中心球壳结构，直径为 20m，顶部标高为 45.364m，如图 12.4.4-2 所示。

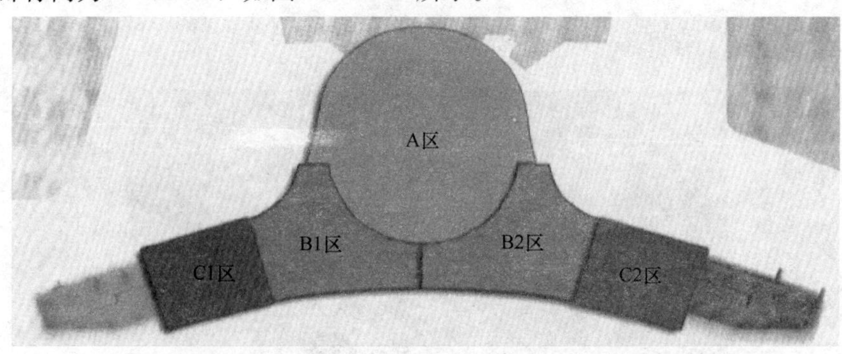

图 12.4.4-1　某地机场航站区扩建工程分区图

2. 支撑体系方案策划与优选

该机场改扩建工程新航站楼工程跨度为 108m 的穹顶结构主要由直径 20m 的中心球壳、内环桁架、24 榀主桁架以及主桁架之间扇形区域网壳、外环桁架组成。穹顶结构通过 Y 形钢支撑与柱顶标高 21.8m 的混凝土柱相连接，穹顶与 Y 形钢支撑直接通过铸钢球

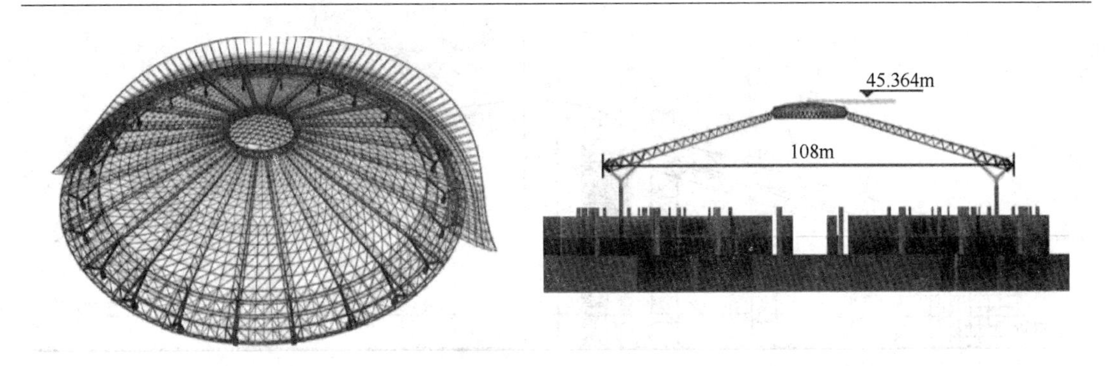

图 12.4.4-2 穹顶示意图

节点连接。

1）根据本工程情况，在施工前期策划时，主要拟定了三套支撑架体备选方案：

（1）方案一：满堂脚手架施工方案

该方案基于工程钢结构安装为主桁架分段吊装，其余钢构件搭设满堂脚手架平台进行高空散件拼装。脚手架搭设如图 12.4.4-3 所示。

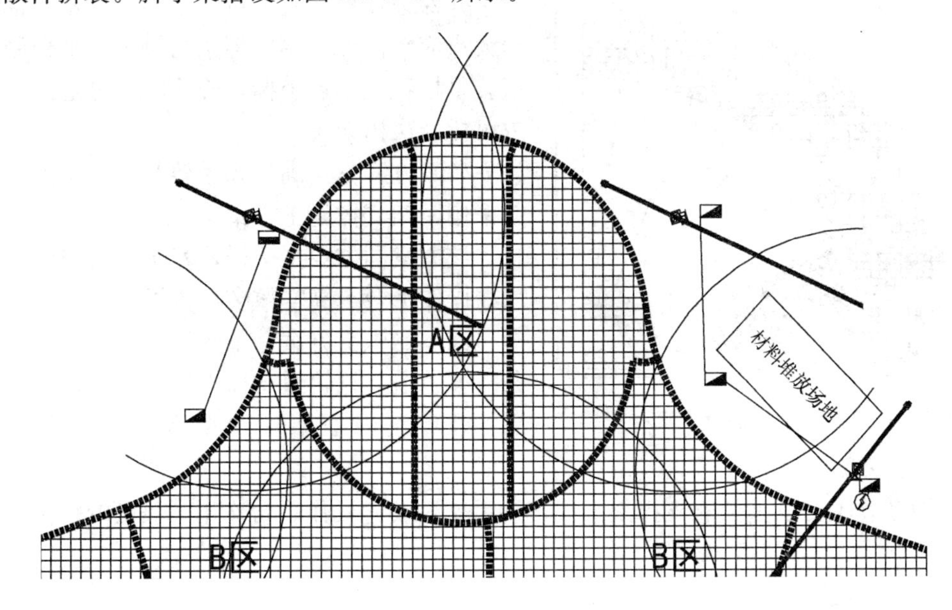

图 12.4.4-3 脚手架搭设示意图

满堂脚手架的初步选型为 1.5m×1.5m×1.5m，脚手架钢管采用 ϕ48.3×3.6mm。满堂脚手架搭设的最大高度约 45m。

（2）方案二：满堂脚手架配合螺栓球网架平台施工方案

该方案基于主桁架的安装采用在操作平台上高空散装，整榀桁架安装完成后滑移施工的施工方案。操作平台采用扣件式满堂脚手架，其搭设如图12.4.4-4 及图 12.4.4-5 所示。

本工程主桁架的安装采用在操作平台上高空散装，即将制作好的构件用起重设备吊装至安装位置，组成整榀桁架后测量检查误差在允许范围内时将万向球形支座与混凝土梁上的预埋件焊接。当天安装的桁架必须严格按照流程当天全部完成以形成稳定的空间体系，

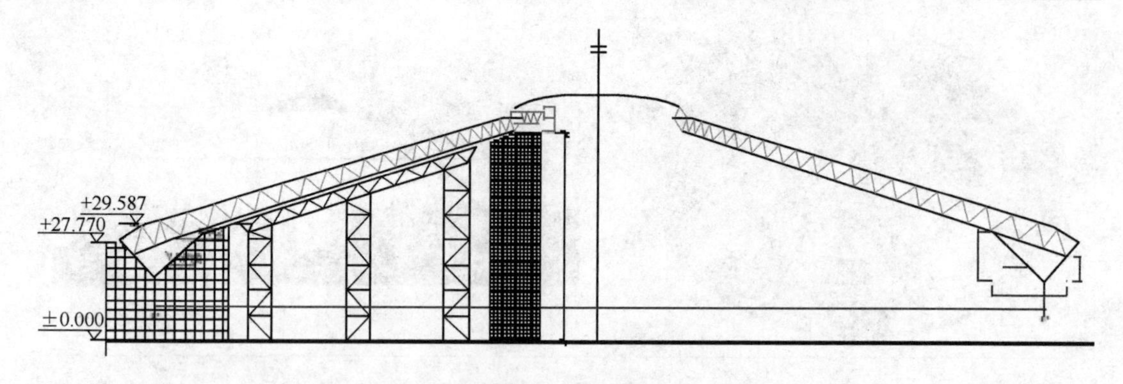

图 12.4.4-4　脚手架搭设立面示意图

并与脚手架及滑移平台可靠连接，防止因为风力过大或别的意外原因造成单榀失稳。

为保证次桁架的精确度，拼装应在专门制作的工作平台上进行。根据施工图在平整的地面上放样并标出次桁架各节点控制坐标，用型钢按控制坐标搭建成拼装平台，型钢之间可采用螺栓连接也可采用点焊连接；平台要严格水平并保证在桁架拼装过程中的几何不变性；平台大小应能保证整榀次桁架的拼装。平台制作完毕，复核各控制点坐标，确认在许可范围之内后方可拼装次桁架。

图 12.4.4-5　脚手架搭设平面示意图

(3) 方案三：满堂脚手架配合三条滑移轨道并采用塔架支撑施工方案

该方案同方案二一样，基于主桁架的安装采用在操作平台上高空散装，整榀桁架安装完成后滑移施工的施工方案，不同的是该方案设置了三条滑移轨道，且轨道支撑内环和中环采用塔架支撑，外环利用框架柱及型钢轨道支撑。如图 12.4.4-6 所示。

结构散装主要承重依靠支撑架系统，脚手架主要起操作平台作用，兼做较轻构件（网壳）承重。

2) 方案优选

(1) 方案一：满堂脚手架施工方案

① 优点

脚手架搭设形式简单，容易操作。

因采用的为常规扣件式钢管脚手架，为常规三大工具，租赁方便。

整个钢结构安装过程全部在操作平台上进行，施工安全性较好。

因脚手架为满堂搭设，楼板受力为均布荷载，主体结构安全性易于保证。

相比塔架支撑等脚手架形式，为工具式安装，无须焊接等作业，节能环保。

② 缺点

脚手架搭设工程量大，搭设须占用大量工期，对总工期影响较大。

脚手架搭设全部采用人工，须投入大量的人力，工程代价高。

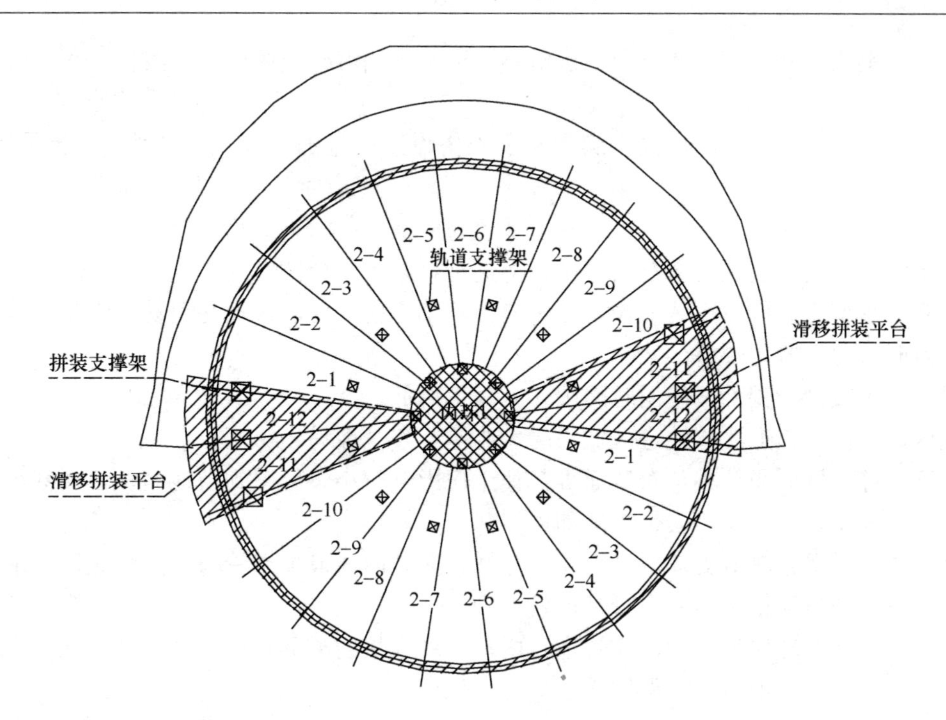

图 12.4.4-6 脚手架支撑架布置位置示意图

脚手架使用时间长、工程量大，费用高。

脚手架架体较高，因其同时作为支撑平台，受力性能要求较高。

脚手架拆除不方便，楼内外运输不便。

支撑区域较大，造成相关区域停工时间较长，无法交叉作业。

(2) 方案二：满堂脚手架配合螺栓球网架平台施工方案

① 优点

脚手架搭设工程量较小，仅为满堂脚手架搭设工程量的 1/12，形式简单，容易操作。

脚手架搭设工程量较小，占用工期少，对总工期影响较小。

主桁架安装采用螺栓球网架平台，安全性容易保证。

整个钢结构安装过程全部在操作平台上进行，施工安全性较好。

投入人工较少，脚手架使用时间少，工程代价低。

仅内外滑移轨道区域为受力支撑，安全性易于保证。

由于支撑区域面积较小，对地面等其他工序影响较小，可做到与地面、墙面甚至吊顶同步施工，仅做好交叉作业安全措施即可。

② 缺点

主桁架螺栓球网架平台须采用工厂加工，工期长，代价高，且无法周转利用。

108m 跨仅设内外环两道支撑，楼板支撑压力大，结构安全性较差。

内环由于半径较小，滑移期间受侧向水平推力较大，对支撑抗滑移等安全性要求较高。

因采用螺栓球网架平台，须单独订货加工。

因受力区域集中，对主体结构受力要求较高，尤其内环区域必须采取非常有效的加固措施。

（3）方案三：满堂脚手架配合三条滑移轨道并采用塔架支撑施工方案

① 优点

脚手架搭设工程量较小，仅为满堂脚手架搭设工程量的 1/6，形式简单，容易操作；且占用工期少，对总工期影响较小。

主桁架安装采用塔架支撑平台，安全性容易保证。

整个钢结构安装过程全部在操作平台上进行，施工安全性较好。

满堂脚手架完全作为拼装平台，受竖向力较小，搭设可以最大化简易，满足构造要求即可，省时省力，费用较低。

投入人工较少，脚手架使用时间少，工程代价低。

设内、中、外三道滑移轨道区域为受力支撑，安全性易于保证。

由于支撑区域面积较小，对地面等其他工序影响较小，可做到与地面、墙面甚至吊顶同步施工，仅做好交叉作业安全措施即可。

因设置三道滑移轨道支撑，受力相对分散，尤其内环最高点受力压力骤减，无论对主体框架结构还是对钢结构桁架自身都比较有利。

由于中环、外环作为主动滑移轨道，内环仅作为从动滑移轨道，受力最不利点内环区域基本不受水平侧向推力，高架体安全性容易保证。

相比中环和内环，中环半径明显较大，使滑移过程中的水平推力明显降低，且更容易设置较多顶推点，从而更大程度上减小水平滑移推力。

由于中环和外环半径接近，更容易实现同步滑移，减小滑移过程的不安定性。

② 缺点

支撑点相对仍较少，楼板支撑压力依然较大，须对主体框架结构安全性进行验算，必要时采取有效加固措施。

由于跨中增设一道支撑，对钢结构桁架自身会造成一定内力变化，须与设计沟通计算结构自身的安全性。

（4）方案确定

基于以上三个方案优缺点的分析，鉴于本工程工期紧、任务重，如采用方案一，脚手架搭设工程量约 35 万 m^3，仅搭拆脚手架时间即需要约 4 个月，而该地区正常施工时间仅为 6 个月（冬施期一般为 10 月 15 日至次年 4 月 15 日），因此，时间上不允许。同时，考虑如此规模的脚手架搭设须耗用大量的人力、财力，从经济角度也不允许。所以综合各方面因素，虽然此方案脚手架搭设具有形式简单，容易操作、施工安全性较好、节能环保等优点，但此方案对本工程而言代价过大，无法接受，故无法选用。

方案二和方案三均为满堂脚手架配合塔架支撑方案，不同的是支撑点位和数量的设置不同，主桁架操作平台的选择不同。

对于此两点不同，第一，相比方案二，方案三仅在中环加设一道轨道支撑塔架，虽然增加了 12 个支撑塔架，但是，由于此支撑的增加分摊了内环支撑的一部分支撑“压力”，同时使整个结构在滑移期间更趋向于“均布荷载”，无论对于主体结构楼板的受力还是支撑架体自身的受力都大大降低，从而对于塔架支撑结构的设置以及满堂架体构造的设置都极大的可以简化，从而在总量上不会增加更多造价。同时有效解决了滑移过程中内环由于半径较小，滑移期间受侧向水平推力较大的问题，安全性更容易保证。从安装工艺上，由于中环和外环半径接近，更容易实现同步滑移，减小滑移过程的不安定性。

第二，相对于螺栓球网架平台，满堂架体平台虽然会占用部分场地，虽然会增加部分直接造价，但是其由于使用周转材料搭设，材料易寻，安装快捷，可最大程度缩短前期工期准备，加快施工进度，且该平台易于拆改，可随施工进度随时调整。

根据本工程现场实际情况，综合考虑安全、工期、质量和成本要求，经优选决定对本项目穹顶钢结构工程安装最终确定选用方案三进行施工，即采用满堂脚手架配合三条滑移轨道并采用塔架支撑施工方案，即滑移支撑架。

3. 屋面穹顶钢结构滑移支撑架施工重点与难点

本工程 A 区屋面穹顶钢结构滑移支撑架施工的重点与难点在于三条滑移轨道装置的搭设与结构滑移时同步性，以及临时胎架支撑体系设计。

本工程 A 区屋面穹顶钢结构采用对称旋转累积滑移安装，分为完全轴对称的两个滑移单元，沿环向同方向同时逐榀累积滑移。其中穹顶中心球壳在高空胎架上散拼成型，下设滚轮，在主桁架旋转滑移时，同时沿圆心自转，总滑移重量约 1550t。

在结构左右两侧分别搭设两跨拼装平台，一跨平台拼装焊接使用，一跨平台打磨、补油漆涂装使用。内部压力环先完成拼装，左右结构再同时拼装，对称旋转累积滑移。

1）滑移轨道装置

结构布置内、中、外三环滑移轨道，内环布置在压力环下方（半径 10m），如图 12.4.4-7 及图 12.4.4-8；中环布置在半径 24.479m 上，如图 12.4.4-9 所示；外环布置在穹顶结构柱上（半径 54 米），如图 12.4.4-9 所示，采用不等标高带柱滑移；在结构外环和中环布置爬行器动力装置，内环安装轮子作为从动轨道。

结构外环柱滑移采用比设计标高抬高 20mm 的形式，滑移到位后，对钢柱下支座进行塞装并与钢柱上部焊接，最后进行钢柱卸载固定焊接。

图 12.4.4-7 内环塔架及满堂脚手架支撑平台效果图

本工程中屋面钢结构的滑道共设置三条，分别位于环桁架 2 下方柱脚（R_1＝54m）、

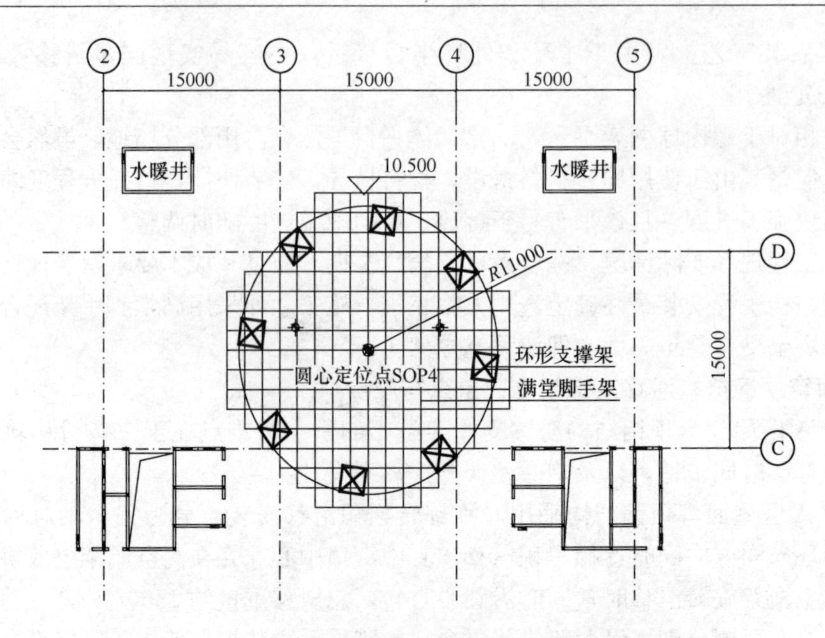

图 12.4.4-8　内环塔架及满堂脚手架支撑布置位置示意图

图 12.4.4-9　中环塔架及外环支撑轨道梁位置示意图

径向主桁架跨中下方（R_2＝24.479m）和环桁架 1 下方（R_3＝10m）。其中外、中环为主动滑道，各自配置液压顶推器进行滑移驱动；内环为被动滑道，沿圆周对称设置 8 套滚轮装置，由其他两条滑道提供的驱动力从动滑移。

在外、中环滑道上根据单个滑移支点及总的反力值，配置满足总的液压顶推力需求的液压顶推器数量，以保证滑移过程中屋面钢结构的稳定和安全。内环滑道的驱动力考虑由中环滑道上的液压顶推器提供，故将内环滑道所需的驱动力合并计算至中环滑道上。

滑移单元共计对称两个，由于各条轨道上的滑移支座数量以及自重分布不均匀，故需按工况计算最不利结果进行滑移顶推设备配置。

滑移轨道及满堂红支撑架体实景如图 12.4.4-10 所示。

图 12.4.4-10 滑移轨道及满堂红支撑架体实景图

2）结构滑移同步性

滑移施工采用液压同步累积滑移，滑移的同步性由计算机控制，然而受滑道摩擦系数的差异、爬行器推力计算误差及其他各种偶然因素的影响，滑移过程中各滑道之间可能会存在不同步的现象，对结构产生影响，结构不同步控制值最大取 50mm。

计算分析选取结构整体性最弱时即第一次滑移状态进行校核结构杆件的受力情况。

为了保证不同步滑移最终对结构性能不受影响，在每次滑移结束拼装下一单元时，都要对结构不同步状态进行调整，对结构支点位置调整到符合设计尺寸，对不同步滑移产生内力进行释放。

具体调整方法为：通过液压控制系统对滞后部位采用爬行器进行补推以达到同步位置。

3）临时胎架支撑体系设计

（1）滑移胎架竖向支撑体系可采用格构式型钢柱、桁架体系，也可采用普通钢管脚手架，胎架及钢格构架应具有足够的强度和刚度。经计算可承担自重、拼装桁架传来荷载及其他施工荷载，并在滑移时不产生过大的变形。

（2）胎架设计需要易于搭拆，必要时根据高度做成标准节（类似于塔吊标准节），可通用。

（3）胎架的下部底盘需要用型钢或钢管做成，整体胎架固定在铺设于楼面的型钢格构架上，如图 12.4.4-11 及图 12.4.4-12 所示。

（4）滑移胎架在 1/2 高度及顶部利用环形桁架进行有效连接，中部环桁架主要用于增加胎架的整体刚度，上部环形桁架主要作为滑移轨道的支撑平台，同时，亦可增加胎架的整体刚度。

（5）根据上部荷载和楼面（地面）承载力确定楼面（地面）是否需要加固处理。由于轨道为环形，底部无法全部落于有梁位置，故一般需在下部结构楼板下增加局部脚手架支撑，用于承担超出楼板承载力之外的荷载。

图 12.4.4-11　内环滑移轨道下部支撑系统图

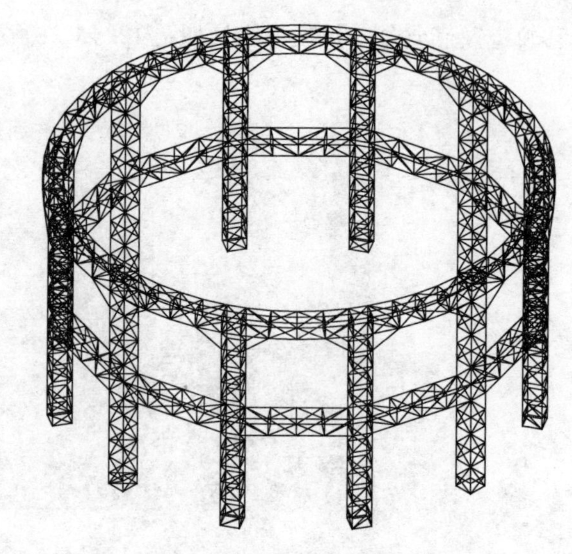

图 12.4.4-12　中环滑移轨道下部支撑系统图

（6）拼装支撑架杆件，如图 12.4.4-13 所示。

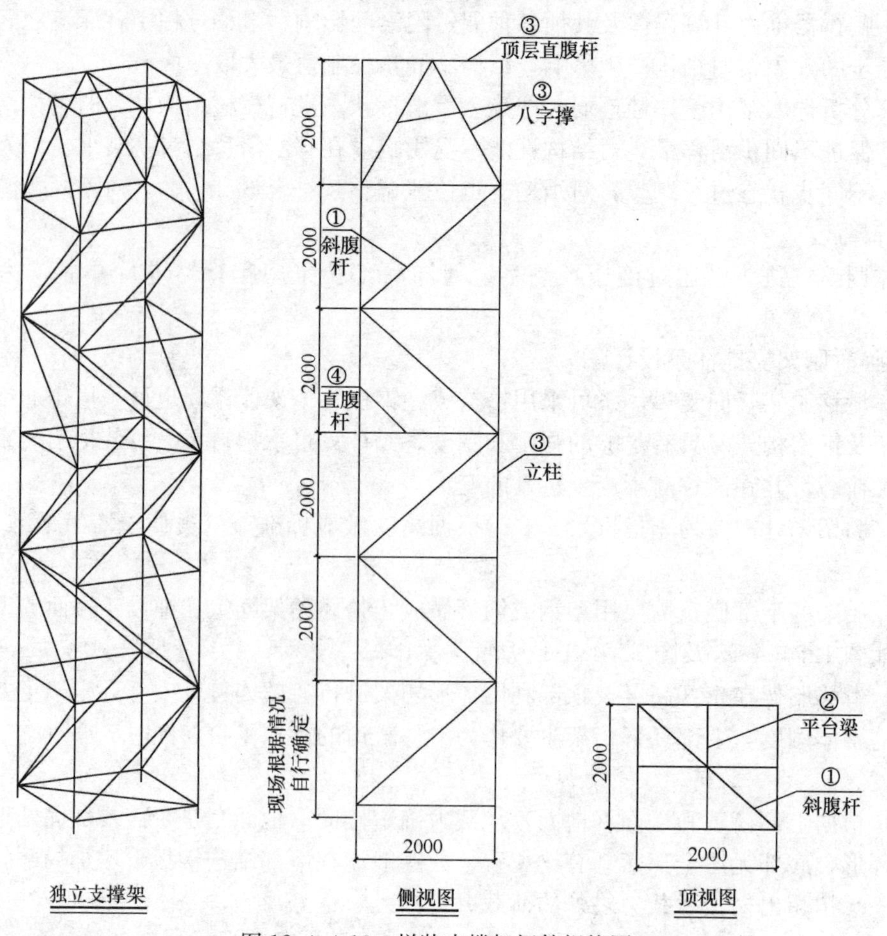

图 12.4.4-13　拼装支撑架杆件规格图

12.4.5 分段（分块）吊装法支撑体系

本案例主要介绍大跨度钢结构拱桁架体系安装时采用的架体支撑方式。此类大跨度拱桁架体系常用的安装方法有：高空散装法、分段（分块）吊装法、整体吊装法、整体提升法、整体顶升法、滑移法等，应根据现场生产进度等实际情况确定技术先进、经济合理、安全适用的临时支撑架体。

下面以某集团公司承揽施工的某市机场航站楼工程项目为例，重点介绍采用分段（分块）吊装法进行大跨度拱桁架体系高空对接拼装的支撑体系。

1. 工程概况

某市机场新建航站楼工程，地处西北风大寒冷地区，建筑总面积为54499.45m^2，航站楼主体为预应力框架结构和钢结构，由两榀大跨度钢结构主拱箱梁将屋面结构悬挂，并与纵向的中心拱和其他构件共同形成了稳定空间结构体系，形成主楼二层无柱空间。两榀变截面箱型刚性斜主拱落地跨度为205.44m，拱脚距离50.4m，拱顶距离12m，主拱最高高度40m，拱与地面成64°，主拱平面内半径约141.1m；拱断面采用下大上小的变高度箱型断面，由钢板焊接而成，翼缘宽度1.4m不变，截面高度由1.8m至1.4m渐变，壁厚25mm，在拱的自身斜平面内呈圆弧形。

屋面中间最高点高度30m，主拱与沿纵向中心拱、两边纵向联系梁、横向屋面梁、斜腹杆构成两个连体空间三角形桁架，形成了稳定的空间结构。屋面梁断面为焊接H型钢，两端悬挑梁为变断面，梁高由300mm变为700mm，两边纵向联系梁采用箱型断面，主拱斜拉杆采用圆钢管，在两个主拱最高点设有两根撑杆。中心拱位于屋盖中间，为纵向圆拱，采用箱型断面，其两端设置了落地支架将水平推力传到下部结构，充分发挥钢结构与混凝土结构各自的优越性。

航站楼由主楼、指廊和连廊组成，主楼和指廊通过之间连廊连接。主楼长205.44m，宽60m。指廊长552m，宽27m，地上主体建筑2层。一层为旅客到港层，夹层为旅客到港通道层，二层为二层旅客出港层，局部三层为办公。

2. 支撑体系方案策划与优选

该机场新建航站楼工程结构形式为混凝土框架及钢结构，7.2m以下为混凝土框架梁板，南北方向跨度92m，东西方向长度168m，上部为两榀变截面箱形刚性斜主拱，落地长度205.44m，主拱平面内半径约141.1m，拱断面采用下大上小的变高度箱型断面，由钢板焊接而成，翼缘宽度1.4m不变，截面高度由1.8m至1.4m渐变，壁厚25mm，在拱的自身斜平面内呈圆弧形，拱顶距离12m，主拱最高高度40m，拱与地面成64°角，主拱自重391.7t。

根据本工程情况，可选择整体吊装法和分段（分块）吊装法。

方案一：整体吊装

整体吊装法是指大跨度空间钢结构在地面拼装成整体后，采用单根或多根拔杆，一台或多台起重机进行吊装就位的施工方法，吊装时可高空平移或旋转就位。

焊接量几乎在地面进行，能够保证施工的质量，但对起重设备的能力和起重移动的控制尤为重要。

整体吊装可以减少支撑架体的数量，需增加架体的承载能力。

根据本工程情况，钢结构重量吨位过大，又地处西北风量较大，故整体吊装施工难度大，所以不宜采用。

方案二：分段（分块）吊装

分段或分块吊装法是将结构进行合理的划分，然后由起重设备吊装至设计位置，完成高空对接拼装，形成整体的安装方法。

结构划分的大小视起重设备的能力大小和结构状况而定。施工难点和重点是吊装单元的合理划分，吊装单元必须自成体系，并保证足够的刚度，以确保吊装过程中吊装单元的稳定性以及变形等满足要求。

分段（分块）吊装时自重必须外加支撑体系来完成，所以在主拱的投影弧线上同样根据混凝土结构梁、柱位置、间距等设置底部承重支撑。其位置尽量选在每两横轴中间附近，即在各撑杆与斜主拱相交点附近，主拱下各支承架设置在每两轴中间，既能符合斜主拱承重定位拼装要求，也满足各撑杆的安装施工。

针对工程的结构特点及施工顺序和方法，同时结合现场的施工环境，合理选择支撑架体的形式及规格。可采用格构柱架体支撑，该格构柱以6m为一个标准节，并可根据不同的主拱安装形式，以及施工顺序进行支承架的布设。也可采用满堂红脚手架作为支撑体系。

根据本工程现场旷野风大等实际情况，综合考虑安全、工期、质量和成本要求，经优选决定对本项目大跨度钢结构拱桁架体系采用格构柱支撑架体进行分段（分块）吊装施工。

3. 分段（分块）吊装法格构柱支撑体系施工的重点与难点

本工程钢架的主拱为高空分段拼装，吊装前需搭设高空安装支承架及作业平台，以满足施工及安全要求。针对本工程的结构特点及施工顺序和方法并考虑到机场处于郊区旷野，风量比效大，为提高安全系数，主拱支承架采用6m为一个标准节的格构柱，承载能力较大（42m支承架可支撑38.6t荷载），现场根据不同主拱安装形式及施工顺序进行支承架的布设。

本工程钢结构采用分段（分块）吊装法施工，所采用的格构柱支撑体系的施工重点与难点在于格构柱支撑架体的合理分段与设计计算，以及安装机械设备的选择与拆撑卸荷。

1）格构柱支撑架体的合理分段

根据航站主楼的结构体系分析，斜平面主拱同时承担屋面竖向荷载和水平荷载及幕墙风荷载，主拱平面外稳定由相连的三角形桁架保证，相连的三角形桁架是通过主拱箱型梁ZG1、中心拱ZG2及大厅屋面拱梁WL1在G轴、K轴柱顶位置通过钢管拉杆支撑相连接，形成两个变截面的三角形桁架，最后在两根主拱箱型梁ZG1的顶部中间采用三根钢管支撑连接，从而形成稳定的空间结构体系。

结合设计结构节点详图可知，应首先安装周边钢柱及钢柱间连梁，然后安装中心拱梁ZG2和大厅屋面拱梁WL1，WL1钢梁一端安装在G轴、K轴钢柱上，另一端与中心拱梁ZG2相连，中心拱梁ZG2两端与19轴、33轴上箱型梁LXL1连接，在主拱未能形成三角形桁架之前，整个屋面钢结构的中心部分荷载全由中心拱梁ZG2来支撑。综上因素确定在中心拱梁ZG2的下面设置支撑，考虑到与中心拱梁ZG2的节点全部在20—32轴上，中心拱梁ZG2在每条轴线下方设置一个承重支撑架，共13个。

根据对本工程结构体系的受力分析，主拱箱型梁 ZG1 为主要受力杆件，安装未拢合前不能作为结构体系的主支撑构件。在安装主拱箱型梁 ZG1 时，必需设置承重支撑架，在分段吊装时自重也必需外加支撑体系来完成，在主拱箱型梁 ZG1 的投影弧线上设置 20 个支撑点，另在安装两端的弧形悬挑梁时也需各设置三个承重支撑架。

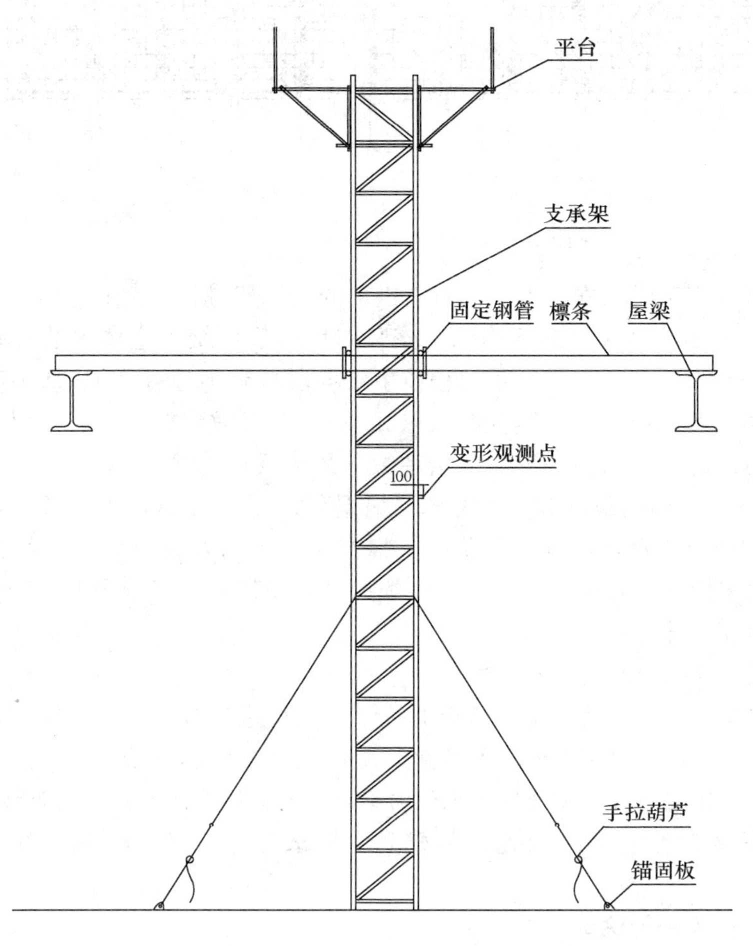

图 12.4.5-1 主拱支撑架顶平台及固定示意图

2）格构柱支撑架体的设计计算

（1）钢结构设计每榀斜主拱分为 21 段，分段点位置基本上在每两横轴中间附近，即在各撑杆与斜主拱相交点附近，斜主拱下各支承架设置在每两轴中间，既能符合斜主拱承重定位拼装要求，也满足各撑杆的安装施工。每个支承架搭设前，该跨屋梁已安装完毕，支承架上部临时采用檩条将支承架与屋梁连接固定，必要也将支承架顶端用缆绳与屋梁上的檩托板拉牢，以确保支承架上部稳定性；同时在支承架屋梁与楼面之间中部用缆绳与楼面锚固板拉牢固定，缆绳上设有葫芦以便于调节，并在支承架下部焊上 ϕ48.3mm×3.6mm 短钢管，用脚手钢管将支承架下部连牢，确保支承架体的整体稳定性。斜主拱下支承架布置及固定如图 12.4.5-1 所示。

（2）中心拱支撑架立面布置图，如图 12.4.5-2 所示。

（3）支承架承载内力验算

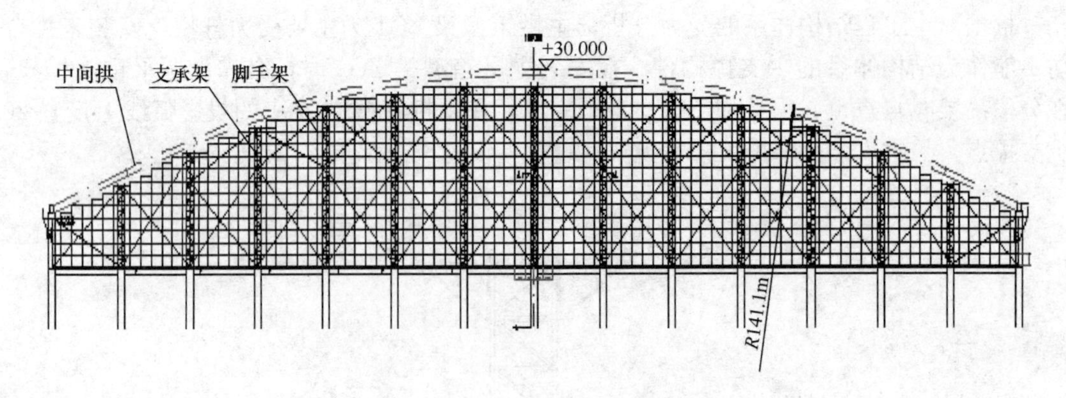

图 12.4.5-2　中心拱支撑架立面布置图

为确保结构施工时的安全可靠，对主拱下的支承架进行内力和稳定性计算分析。首先确定临时支承架的最大竖向反力值，该竖向反力值由结构主体安装过程中，在临时支撑处产生的最大反力值确定。本工程各主拱各段自重不超过22t，取最高临时支承架32m进行验算，验算时支承架竖向荷载取22t，同时考虑到施工的影响以及其他不确定的因素，计算时将该反力值乘以1.2倍系数，最大反力为220kN×1.2＝264kN。顶部水平荷载按20％竖向荷载（4.4t）考虑。根据荷载作用大小和作用形式对支架进行结构受力分析和稳定验算，经计算，临时支撑在竖向反力及自重作用下的最大竖向挠度为2.88mm。采用此形式临时支撑并设置缆风绳，支架受力安全合理，变形、强度及稳定性均满足规范要求。

（4）楼板下支撑架的设计及验算

在施工过程中，上部结构施工荷载通过支承架传递到楼面，为确保楼面的保护和安全，需在各支承架对应部位的楼面下设置支撑架体，将荷载传递地面。通过对钢管支撑架稳定性验算和支撑架立杆底座及地基承载力验算，本工程楼面下各支承架部位设置的钢管支撑架体，完全满足上部结构施工荷载受力要求。支撑架体的平面布置尺寸，如图12.4.5-3所示。

4. 安装机械设备的优选

进行吊装机械的选择时考虑吊装机械吊装单体重量最大时、在工作半径最大时的起重参数。根据钢结构施工图和设计对主拱梁的分段要求，本项目单体重量最大的为主拱梁ZG1最重单段，其重量约15t，在吊装机械工作半径最大时吊装单体重量最大的26轴、G轴上的钢柱ZZ2（约8t），吊机的工作半径约54m；根据以上的吊装特定要求，采用7707型300T履带吊机作为本工程的主吊机。

5. 拆撑卸荷方案优选

本工程在卸荷前，整个钢结构荷载分别由钢柱、支撑架及主拱承担，卸载时支撑架上所承受的荷载逐渐过渡到钢柱和主拱上，最终形成稳定的承载体系。卸载过程是使屋盖系统缓慢协同空间受力的过程，卸载时应遵循“变形协调、卸载均衡”原则，采用从中间向两边逐步卸荷的方案，先卸载中间拱的支撑架，卸完后再进行主拱的卸荷，两榀主拱同时由中间向两端进行。如图12.4.5-4所示。

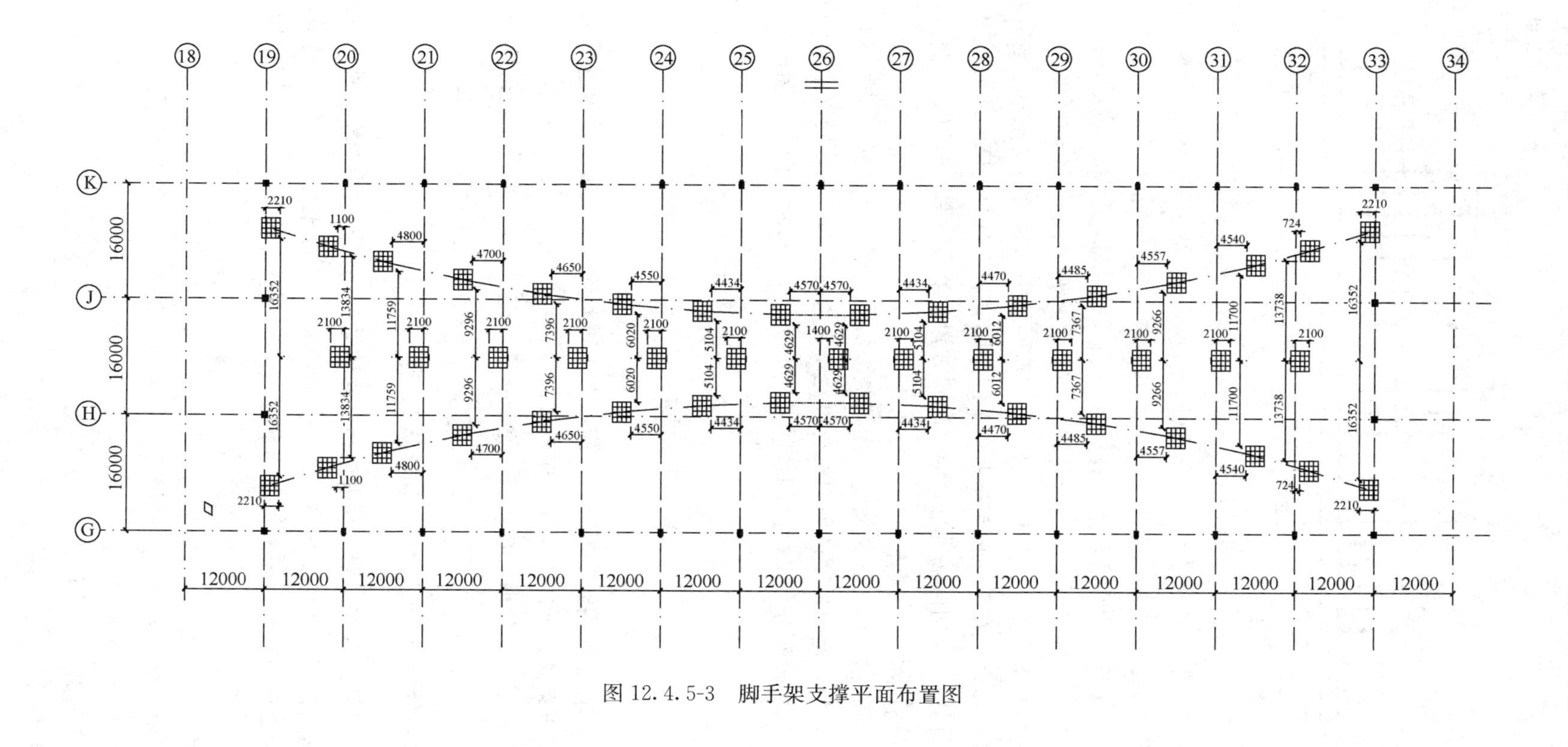

图 12.4.5-3 脚手架支撑平面布置图

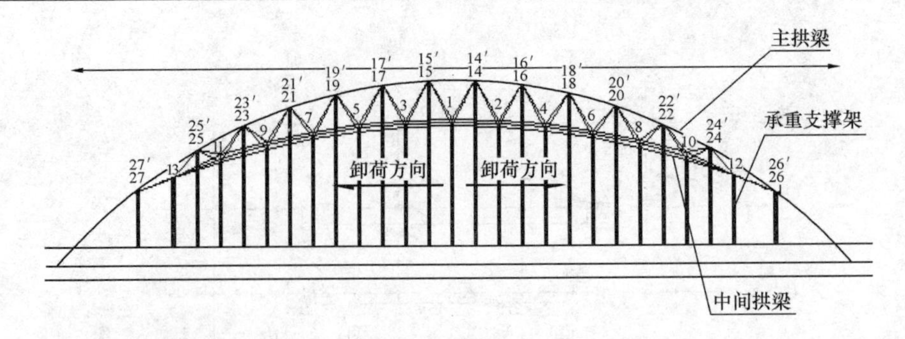

图 12.4.5-4　航站楼钢结构支撑卸荷示意图

在拱架下各支撑架支撑点的 H 型钢梁上设置一个螺旋千斤顶，在每个螺旋千斤顶的顶部利用 ϕ219mm 的钢管做套筒，再在钢管的顶部做与拱架角度相同的支托作为临时支撑；调节螺栓千斤顶的高度，使支托支撑在拱架的底部，顶紧到位；在每根 H 型梁千斤顶的落位处设置钢板卡码，固定千斤顶，防止千斤顶在支撑 H 型钢梁上滑落和失稳。所有支撑点上临时千斤顶支撑到位、顶紧后，按照从中间到两边的顺序逐渐拆除原临时的支撑，让拱架逐步落位在千斤顶支托上；中间拱卸完后进行两主拱的卸荷，两榀同时进行卸荷，卸荷时仍由中间向两端进行，即每次同时卸四个支撑架，卸荷顺序及参数下中间拱类同，直至全部卸完。

由于屋架卸荷落位过程是使整个屋盖缓慢协同空间受力过程，此间屋架发生较大的内力重新分布，每次落位后架的内力就有可能发生重新分布，为使每次落位的屋架具有足够的时间进行内力重新分布，每次卸载间隔时间为 6h，卸荷过程中现场进行监测，确保施工质量安全。

12.5　施 工 后 评 价

临时支撑体系使用完毕拆除后，应结合工程实际，对施工全过程进行认真回顾，总结与提炼该支撑架体在辅助工程施工中的优缺点，寻找问题不足与改进机会，为今后再施工类似的工程积累经验教训，在新的一轮 PDCA（或 ADLI）循环中，持续提高建筑施工整体水平。

12.5.1　扣件式钢管高大模板支撑体系

扣件式钢管满堂支撑架（高大模板支撑体系）能保证结构的安全性，同时因其综合性的考虑了材料性能、活载、恒载等各种因素，也能更好地保证构件的质量，确保按期完工。施工结束后，对高大模板支撑体系进行了认真的评价，找出了其在施工中的优缺点，以利今后改进提高。

1. 优点

1）架体整体性强，安全系数较高，不易倾覆、坍塌，既保证了工人的生命安全，也满足了模板工程的质量要求。

2）施工简易、灵活方便，架子工熟悉工艺，搭设效率高，能够很快地为模板混凝土浇筑提供工作面。

3）扣件式架管租赁费用低，实现项目成本最优化。

2. 缺点

1）结构高度超过8m，采用满堂支撑架体一次投入到每平方米顶板使用脚手架管和扣件数量较多，造成了资金的占用。

2）支设的部位为顶板，需要顶板混凝土达到规范要求的设计强度之后才能将支撑架体拆除，造成周转材料的周转次数减少，也造成资金的占用。

3）为保证工期，在架体搭拆时需要配置更多人投入到工程中来，无形中增加了人工使用成本。

3. 改进

以后如再遇类似工程，应合理安排工艺流程，采取分段对称施工，可增加架管的周转次数，减少架管占用数量，既可满足进度要求，又能降低项目成本。

12.5.2 高大模板异形（Y形桁架柱）支撑体系

某体育中心体育场工程高大模板异形（Y形桁架柱）结构施工，在确定采用“落地式脚手架到顶＋在斜柱部分增加斜撑杆件”支撑架体方案后，结合工程实际情况，定制专用模板，按照划分的施工顺序施工，在施工工期内完成施工任务。同时根据具体施工要求，组成不同组架尺寸、形状和承载能力的支撑架，不仅使架体通用性强，也能保证了架体的稳定性。现对其优缺点进行评价对比，以利以后改进提高。

1. 优点

1）异形（Y形柱）结构主体采用落地式脚手架到顶，安全系数大，整体稳定性强，实现了质量安全双保险，确保结构的实体质量、主要功能均符合设计和各规范要求。

2）在异形（Y形柱）结构的斜柱部分局部增加斜撑杆件，不仅保证了斜柱部分的施工质量与安全，而且减少了架管及扣件等周转材料的租赁数量，减少了项目的占用资金。同时也降低了架工的工时费，实现了项目成本最优化。

2. 缺点

1）异形（Y形柱）结构搭设时角度不易控制，给架子工搭设架体施工带来难度，也增加了不安全因素。

2）经测算，本工程异形（Y形柱）结构部位支撑体系，每平方米所用架管数量平均为3.65米，所用扣件数量平均为2.4个，比一般结构的支撑架体相对较多。

3. 改进

以后再有类似的会展中心、体育中心、航站楼类工程的外围综合支撑架体，一定要借助立柱搭设悬挑架体，减少周边脚手架搭设宽度，可大大减少架管使用数量，既省人工，又节约成本。

12.5.3 散支散拼落地满堂脚手架

某学院体育馆球形网架工程散支散拼落地满堂脚手架方案，通过现场验证，工艺简捷、工序合理，可以加快施工速度，对比原来施工方法，施工进度加快，施工人员减少，特别是技术工人大幅减少，节约了人工费。同时由于采用可重复利用平台，减少铺设大面积平台的周转材料，在地面组装单元格，可加快速度，同时减少高空作业，减小了安全风险，为今后类似结构施工积累了经验。

1. 优点

1）将整体网架结构分为内部网架和边桁架两部分，边桁架在地面胎架上拼装，整榀吊装，既保证了桁架拼装质量，也可加快施工速度，节省工期。

2）边桁架地面验收合格后，整榀高空吊装就位，只需在边桁架支座和边桁架中部搭设脚手架，减少了脚手架用量，节省脚手架租赁费用。

3）内部网架采用高空散装的施工方法，便于螺栓球的高空就位，螺栓球节点组装成小型锥体，再与精确定位的焊接球节点相连，可极大地节省人工、机械、材料的投入，降低成本。

4）边桁架和内网架交错施工，待内部网架施工完后，边桁架和内部网架同时划分在各拼装单元，按拼装单元验收，逐单元拆除支撑脚手架，加速材料周转，节省工程费用。这种依据网架受力特点搭设的脚手架比预期制定的满堂红架体在成本上要降低约20%。

5）采用脚手架作为施工平台，网架安装操作人员的人身安全得到有效保护，同时提高了施工效率约30%。

6）网架安装成型后，网架杆件的防腐作业可运用架体平台穿插施工，在有效的保护下加快整体的施工进度约33%。

7）本工程为当地标志性建筑，钢结构施工在120天时间内即可完成这样大跨度、双曲面、异型结构的网架施工，刷新了同类工程的施工纪录，省市领导、质量、安全等上级监管部门均给予了充分肯定。省内同行专程参观、学习，提升了企业知名度，创造了良好的社会效益。

2. 缺点

脚手架在拆除过程中要对现有混凝土结构做到有效的成品保护，同时架管和扣件的损坏率相对提高，架体拆除后造成建筑物内部堆积大量的架管和扣件，需进行清理及二次倒运。

3. 改进

针对这种大跨度的网架结构，尤其是矩形网架，在场地允许的情况下，可采用在外部用汽车吊装小单元网架并结合分区搭设脚手架的组合式安装方案，应会达到更好的效果。

12.5.4　高空散装法满堂脚手架体

某市体育中心体育场一标段工程网架安装采用散支散拼满堂脚手架体（高空散装法）施工，工期仅用50天，不但保质保量完成了施工任务，而且进度还提前了约10%。

散支散拼满堂脚手架体（高空散装法）与地面拼装、分段吊装对比，其优缺点如下：

1. 优点

1）搭设满堂脚手架体高空散装安全性高，有利于保障施工人员人身安全。

2）搭设满堂脚手架体高空散装质量易于保证，在操作工程中工人易于操作，监督人员易于检查，发现问题及时整改。

3）有效地降低起重设备的要求，三台塔吊，配合汽车吊满足了吊装要求。

2. 缺点

1）需要搭设大规模的支撑平台，占地面积大，高空作业多，工期较长，不利于进度控制。

2）造价高，不利于成本控制。施工完毕后，对两种方案的成本进行了分析，结果散支散拼满堂脚手架体（高空散装法）仅架体搭拆方面比地面拼装、分段吊装法增加约8%的费用。

3. 改进

以后再有类似工程，若不是处在风大寒冷地区，应优先考虑地面拼装、分段吊装法，辅助局部搭设架体；在起重能力满足的情况下，也可考虑整体吊装法，能够减少人工和材料方面的成本。

12.5.5 滑移支撑架

某机场改扩建工程新航站楼工程屋面穹顶钢结构吊装优选滑移支撑架顺利实施，施工结束后认真进行了分析对比，该滑移支撑架方案存在以下优缺点：

1. 优点

1）施工场地狭小，在结构两侧对称位置各布置一个拼装场地即可，无须周边全线布置吊装及拼装场地；利用对称布置的两台普通吊装设备如塔吊或小吨位履带吊和胎架进行单榀构件组装，组装完成后沿同一弧度旋转滑移。整个屋盖钢结构吊装仅由两台塔吊和两组胎架完成。

2）采用空间多轨道不等高同步旋转累积滑移技术，内、中、外环至少设置3条同心、不同半径、不同高度的环形轨道，滑移施工时，不同轨道滑移（旋转）角度相同，滑移速度不同，滑移过程中采用计算机同步控制，液压系统传动加速度极小、且可控，能够有效保证整个安装过程的稳定性和安全性。

3）滑移顶推、反力点等与其它临时结构合并设置，加之液压同步滑移动荷载极小的优点，可使滑移临时设施用量降至最小。

4）可充分利用桁架下部的楼面或地面结构做拼装胎架，降低了结构直接吊装的安装高度；同时减少了满堂脚手架搭设面积，根据结构的榀数（N），可减少搭设面积（$N-4/N$）×100%，结构桁架共有24榀，脚手架搭设面积可节约达83.4%，极大地降低了脚手架等周转材料的使用量和搭拆脚手架人员的需用量，降低了材料、人员投入成本，缩短了施工工期。

5）所有钢结构的吊装、组对、焊接、测量校正、检测、油漆、验收等工序都在同一拼装胎架上重复进行，施工效率高，既可提高钢结构的安装质量、改善施工操作条件，又可以增加施工过程中的安全性；屋面钢结构上的吊挂结构等附属次结构件可在拼装过程中安装或带上，可最大限度地减少高空吊装工作量，缩短总体安装施工周期。

6）该工程采用滑移支撑架施工在当地产生了极好的经济和社会效益，降低了工程造价。经测算缩短工期42天；节约人工费453600元；节约机具、材料租赁费1344000元，合计降低工程造价179.76万元。

2. 缺点

1）结构滑移时的同步性较难控制，容易产生偏差。

2）所采用的格构式桁架一般只能一次投入一次使用，因为很难有完全一样的工程而无法重复利用，因此，该工程施工完毕后，这些临时胎架支撑体系也就报废了，势必会造成一定的经济损失。

3. 改进

支撑塔架仅在中部和上部设置了水平连接，支撑体系的稳定性相对较差。如在底部加设一道水平连接，整个支撑体系的安全性更容易保证，尤其中环主动滑移轨道支撑塔架，因其受水平推力较大，容易出现塔架失稳现象。

12.5.6　分段（分块）吊装法格构柱支撑体系

某市机场新建航站楼工程大跨拱桁架体系主拱安装，采用分段（分块）吊装法格构柱支撑体系方案顺利实施，施工结束后认真进行了分析对比，该方案存在以下优缺点：

1. 优点

1）该机场新建航站楼工程大跨拱桁架体系主拱在施工过程中，计划吊装开始工期为 4 月 15 日，如采用整体吊装，所有构件须在 4 月 15 日全部到场，实际采用分段吊装后，构件按吊装计划分批进场，既减少了运输费用，又减少了单构件吊装起重量，减小了起重机吨位，降低了吊装难度。

2）施工时采用了首钢的利玛 7707 型 300 覆带吊进行主拱吊装作业，施工安全、快捷，同时可与航站楼其他土建工序穿插作业，减少了工序间的施工影响。从而加快了施工进度，航站楼钢结构主拱于同年 6 月 19 日顺利实现合拢，确保了计划工期，为航站楼工程的顺利竣工奠定了坚实的基础。

2. 缺点

1）格构柱支撑架体的分段还欠妥，给施工进度和成本造成不利影响。

2）同“12.5.5 滑移支撑架 2 之 2)”的内容。

3. 改进

如果以后再有类似工程，且处在内陆风小地区，在起重机械吊力满足的情况下，可优先考虑整体吊装法，可减少支撑架搭拆所需的人力、物力和财力，缩短施工工期，降低经济成本。

第13章　建筑设备与电气工程施工方案优选与后评价

13.1　建筑设备与电气安装工程的特点

在大型公建飞机场航站楼、体育馆、展馆类建筑中，设备与电气安装工程相较于其他工业、公共及住宅安装工程有其自身的独特性，主要体现在系统多，设备种类多，新技术新材料应用多等方面。同时设备与电气安装工程除完成自身的工作内容之外，与土建工程、装饰装修工程之间的协调与配合至关重要。

13.2　建筑设备与电气安装工程难点与重点

建筑设备与电气安装工程具有单样性，不相同的建筑物，具有不相同的功能，即使是相同的建筑物，功能上也会有区别。设备与电气安装工程为了满足建筑物的功能运用，必须依据工程的具体情况，选用适合的施工方法，才能确保用户的需求。这种安装工程施工的约束要素较多，在工程的整个施工过程中，根据不同的施工阶段，会有不同的工作重点，需要协调的对象，工作内容也不尽相同。前一阶段要与土建工程配合进行预埋施工，后一阶段又要与装修工程配合施工，独立进行建筑设备与电气装置施工的时间并不多。所以，建筑设备与电气安装工程与其他工种、相关专业做好前期策划，施工过程中加强配合与协调是提高工程质量，满足工期要求的关键。

13.3　建筑设备与电气安装工程方案优化与创新

本部分主要从施工方案的制定过程，介绍大空间地面插座安装方案、矿物绝缘电缆敷设安装方案以及通风管道安装方案的选择，通过对方案的比较与分析，试图找出最优施工方法，以期达到较高的施工质量。

13.3.1　大空间地面插座安装方案

大面积花岗岩地面地插座安装，施工方法及施工技术并不复杂，我们主要从以下两个方面来考虑施工方案的选择：

一是施工方法简单，容易保证施工质量。

二是统筹考虑地插座与花岗岩地面砖的整体协调性，提高观感质量。

基于以上两个方面的考虑，在设计地插座布置位置时，我们提出了两种方案。

方案一，将地插座布置在花岗岩地面砖的中心部位。

方案二，将地插座布置在花岗岩地面砖十字交叉部位。

通过对上述方案的比较分析，我们认为：

方案一，在进行花岗岩地面砖套割时，套割难度较大，同时，施工完成后，在整块花岗岩地面砖的中心部位，有一个嵌在地面上的地插座，对整体观感效果有影响。

方案二，在进行花岗岩地面砖套割时，只是切割相交部位四块地面砖的四个角，套割容易，能够保证套割孔洞的大小，且开孔规矩，施工完成后，多个地插座由地面砖缝隙作为过渡，串联在一条直线上，观感质量好。

综合以上因素考虑，我们选择了方案二作为最终的施工方法，施工结果表明，施工质量、观感质量达到了预期的效果。

13.3.2　矿物绝缘电缆敷设安装方案

矿物绝缘电缆由于其自身结构和选用材料的原因，在垂直敷设过程中，容易产生细碎的弯曲，这些弯曲在后期绑扎调直时极其困难，严重影响观感质量。

如何保证矿物绝缘电缆敷设完成后，顺直美观是方案选择考虑的重点。

方案一，采用传统的施工方法，根据实际测量尺寸加不少于1%的裕量，利用建筑物较长的走廊或室外等开阔空间，将电缆展开调直后，垂直敷设至电缆井桥架上。

方案二，利用电缆放线架，选择在电气竖井内或竖井外，设置电缆调直轮和电缆导向轮，将电缆调直和敷设一次完成。

通过对上述方案的比较分析，我们认为：

方案一对场地要求较高，在敷设时需二次搬运，调直后的电缆容易再次形成细碎的弯曲，影响观感质量。

方案二对场地要求低，调直、敷设一次完成，可以满足对观感及整体质量的要求。

在施工中，我们采用了方案二，质量达到了要求。

13.3.3　通风管道安装方案

钢结构屋顶，风管在屋架下面铺设，应选择重量轻、施工便捷、效率高、适宜大空间操作的施工方法，满足整体质量进度的要求。

方案一：传统做法为角钢法兰风管

方案二：新技术做法为无法兰风管

角钢法兰风管，采用角钢法兰连接，消耗了大量的角钢、焊条、螺栓、油漆等材料，以及大量的人工；制作精度、工作效率较低，生产成本较高，而且风管的制作、安装质量不易得到保证，是一种较为陈旧、落后的制作工艺。随着现行《通风与空调工程施工及质量验收规范》对风管无法兰连接方式的认可，共板法兰风管加工流水线在国内的应用已越来越普遍。

在1998年5月1日颁布实施的国家标准《通风与空调工程施工质量验收规范》GB 50243—97中，无法兰连接工艺的形式被正式列入，共板法兰是其中的一种形式。近几年，作为空调、通风系统中重要组成部分的风管用量每年都在增加，对其要求也越来越高。科技的进步使得风管的制作、安装所使用的新材料、新工艺层出不穷，共板法兰风管就是其中之一。共板法兰风管生产线已成为大型建筑安装企业的必备机具，同时能否生产共板法兰风管已成为影响承接重点暖通工程项目的重要因素。

无法兰风管一改传统的型钢法兰风管的外观效果，用高科技、自动化的无法兰生产工艺代替半机械化或纯手工的有法兰工艺的生产过程，既降低了噪音及对环境的污染，又减少了工程中的质量通病，给风管的加工制作、安装操作注入了全新的理念。

共板法兰风管的特点是自成法兰、减轻风管自重，密封性能好，外形美观，强度高，安装快捷方便，生产成本低。采用共板法兰风管加工流水线不仅使以往的风管制作由低效的人力劳动变为高效的机械制作，大大降低了劳动强度，提高了工作效率，降低了工程成本。

共板法兰风管是非型钢连接、由镀锌钢板制作的风管法兰直接压制而成，风管与法兰一体成型，制作工艺先进、下料准确、材料损耗低；产品外形线条流畅、质量稳定、品种多；漏风量远远低于国家标准；使通风管道的生产达到工厂化、规模化、标准化和自动化。

无法兰的优势选择：

1. 外形美观、气密性佳（不漏风）；
2. 制作时自动完成起筋补强，增加风管强度；
3. 日产量大，完全能满足工期要求；
4. 连接螺栓少、重量轻、安装方便快捷，提高了安装效率、降低安装费用；
5. 节约生产队伍、专业管理人员及项目加工场地和临时设施等费用；
6. 节约制作角钢以及制作角钢法兰所需的螺栓、油漆、铆钉等辅料及工序；
7. 节约设备保养、工业用电等杂费；
8. 不生锈延长产品使用年限、节省维护费用；
9. 避免现场制作的扬尘和噪声污染等环保问题。

基于以上诸因素及无法兰风管的优势，我们选择方案二。

13.4 施 工 案 例

13.4.1 某机场航站楼工程大空间地面插座安装案例

1. 工程背景

某机场航站楼工程建筑面积 54499.45m^2，航站楼工程由航站主楼、连廊和指廊三部分组成。地上主体建筑二层，局部设夹层。一层为旅客到港层，夹层为旅客到港通道层，二层为旅客出港层。主楼长 205.44m，宽为 60m；指廊长 552m，宽为 27m；建筑总高度 40.5m。

旅客到港层，旅客出港层为敞开式大空间结构，划分为多个不同功能区，分别为不同航空公司值机区，安检区，商业区，旅客到达区，旅客候机区等。由于设计、施工阶段不能定位各区域的准确位置，以及为方便以后各功能区局部调整，上述区域 20000 余 m^2 花岗岩地面设计了地插座。

2. 过程描述

1）全面熟悉图纸，发现图纸问题应及时提出并处理。

2）材料进场后，要及时进行报验检测，检验合格后方可使用。严格执行材料检测见证取样制度，确保检测报告的真实性。对强制送检的材料，要按国家规定的数量送试。

3）做好二次深化设计，与土建配合现场测量定位。

4）严格执行技术规范和操作规程，每道工序都应按规范和规程进行施工和检验。

5）认真做好隐蔽验收及资料确认，未经监理工程师签字，不得进行下一道工序。

3. 关键施工技术

针对地面插座的观感及安装效果，施工单位根据地面排砖布置图，并结合相关单位的意见，对地面插座的布局进行二次设计，确保安装完成后效果良好。

地面插座的施工工艺：

平面布置图→地插座盒定位→管路敷设、盒安装→管内穿线→接线、面板安装

地面插座是由底盒和上盖两部分组成。地面插座的安装工作应分五步进行。为保证线管与地面插座的连接和线缆的穿线工程顺利进行，管路敷设应顺直，地面插座的底盒应固定，底盒与金属线管进行可靠的连接，并按施工规范中的有关规定进行良好的接地处理。

图13.4.1为二层B段地面插座、金属线管布置编号图。

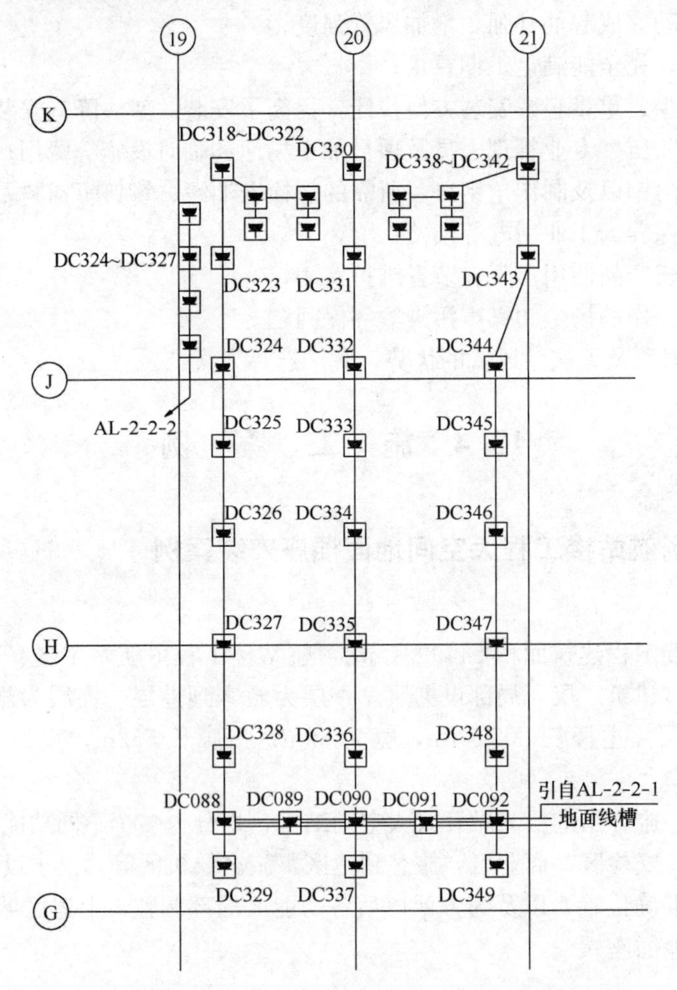

图13.4.1　二层B段地面插座、金属管线布置图

地面插座的上盖对地面的整体具有一定的装饰作用，为使其装饰性不被破坏，上盖的

安装应在整个工程施工的后期进行。

预埋型，地面插座的安装工艺适用于翻盖型、弹出型和旋盖型，地面插座在基础地面为混凝土浇筑的场所施工，应注意以下问题：

1）底盒的定位

按二次设计图纸确定底盒的安装位置，用金属线管将底盒连接起来，随贴砖进度进行固定，必要时可提前拉线对需要预埋的同行同列的底盒进行校正、定位。

2）预埋深度

首先应根据二次设计图纸的要求选择适当厚度的底盒，再根据地面及楼板的结构形式进行预埋处理。一般底盒的上端面应保持在地平面以下 3～5mm 的深度，然后再进行固定。

3）底盒厚度的选择

预埋深度在地面找平层和装饰层之间，预埋深度要求小于 55mm 时，可选择超薄型底盒；预埋深度在地板钢筋结构之上至装饰层之间的可选用厚度为 65～75mm 标准的预埋型底盒。

4）底盒在固定之前，应确认底盒与金属线管接地良好，同时将底盒的保护上盖盖好，以防止施工期间灰尘和杂物落入。

5）上盖的安装工作应在地面装饰层完成并干燥后进行。

6）上盖时首先去掉底盒上的保护盖，清理周围的渣土和杂物，以便上盖后能与地面平齐。

7）地面装饰层的装饰材料，如大理石、瓷砖与不适当配比的混凝土、砂浆材料在未完全干燥的情况下有可能产生泛碱反应，将对地面插座的上盖产生较强的腐蚀作用。因此，在地面插座洞口周围的混凝土、砂浆尚未完全干燥的情况下，暂不能安装上盖。安装上盖前最好在洞口周围刷两层防腐涂料以避免泛碱反应造成破坏。

8）条件具备后，将上盖与底盒拧紧固定，注意安装完成后要平齐、顺直。

4. 结果状态

通过前期质量策划和严格的过程控制，施工质量达到了预期效果，为工程创优奠定了基础。

5. 大空间地面插座安装后评价

本工程采用方案二实施，由于前期做了大量的工作，如二次深化设计，现场实际放线测量，平面布置图绘制，材料选型等，施工过程顺利，施工质量上乘，观感好，达到了预期效果。

正如一个事物具有两面性一样，施工方案也不可避免地具有两面性，虽然方案二效果不错，但在施工中，由于一个地插座需要切割四块花岗岩地面砖，相应地增加了地面铺贴工程的施工量。所以，在今后的施工中，方案的选择还应从多方面考虑，统筹兼顾。

13.4.2 某会展中心矿物绝缘电缆安装案例

1. 工程背景

某会展中心电气工程安装内容包括：变配电系统、照明插座、空调等动力配电、建筑物防雷、接地系统、火灾自动报警及消防联动控制系统。

用电负荷等级：一级负荷、二级负荷和三级负荷。总装接容量为 8282kW，考虑到功率因数补偿和同时使用系数，实际计算容量为 5070kVA。其中应急备用电源备用负荷 2509kW。配电系统采用干线式和放射式相结合的配电方式。

线路敷设：室内配电干线采用 BTTZ-750 电缆在金属桥架内敷设，分支线回路采用 BTTQ-500 电缆在金属桥架内敷设。从变电所引到消防设备的线路采用 BTTZ-750 电缆在金属桥架内敷设，其余与消防相关的线路穿钢管保护，并应敷设在不燃烧体结构内且保护层厚度不宜小于 30m。

2. 过程描述

1）全面熟悉图纸，发现图纸问题应及时提出并处理。

2）矿物绝缘电缆进场后，要及时进行报验检测，检验合格后方可使用。严格执行材料检测的见证取样制度，确保检测报告的真实性。对强制送检的材料，要按国家规定的数量送检。

3）做好二次深化设计，根据电气系统图确定好每一根电缆敷设的先后顺序。

4）严格执行技术规范和操作规程，每道工序都应按规范和规程进行施工和检验。

3. 关键施工技术

熟悉施工图纸，了解工程中所用的矿物绝缘电缆的型号规格长度及图纸说明和具体敷设的方式及场所。通过技术培训或技术指导，充分了解这类电缆的性能、敷设要求、技术标准，特别是电缆绝缘测试的方法、步骤，掌握施工技能。这一步至关重要，对安装敷设的质量能起到绝对的保证作用。结合图纸熟悉施工现场的情况，包括电缆的走向以及沿线的实际情况、电缆始端的位置，根据实际情况确定施工方案。

1）敷设注意事项

（1）首层安装好电缆调直轮和电缆导向轮，顶层安装好提升滑轮，中间每层设辅助人员，防止电缆与孔壁和桥架产生摩擦损坏外保护层。

（2）每层设对讲机，频率要统一，提升号令首层、顶层指挥人员协调后，由首层发出，紧急状态时每层人员均可发出停止号令。

（3）提升过程中用力要一致，速度要均匀。

（4）电缆的布线应根据电缆的实际走向事先规划好，并作好施工方案及施工记录。

（5）放线时，每根电缆应及时做好识别标签。

（6）电缆锯断或割开后，应立即做好临时封端。

（7）敷设好的电缆要及时整理、固定，并做好保护措施以防电缆损坏。

（8）电缆敷设前、后应做好绝缘测试，记录好测试数据，并对比，一旦发现绝缘电阻降低应及时处理。

（9）在整个放线过程中，电缆绝对不能有扭绞，打结现象。

（10）敷设时，应十分注意电缆的拉动行进，切勿将电缆在地面上、粗糙的墙面上或坚硬的物体上连续拖动摩擦。

（11）绝对禁止电缆在坚硬、锐利的物体上拖动以及遭受尖锐物体的撞击。

（12）严禁带电的电焊焊把及其回路直接或间接接触、碰撞电缆。

（13）接线时应保证电缆铜护套的良好的接地。

表 13.4.2-1

电缆外径 D（mm）	$D<7$	$7\leqslant D<12$	$12\leqslant D<15$	$D\geqslant15$
电缆内侧最小弯曲半径 R（mm）	$2D$	$3D$	$4D$	$6D$

注：多根不同外径的矿物绝缘电缆相同走向时，为达到整齐、美观的目的，电缆的弯曲半径参照外径最大的电缆的进行调整并符合相应的最小弯曲半径要求。

2）施工要求

为保证矿物绝缘电缆的敷设质量，在敷设电缆时应按下述要求施工：

（1）电缆敷设的弯曲半径应满足表 13.4.2-1 规定的电缆允许最小弯曲半径的要求。

（2）电缆敷设时，由于环境条件可能造成电缆振动和伸缩，应考虑将电缆敷设成“S”或“Ω”形弯，其半径应不小于电缆外径的 6 倍。

（3）电缆敷设时，其固定点之间的间距，除在支架敷设固定外，其余可按表 13.4.2-2 推荐的数据固定。

表 13.4.2-2

电缆外径 D（mm）		$D<9$	$9\leqslant D<1$	$D\geqslant15$
固定点之间的最大间距（mm）	水平	600	900	1500
	垂直	800	1200	2000

在明敷设部位，如果相同走向的电缆大、中、小规格都有，从整齐、美观方面考虑，可按最小规格电缆标准要求固定，也可分档距固定。若电缆倾斜敷设，则当电缆与垂直方向成 30°及以下时，按垂直间距固定：当大于 30°时，按水平间距固定。另外，各种敷设方式也可按每米一个固定点固定。

（4）电缆敷设时，在转弯及中间连接器两侧，有条件固定的应加以固定。

（5）计算敷设电缆所需长度时，应考虑留有不少于 1%的裕量。

（6）对电缆在运行中可能遭受到机械损伤的部位，应采取适当的保护措施。

（7）单芯电缆敷设时，应逐根敷设，待每组布齐并矫直后，再作排列绑扎，绑扎间距以 1～1.5m 为宜。

（8）当电缆在对铜护套有腐蚀作用的环境中敷设时，或在部分埋地或穿管敷设时，应采用有聚氯乙烯外套的矿物绝缘电缆。

（9）在布线过程中，电缆锯断后应立即对其端部进行临时性封端。

（10）矿物绝缘电缆的铜护套必须接地且为单端接地。电缆（单芯）用于交流电网时，由于交变磁场的作用，在电缆铜护套上产生感应电势，如果电缆两端接地形成回路，便会产生与线芯电流方向相反的纵向电流。

4. 结果状态

通过采用方案二的施工方法，矿物绝缘电缆敷设完成后，实现了电缆敷设顺直，电缆绑扎牢固，间距均匀，电缆本体无细碎弯曲现象，整体观感优良。

5. 矿物绝缘电缆安装敷设后评价

经过矿物绝缘电缆敷设方法的改进，确实提高了敷设质量，相较于其他的施工方法，本方法有着其极大的优越性，敷设布放、调直一次完成，观感质量得到了保证。在实际施工过程中，我们也发现了这一方法应用的局限性，调直轮和导向轮的安装需要一定的场地空间，如果电气竖井空间狭窄调直轮和导向轮的安装就会有一定的困难，人员操作也不方便。在今后的施工中仍需要对这一方法加以改进和完善，尽量做到小型化、轻便化。

13.4.3　某会展中心展厅通风管道安装工程

1. 工程背景

内蒙古某会展中心工程，总建筑面积47500m^2，由会议中心（四层共31500m^2）和展览中心（三个展厅共16000m^2）组成，展厅建筑高度23m。

该展厅由三个中央空调机组实行集中供热与排风，最大通风管道断面1500mm×1200mm，通风管道总长约15000延长米，其中展厅约有6000延长米。

2. 过程描述

1）全面熟悉图纸，发现图纸问题应及时提出并处理。

2）通风管道加工前，应与土建设计、施工及其他相关方进行认真沟通，所有变更、洽商要逐一核实，有条件时要现场进行核查落实。

3）做好二次深化设计，根据电气系统图确定好每一根电缆敷设的先后顺序。

4）严格执行技术规范和操作规程，每道工序都应按规范和规程进行施工和检验。

3. 关键施工技术

展厅内风管安装是整个空调工程的重点和难点：

1）安装位置高：展厅为单层结构，风管安装高度在10m左右。

2）工程量大：风管为南北走向，东西各一趟向展厅中部喷射，单趟风管总长在170m左右。

3）风管重：最大风管近两米，若两米一节的话，一节风管总重量约140kg。

4. 结果状态

工程实际状态令人非常满意，空调分部工程进展顺利，为实现总工期提供有力保证。

1）经济效益良好

省工省料显著，本工程风管面积三万m^2，节省型钢70多吨，节省法兰制作安装用工4500个，这两项可节省费用达70～80万元，还不含油漆等辅料。

2）环境和社会效益良好

无法兰风管生产过程是在车间里进行，减少了施工现场制作和刷漆环节，大大降低了噪声污染，减少施工扰民及环境污染，同时减少法兰制作、安装过程，施工速度会大大提高。

5. 通风管道安装后评价

制作无法兰风管优势明显，但也不是完美无缺，施工后我们进行总结汇总，大致有以下几个方面：

1）小尺寸风管刚性良好，大尺寸的显得偏弱，全凭起筋方式还不足，在项目施工时要关注这一点，特别是超过两米的风管，须考虑增设其他的加固措施。

2）风管法兰口由母板加工而成，刚性不如角钢法兰，施工中要注重对法兰口及风管的成品保护，一旦变形要对其修补好，不得影响密封性能。

3）在施工现场风管成型须选择平整、干净、硬化的场地，不能凑合，否则一是风管受污染对以后的运行不利，二是对风管成型效果有影响。

4）连接风管的弹簧卡为机械加工而成，须在弹性范围内操作使用，变形大的不要强行使用，因为力度不够会影响管道的密封性能。

5）无法兰风管全部是工厂化、机械化生产，钢板原材应选用钢卷板，依风管实长下料，比定尺的成包钢板，会大大减少边角余料的产生，节省费用非常可观。

13.5 建筑设备与电气安装工程方案后评价

在现代飞机场航站楼、综合体育场馆、展览厅堂等大型公共建筑中，建筑设备与电气设备种类繁多，智能设施齐全，利用现有的计算机设备，综合平衡布设管线，从系统全局出发，优化优选施工方案，全面统筹，合理节约社会资源，降低社会总投资，实施绿色建筑、低碳建筑，走可持续发展之路，已成为全行业、全国乃至全社会的共识。

本书参考文献

[1] 张可文. 钢结构与索膜结构工程施工新技术典型案例与分析[M]. 北京：机械工业出版社，2011.
[2] 尹敏达. 大型复杂钢结构建筑工程施工新技术与应用[M]. 北京：建筑工业出版社，2012.
[3] 注册建造师继续教育必修课教材编写委员会、注册建造师继续教育必修课教材. 建筑工程[M]. 中国建筑工业出版社，2012.
[4] 武树春，杨庆德. 装饰装修与膜结构工程[M]. 北京：中国建筑工业出版社，2007.
[5] 王铁梦. 工程结构裂缝控制[M]. 北京：中国建筑工业出版社，2006.
[6] 肖绪文，赵俭，杨中源. 体育场施工新技术[M]. 北京：中国建筑工业出版社，2008.
[7] 张爱兰. 中国大型建筑钢结构工程设计与施工[M]. 北京：中国建筑工业出版社，2007.
[8] 敖航洲译. 会展设计教程[M]. 北京：中国电子工业出版社，2011.
[9] 李玲玲，杨凌. 体育建筑创作新发展[M]. 北京：中国建筑工业出版社，2011.
[10] 傅国华. 机场航站楼的设计理念[M]. 上海：同济大学出版社，2012.
[11] 工程建设国家级工法汇编 2007-2008[S]. 北京：中国建筑工业出版社，2011.
[12] 型钢混凝土结构倾斜提升大模板施工工法 GJYJGF021-2008[S]. 北京：中国建筑工业出版社，2011.
[13] 大跨度空间预应力钢筋混凝土组合扭壳屋面施工工法 GJYJGF025-2008[S]. 北京：中国建筑工业出版社，2011.
[14] 超大体积混凝土浇筑施工组织工法 GJYJGF022-2008[S]. 北京：中国建筑工业出版社，2011.
[15] 大跨度钢管混凝土空心楼板下挂式钢筋桁架模板施工工法 GJYJGF023-2008[S]. 北京：中国建筑工业出版社，2011.
[16] 大角度倾斜钢骨结构安装施工工法 GJYJGF026-2008[S]. 北京：中国建筑工业出版社，2011.
[17] 多功能直立锁边铝镁锰合金金属屋面施工工法 GJYJGF031-2008[S]. 北京：中国建筑工业出版社，2011.
[18] 430 米跨度上承式钢管混凝土拱桥双肋无风揽阶段拼装工法 GJYJGF061-2008[S]. 北京：中国建筑工业出版社，2011.
[19] 中国建筑六局公司. 钢管混凝土柱无粘结预应力框架梁施工工法 YJGF36-2000[J]. 施工技术，2002，31(7)：43-44.
[20] 自密实混凝土施工工法 GJEJGF196-2008[S]. 北京：中国建筑工业出版社，2011.
[21] 大型钢结构空间机电安装三维综合布线施工工法 GJYJGF039-2008[S]. 北京：中国建筑工业出版社，2011.
[22] 薛建阳. 钢与混凝土组合结构[M]. 武汉：华中科技大学出版，2007.
[23] 钢管混凝土施工质量验收规范 GB 50628-2010[S]. 北京：中国建筑工业出版社，2010.
[24] 建筑施工模板安全技术规范 JGJ 162-2008[S]. 北京：中国建筑工业出版社，2008.
[25] 建筑施工扣件式钢管脚手架安全技术规范 JGJ 130-2011[S]. 北京：中国建筑工业出版社，2011.
[26] 建筑施工碗扣式钢管脚手架安全技术规范 JGJ 166-2011[S]. 北京：中国建筑工业出版社，2011.
[27] 混凝土结构工程施工规范 GB 50666-2012[S]. 北京：中国建筑工业出版社，2012.
[28] 混凝土结构工程施工与质量验收规范 GB 50204-2002[S]. 北京：中国建筑工业出版社，2002.
[29] 屋面工程质量验收规范 GB 50207-2012[S]. 北京：中国建筑工业出版社.
[30] 屋面工程技术规范 GB 50345-2012[S]. 北京：中国建筑工业出版社.

[31] 工程测量规范 GB 50026-2007[S]. 北京：中国建筑工业出版社，2007.
[32] 混凝土异形柱结构技术规程 JGJ 149-2006[S]. 北京：中国建筑工业出版社.
[33] 大跨度空间钢结构滑移法施工技术规程 DB13(J)/T 144-2012 [S]. 北京：中国建材工业出版社.
[34] 钢网格结构螺栓球节点技术标准 DB13(J)/T 146-2012[S]. 北京：中国建材工业出版社.
[35] 徐有林，顾祥林．混凝土结构工程裂缝的判断与处理[M]. 北京：中国建筑工业出版社，2010.
[36] 段成涛. 混凝土结构施工技术在首都机场的应用．膨胀剂与膨胀混凝土，2006
[37] 王铁梦. 工程结构裂缝控制[M]. 北京：中国建筑工业出版社，1999
[38] 高秋利. 建筑工程全过程策划与施工控制[M]. 北京：中国建筑工业出版社，2007
[39] 张友思. 大体积混凝土表面温度裂缝控制施工技术[J]. 建筑设计管理 ，2012：55-56，62
[40] 林立军. 地下室底板大体积混凝土施工和温度监控[J]. 福建建筑，2012：86-89
[41] 吕志宁，刘东凯. 大体积混凝土裂缝的探索[J]. 山西电力 ，2012：50-52
[42] 姜忠. 预埋循环水管降低大体积混凝土温度之探索[J]. 工程建设与设计，2004：51-52
[43] 建筑施工手册(第四版)[M].《建筑施工手册》编写委员会. 北京：中国建筑工业出版社，2003.